Altium
Designer ⑬ 标准教程

周冰 编著

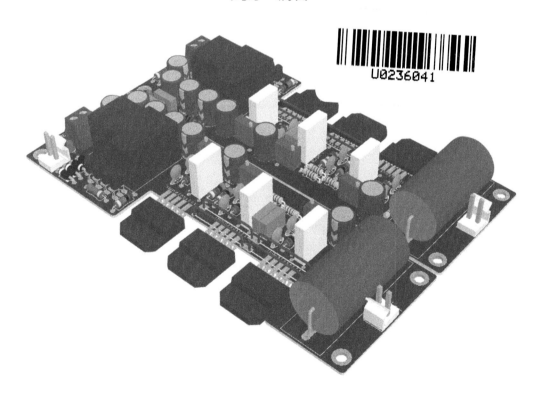

清华大学出版社

北 京

<h1 style="text-align:center">内 容 简 介</h1>

全书以 Altium Designer 13 为平台，介绍了电路设计的基本方法和技巧。全书共 11 章，内容包括 Altium Designer 13 概述、电路设计基础、原理图设计、层次化原理图设计、原理图的后续处理、印刷电路板设计、电路板的后期处理、信号完整性分析、创建元件库及元件封装、电路仿真系统、直流数字电电压表电路综合实例等知识。在介绍的过程中，作者根据多年的经验及学习的通常心理，由浅入深，从易到难，给出总结和相关提示，帮助读者快速地掌握所学知识。

本书可以作为初学者的入门与提高教材，也可作为相关行业工程技术人员以及各院校相关专业师生学习参考用书。

本书封面贴有清华大学出版社防伪标签，无标签者不得销售。

版权所有，侵权必究。 举报：010-62782989，beiqinquan@tup.tsinghua.edu.cn

图书在版编目（ＣＩＰ）数据

Altium Designer 13 标准教程/周冰编著. - 北京：清华大学出版社，2014（2022.3 重印）
（CAX 工程应用丛书）
ISBN 978-7-302-35380-5

I. ①A... II. ①周... III. ①印刷电路－计算机辅助设计－应用软件－教材 IV. ①TN410.2

中国版本图书馆 CIP 数据核字（2014）第 020909 号

责任编辑：夏非彼
封面设计：王　翔
责任校对：闫秀华
责任印制：丛怀宇

出版发行：清华大学出版社
　　　　　网　　址：http://www.tup.com.cn，http://www.wqbook.com
　　　　　地　　址：北京清华大学学研大厦 A 座　　　　邮　　编：100084
　　　　　社 总 机：010-83470000　　　　　　　　　邮　　购：010-62786544
　　　　　投稿与读者服务：010-62776969，c-service@tup.tsinghua.edu.cn
　　　　　质量反馈：010-62772015，zhiliang@tup.tsinghua.edu.cn
印 装 者：三河市龙大印装有限公司
经 　 销：全国新华书店
开　　本：190mm×260mm　　　印　　张：23.25　　　字　　数：595 千字
　　　　　（附光盘 1 张）
版　　次：2014 年 6 月第 1 版　　　　　　印　　次：2022 年 3 月第 7 次印刷
定　　价：59.00 元

产品编号：050788-01

前言

随着计算机产业的发展，从 20 世纪 80 年代中期计算机应用进入各个领域。在这种背景下，美国 ACCEL Technologies Inc 推出了第一个应用于电子线路设计的软件包——TANGO，这个软件包开创了电子设计自动化（EDA）的先河。此软件包现在看来比较简陋，但在当时给电子线路设计带来了设计方法和方式的革命，人们纷纷开始用计算机来设计电子线路，直到今天在国内许多科研单位还在使用这个软件包。在电子业飞速发展的时代，TANGO 日益显示出其不适应时代发展需要的弱点。为了适应科学技术的发展，Protel Technology 公司以其强大的研发能力推出了 Protel For Dos 作为 TANGO 的升级版本，从此 Protel 这个名字在业内日益响亮。

Protel 系列是流传到我国最早的电子设计自动化软件，一直以易学易用而深受广大电子设计者的喜爱。Altium Designer 13 作为从 Protel 系列发展起来的新一代的板卡级设计软件，以 Windows XP 的界面风格为主，同时，Altium Designer 独一无二的 DXP 技术集成平台也为设计系统提供了所有工具和编辑器的相容环境。

Altium Designer 13 是一套完整的板卡级设计系统，真正地实现了在单个应用程序中的集成。该设计系统的目的就是为了支持整个设计过程。Altium Designer 13 PCB 线路图设计系统完全利用了 Windows XP 平台的优势，具有改进的稳定性、增强的图形功能和超强的用户界面，设计者可以选择最适当的设计途径以最优化的方式工作。

全书以 Altium Designer 13 为平台，介绍了电路设计的方法和技巧。内容包括 Altium Designer 13 概述、电路设计基础、原理图设计、层次化原理图设计、原理图的后续处理、印刷电路板设计、电路板的后期制作、信号完整性分析、创建元件库及元件封装、电路仿真系统、直流数字电压表电路综合实例等知识。在介绍的过程中，注意由浅入深，从易到难，各章节既相对独立又前后关联，在介绍的过程中，作者根据自己多年的经验及学习的通常心理，及时给出总结和相关提示，帮助读者及时快捷地掌握所学知识。

本书随书配送多媒体教学光盘，包含全书实例操作过程录屏 AVI 文件和实例源文件，读者可以通过多媒体光盘方便直观地学习本书内容。

本书由三维书屋工作室总策划，军械工程学院的周冰老师主编。另外，参与本书编写的人员还有解璞、刘昌丽、康士廷、王培合、王艳池、王玉秋、王义发、王玮、胡仁喜、王敏、杨雪静、闫聪聪、孟培、李兵等，在此一并表示感谢。

由于时间仓促，加上编者水平有限，书中不足之处在所难免，望广大读者发送邮件到 win760520@126.com 批评指正，编者将不胜感激。

作　者

2014.2

目录

第 1 章

Altium Designer 13 概述

☞ **内容指南**

Altium Designer 13 作为常用的板卡级设计软件,以 Windows XP 的界面风格为主,同时,Altium 其独一无二的功能特点及发展历史也为电路设计者提供了最优质的服务。

☞ **知识重点**

- Altium Designer 13 的主窗口
- Altium Designer 13 的文件管理系统

1.1 Altium Designer 13 的主窗口

Altium Designer 13 成功启动后便可进入主窗口,如图 1-1 所示。用户可以使用该窗口进行工程文件的操作,如创建新工程、打开文件等。

图 1-1 Altium Designer 13 的主窗口

主窗口类似于 Windows 的界面风格，它主要包括 6 个部分，分别为菜单栏、工具栏、工作窗口、工作面板、状态栏及导航栏。

1.1.1 菜单栏

菜单栏包括用户配置按钮 DXP 和"文件"、"视图"、"工程"、"窗口"和"帮助"5 个菜单按钮。

1. 用户配置按钮 DXP

单击该配置按钮会弹出如图 1-2 所示的配置菜单，该菜单中包括一些用户配置选项。

（1）"我的账户"命令：用于管理用户授权协议，如设置授权许可的方式和数量。单击该命令弹出 Home 选项卡，如图 1-1 右侧区域。

（2）"参数选择"命令：用于设置 AltiumDesigner 的系统参数，包括资料备份和自动保存设置、字体设置、工程面板的显示、环境参数设置等。单击该命令将弹出如图 1-3 所示的"参数选择"对话框。

图 1-2 用户配置菜单

图 1-3 "参数选择"对话框

（3）"连接的器件"命令：单击该命令在主界面右侧弹出如图 1-4 所示的 Devices 选项卡，

在选项卡中显示要连接的器件。单击右上角的"设置"按钮，弹出"参数选择"对话框，自动打开 FPGA-Deviced View 选项卡，如图 1-5 所示。

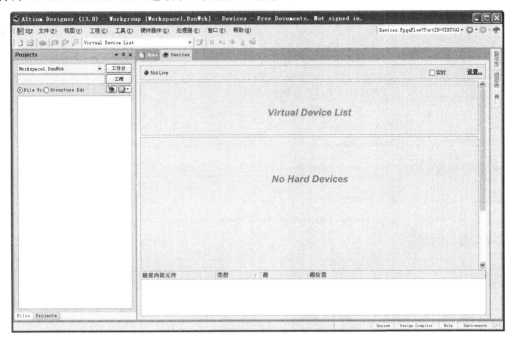

图 1-4　Device 选项卡

图 1-5　"参数选择"对话框的 FPGA-Deviced View 选项卡

（4）"插件与更新"命令：用于检查软件更新，单击该命令在主界面右侧弹出如图 1-6 所示的 Home 选项卡。

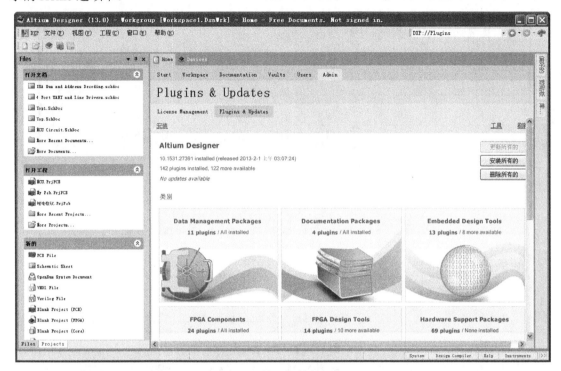

图 1-6　显示插件与更新

（5）"下载"命令：用于下载 Altium Designer 新版本。

（6）"数据保险库浏览器"命令：用于打开 Value 对话框连接浏览器，显示数据保险库。

（7）"出版的目的文件"命令：设置用于出版的目的文件的参数，弹出"参数选择"对话框，设置对应选项卡。

（8）"设计储存库"命令：选择此命令弹出"参数选择"对话框，设置对应选项卡。

（9）"设计发布"命令：单击该命令在主界面右侧弹出 PCB Release 选项卡。

（10）"Altium 论坛"命令：单击该命令在主界面右侧弹出"Altium 论坛"网页，显示关于 Altium 的讨论内容。

（11）Altium Wiki 命令：单击该命令在主界面右侧弹出 Altium Altium Wiki 网页，显示关于 Altium 的内容。

（12）"自定制"命令：用于自定义用户界面，如移动、删除、修改菜单栏或菜单选项，创建或修改快捷键等。单击该命令弹出 Customizing PickATask Editor（定制原理图编辑器）对话框，如图 1-7 所示。

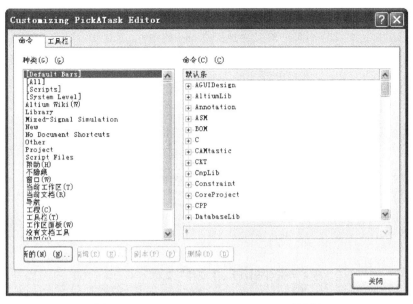

图 1-7　Customizing PickATask Editor 对话框

（13）"运行进程"命令：提供了以命令行方式启动某个进程的功能，可以启动系统提供的任何进程。单击该命令弹出如图 1-8 所示的"运行过程"对话框，单击其中的"浏览"按钮弹出"处理浏览"对话框，如图 1-9 所示。

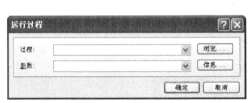

图 1-8　"运行过程"对话框　　　　　　　图 1-9　"处理浏览"对话框

（14）"运行脚本"命令：用于运行各种脚本文件，如用 Delphi、VB、Java 等语言编写的脚本文件。

2."文件"菜单

"文件"菜单主要用于文件的新建、打开和保存等，如图 1-10 所示。下面详细介绍"文件"菜单中的各命令及其功能。

（1）"新建"命令：用于新建文件，其子菜单如图 1-10 所示。

图 1-10　"文件"菜单

（2）"打开"命令：用于打开已有的 Altium Designer 13 可以识别的各种文件。

（3）"打开工程"命令：用于打开各种工程文件。

（4）"打开设计工作区"命令：用于打开设计工作区。

（5）"检出"命令：用于从设计储存库中选择模板。

（6）"保存工程"命令：用于保存当前的工程文件。

（7）"保存工程为"命令：用于另存当前的工程文件。

（8）"保存设计工作区"命令：用于保存当前的设计工作区。

（9）"保存设计工作区为"命令：用于另存当前设计工作区。

（10）"全部保存"命令：用于保存所有文件。

（11）"智能 PDF"命令：用于生成 PDF 格式设计文件的向导。

（12）"导入向导"命令：用于将其他 EDA 软件的设计文档及库文件导入 Altium Designer 的导入向导，如 Protel 99SE、CADSTAR、Orcad、P-CAD 等设计软件生成的设计文件。

（13）"元件发布管理器"命令：用于设置发布文件参数及发布文件。

（14）"当前文档"命令：用于列出最近打开过的文件。

（15）"最近的工程"命令：用于列出最近打开过的工程文件。

（16）"当前工作区"命令：用于列出最近打开过的设计工作区。

（17）"退出"命令：用于退出 Altium Designer 13。

3."视图"菜单

"视图"菜单主要用于工具栏、工作窗口视图、命令行以及状态栏的显示和隐藏，如图 1-11 所示。

（1）"工具栏"菜单选项：用于控制工具栏的显示和隐藏。单击一次开启，再单击一次则关闭打开的工具栏，如图 1-11 所示。

（2）"工作区面板"菜单选项：用于控制工作窗口面板的打开与关闭，如图 1-12 所示。

● Design Compiler（设计编译器）命令：用于控制设计编译器相关面板的打开与关闭，

包括编译过程中的差异、编译错误信息、编译对象调试器及编译导航等面板。

- Help（帮助）命令：用于控制帮助面板的打开与关闭。
- Instruments（设备）命令：用于控制设备机架面板的打开与关闭，其中包括 Nanoboard 控制器、软件设备和硬件设备三个部分。
- System（系统）命令：用于控制系统工作面板的打开和隐藏。其中，库（Libraries）、Messages（信息）、Files（文件）和 Projects（工程）工作面板比较常用，后面章节将详细介绍。
- Other（其他的）命令：介绍其他命令，如"OpenBus 调色板"命令。

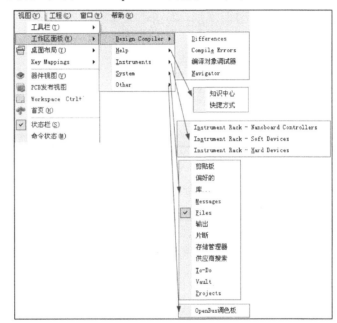

图 1-11　"视图"菜单　　　　　　　图 1-12　"工作区面板"菜单选项

（3）"桌面布局"命令：用于控制桌面的显示布局，其子菜单如图 1-13 所示。

- Default（默认）命令：用于设置 Altium Designer 13 为默认桌面布局。
- Startup（启动）命令：用于当前保存的桌面布局。
- Load Layout（载入布局）命令：用于从布局配置文件中打开一个 Altium Designer 13 已有的桌面布局。
- Save Layout（保存布局）命令：用于保存当前的桌面布局。

图 1-13　"桌面布局"命令子菜单选项

（4）Key Mapping（映射）命令：用于快捷键与软件功能的映射，提供了两种映射方式供用户选择。

（5）"器件视图"命令：用于打开器件视图窗口，如图 1-14 所示。

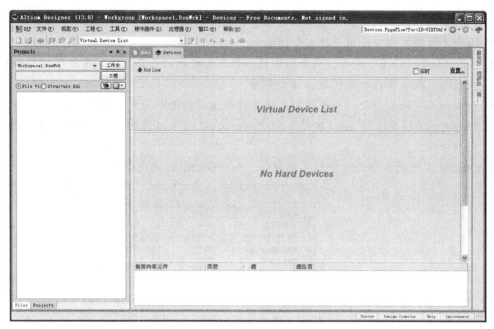

图 1-14 "器件视图窗口"菜单选项

（6）"PCB 发布视图"命令：用于打开 PCB 发布窗口，如图 1-15 所示。

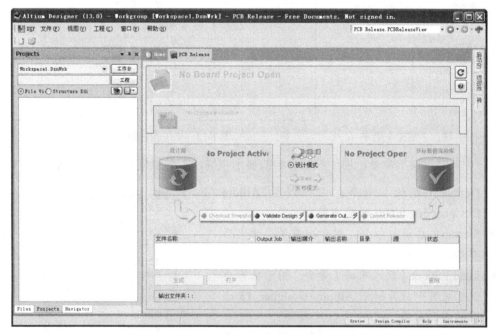

图 1-15 设备发布视图窗口

（7）"首页"命令：用于打开主页窗口，一般与默认的窗口布局相同。

（8）"状态栏"命令：用于控制工作窗口下方状态栏上选项卡的显示与隐藏。

（9）"命令状态"命令：用于控制命令行的显示与隐藏。

4."工程"菜单

主要用于工程文件的管理,如图 1-16 所示,包括工程文件的编译添加删除显示工程文件的不同点和版本控制等菜单选项,这里主要介绍"显示差异"和"版本控制"两个菜单选项。

(1)"显示差异"菜单选项:单击该菜单选项将弹出如图 1-17 所示的"选择文档比较"对话框。选中"高级模式"复选框,可以进行文件之间、文件与工程之间、工程之间的比较。

图 1-16 "工程"菜单   图 1-17 "选择文档比较"对话框

(2)"版本控制"菜单选项:单击该菜单选项可以查看版本信息,将文件添加到 Version Control 的数据库中并对数据库中的各种文件进行管理。

5."窗口"菜单

用于对窗口进行纵铺、横铺、打开、隐藏以及关闭等操作。

6."帮助"菜单

"帮助"菜单用于打开各种帮助信息。

1.1.2 工具栏

主工具栏只有 5 个按钮,分别用于新建文件、打开已存在的文件、打开设备视图页面、打开 PCB 发布视图和打开工作区控制面板。

1.1.3 工作窗口

打开 Altium Designer 13,工作窗口显示的是 Home 页视图,完全打开的视图如图 1-18 所示。

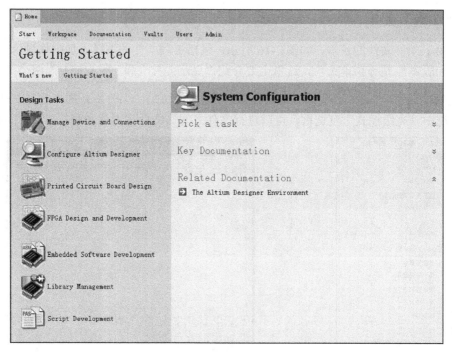

图 1-18 工作窗口的 Home 视图

Home（首页）中包含一系列快速启动图标。

- ▨（Management Device and Connections，设备管理和连接）：用于对设备进行管理和连接；
- ▨（Configure Altium Designer，配置）：用于 DXP 配置；
- ▨（Printed Circuit Board Design，印制电路板设计）：用于设计印制电路板；
- ▨（FPGA Design and Development，FPAG 设计和开发）：用于 FPGA 设计与开发；
- ▨（Embedded Software Development，嵌入式软件开发）：用于开发嵌入式软件；
- ▨（Library Management，库管理）：用于 DXP 库的管理；
- ▨（Script Development，脚本开发）：用于开发脚本程序。

在以后的设计中，打开的原理图及 PCB 图也将在此工作窗口区域显示。

1.1.4　Altium Designer 13 的工作面板

在 Altium Designer 13 中，可以使用系统型面板和编辑器面板两种类型的面板。系统型面板在任何时候都可以使用，而编辑器面板只有在相应的文件被打开时才可以使用。

使用工作面板是为了便于设计过程中的快捷操作。Altium Designer 13 被启动后，系统将自动激活 Files（文件）面板、Projects（工程）面板和 Navigator（导航）面板，可以单击面板底部选项卡在不同的面板之间切换。下面简单介绍 Files（文件）面板，其余的面板将在随后的原理图设计和 PCB 设计中详细讲解，展开的 Files（文件）面板如图 1-19 所示。

图 1-19　展开的 Files 面板

Files（文件）面板主要用于打开、新建各种文件和工程，分为"打开文档"、"打开工程"、"新的"、"从已有文件新建文件"和"从模板新建文件"5 个选项栏。单击每一部分右上角的双箭头按钮即可打开或隐藏里面的各项命令。

工作面板有三种显示方式，自动隐藏显示、浮动显示和锁定显示。在每个面板的右上角都有三个图标，█图标可以在各种面板之间进行切换操作，█图标可以改变面板的显示方式，单击█图标则关闭当前这个面板。

1.2　AltiumDesigner 13 的文件管理系统

对于成功的公司来说，技术是核心，健全的管理体制则是关键。同样，评价一个软件的好坏，文件的管理系统也是很重要的一个方面。Altium Designer 13 的"工程"面板提供了两种文件——工程文件和设计时生成的自由文件。设计时生成的文件可以放在工程文件中，也可以移出放入自由文件中。在文件存盘时，将以单个文件的形式存入，而不是以工程文件的形式整体存盘，被称为存盘文件，下面简单介绍一下这三种文件类型。

1.2.1　工程文件

Altium Designer 13 支持工程级别的文件管理，在一个工程文件里包括设计中生成的一切文件。例如，要设计一个收音机电路板，可以将收音机的电路图文件、PCB 图文件、设计中

生成的各种报表文件及元件的集成库文件等放在一个工程文件中，这样非常便于文件管理。
工程文件类似于 Windows 系统中的"文件夹"，在工程文件中可以执行对文件的各种操作，
如新建、打开、关闭、复制与删除等。

提　示

工程文件只负责管理，在保存文件时，工程中各个文件是以单个文件的形式保存的。

如图 1-20 所示为任意打开的".PRJPCB"工程文件。从该图可以看出，该工程文件包含
了与整个设计相关的所有文件。

图 1-20　工程文件

1.2.2　自由文件

自由文件是指独立于工程文件之外的文件，Altium Designer 13 通常将这些文件存放在唯
一的 Free Document（空白文件）文件夹中。自由文件有以下两个来源。

（1）当将某文件从工程文件夹中删除时，该文件并没有从 Project（工程）面板中消失，
而是出现在 Free Document（空白文件）中，成为自由文件。

（2）打开 Altium Designer 13 的存盘文件（非工程文件）时，该文件将出现在 Free Document
（空白文件）中而成为自由文件。

自由文件的存在方便了设计的进行，将文件从自由文档文件夹中删除时，文件将会彻底
被删除。

1.3　上机实验

实验 1．启动 Altium Designer 13，建立名为 My Board 的工程文件。

  操作提示

（1）单击桌面上的AltiumDesigner 13快捷图标，进入AltiumDesigner 13设计环境。

（2）选择"文件"→New（新建）→Project（工程）→"PCB工程菜单"命令，Projects（工程）面板中将出现一个新的PCB工程文件，PCB Project1为新建PCB文件的默认名字，系统自动将其保存在已打开的工程文件中，执行工程命令菜单中的"保存工程为"命令，则弹出工程保存对话框。选择保存路径并键入工程名"My Board.PrjPcb"，单击保存按钮后，即可建立自己的PCB工程My Board的文件夹。

实验 2．在实验 1 的基础上，建立名为 SCM Board.SchDoc 的原理图文件，并进入原理图设计窗口。

  操作提示

（1）选择"文件"→New（新建）菜单命令，在弹出的窗口中选择"原理图"图标即可创建原理图文件。

（2）选择"文件"→"保存为"菜单命令，在弹出的窗口中输入原理图名称 SCM Board.SchDoc。

1.4　思考与练习

1．用什么方法可以快速新建、打开、关闭文件？

2．简述 Altium Designer 13 不同类型文件打开方式。

电路设计基础

内容指南

本章详细介绍关于电路图设计的基本组成：原理图、PCB 图。简单介绍原理图、PCB 图的一些基础知识，具体包括原理图、PCB 图的组成、原理图编辑器的界面、原理图环境设置等。

知识重点

- 原理图环境设置
- 印制板电路环境设置

2.1 原理图编辑器的界面简介

在打开原理图设计文件或创建新的原理图文件的同时，Altium Designer 13 的原理图编辑器将被启动，即打开了电路原理图的编辑软件的环境，如图 2-1 所示。

2.1.1 主菜单栏

Altium Designer 13 设计系统对于不同类型的文件进行操作时，主菜单的内容会发生相应的改变。在原理图编辑环境中，主菜单会改变为如图 2-2 所示样式。在设计过程中，对原理图的各种编辑操作都可以通过菜单中的相应命令来完成。

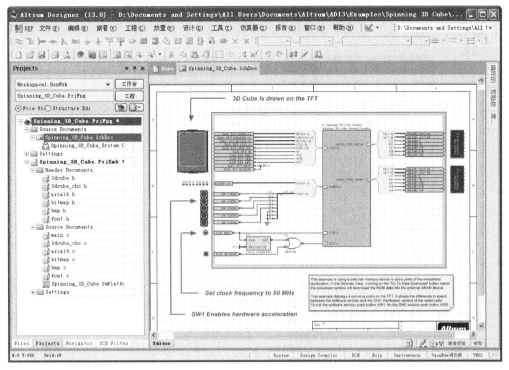

图 2-1 原理图编辑环境

图 2-2 原理图编辑环境主菜单栏

- "文件"菜单：主要用于文件的新建、打开、关闭、保存与打印等操作。
- "编辑"菜单：用于对象的选取、复制、粘贴与查找等编辑操作。
- "察看"菜单：用于视图的各种管理，如工作窗口的放大与缩小，各种工具、面板、状态栏及节点的显示与隐藏等。
- "工程"菜单：用于与工程有关的各种操作，如工程文件的打开与关闭、工程的编译及比较等。
- "放置"菜单：用于放置原理图中的各种组成部分。
- "设计"菜单：对元件库进行操作、生成网络报表等操作。
- "工具"菜单：可为原理图设计提供各种工具，如元件快速定位等操作。
- "报告"菜单：可进行生成原理图中各种报表的操作。
- "窗口"菜单：可对窗口进行各种操作。
- "帮助"菜单：帮助菜单。

2.1.2 工具栏

在原理图设计界面中，Altium Designer 13 提供了丰富的工具栏，其中绘制原理图常用的工具栏具体介绍如下。

选择"察看"→"工具栏"→"自定制"菜单命令，系统将弹出如图 2-3 所示的 Customizing

Sch Editor（定制原理图编辑器）对话框。在该对话框中可以对工具栏中的功能按钮进行设置，以便用户创建自己的个性工具栏。

图 2-3　Customizing Sch Editor 对话框

在原理图的设计界面中，Altium Designer 13 提供了丰富的工具栏，其中绘制原理图常用的工具栏介绍如下。

1. 标准工具栏

"标准"工具栏中为用户提供了一些常用的文件操作快捷方式，如打印、缩放、复制、粘贴等，以按钮图标的形式表示出来，如图 2-4 所示。如果将光标悬停在某个按钮图标上，则该图标按钮所要完成的功能就会在图标下方显示出来，便于用户操作。

图 2-4　原理图编辑环境中的标准工具栏

2. 连线工具栏

"连线"工具栏主要用于放置原理图中的元件、电源、接地、端口、图纸符号、未用管脚标志等，同时完成连线操作，如图 2-5 所示。

图 2-5　原理图编辑环境中的连线工具栏

3. 绘图工具栏

"绘图"工具栏用于在原理图中绘制所需要的标注信息，不代表电气连接，如图 2-6 所示。

用户可以尝试操作其他的工具栏。总之，在"察看"菜单下"工具栏"命令的子菜单中列出了所有原理图设计中的工具栏，在工具栏名称左侧有"√"标记则表示该工具栏已经被打开了，否则该工具栏是被关闭的，如图 2-7 所示。

图 2-6　原理图编辑环境中的绘图工具栏　　　　图 2-7　"工具栏"命令子菜单

2.1.3　工作窗口和工作面板

工作窗口是进行电路原理图设计的工作平台。在该窗口中，用户可以新绘制一个原理图，也可以对现有的原理图进行编辑和修改。

在原理图设计中经常用到的工作面板有 Projects（工程）面板、"库"面板及 Navigator（导航）面板。

1．Projects（工程）面板

Projects（工程）面板如图 2-8 所示，在该面板中列出了当前打开工程的文件列表及所有的临时文件，提供了所有关于工程的操作功能，如打开、关闭和新建各种文件，以及在工程中导入文件、比较工程中的文件等。

图 2-8　Projects 面板

2．"库"面板

"库"面板如图 2-9 所示，这是一个浮动面板，当光标移动到其选项卡上时，就会显示该面板，也可以通过单击选项卡在几个浮动面板间进行切换。在该面板中可以浏览当前加载的所有元件库，可以在原理图上放置元件，还可以对元件的封装、3D 模型、SPICE 模型和 SI 模型进行预览，同时还能够查看元件供应商、单价、生产厂商等信息。

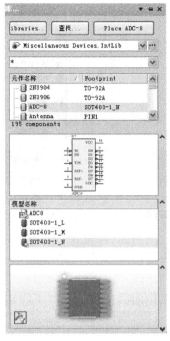

图 2-9　"库"面板

3．Navigator（导航）面板

Navigator（导航）面板能够在分析和编译原理图后提供关于原理图的所有信息，通常用于检查原理图。

2.2　常用编辑器的启动

Altium Designer 13 的常用编辑器有以下 6 种：

- VHDL 编辑器，文件扩展名为*.Hhd;
- 原理图编辑器，文件扩展名为*.SchDoc;
- PCB 编辑器，文件扩展名为*.PcbDoc;
- 原理图库文件编辑器，文件扩展名为*.SchLib;
- PCB 库文件编辑器，文件扩展名为*.PcbLib;
- CAM 编辑器，文件扩展名为*.Cam。

2.2.1　创建新的工程文件

在进行工程设计时，通常要先创建一个工程文件，这样有利于对文件的管理。创建工程文件有两种方法。

1．菜单创建

选择"文件"→New（新建）→Project（工程）→PCB 工程菜单命令，在弹出的菜单列表中列出了可以创建的各种工程类型，如图 2-10 所示，单击选择即可。

2．Files（文件）面板创建

打开 Files（文件）面板，在"新的"栏中列出了各种空白工程，如图 2-11 所示，单击选择即可创建工程文件。

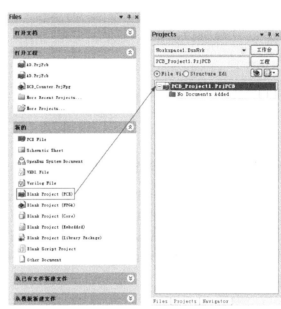

图 2-10　创建工程文件菜单　　　　图 2-11　"Files（文件）"面板创建工程文件

用户要新建自己的工程，必须将默认的工程另存为其他的名称，如 MyProject（我的工程）。执行工程命令菜单中的"保存工程为"命令，则弹出工程保存对话框。选择保存路径并键入工程名，单击保存按钮后，即可建立自己的 PCB 工程 MyProject.PrjPcb。

2.2.2　原理图编辑器的启动

新建原理图文件即可同时打开原理图编辑器，具体操作步骤如下。

1．创建菜单

选择"文件"→New（新建）→"原理图"菜单命令，Projects（工程）面板中将出现一个新的原理图文件，如图 2-12 所示。Sheet1.SchDoc 为新建文件的默认名字，系统自动将其保存在已打开的工程文件中，同时整个窗口新添加了许多菜单选项和工具选项。

图 2-12　新建原理图文件

2．创建 Files（文件）面板

打开 Files（文件）面板，在"新的"栏中列出了各种空白工程，单击选择 Schematic Sheet（原理图）选项即可创建原理图文件。

在新建的原理图文件处单击鼠标右键，在弹出的右键快捷菜单中选择"保存"菜单选项，然后在系统弹出的保存对话框中键入原理图文件的文件名，例如 MySchematic，即可保存新创建的原理图文件。

2.2.3　PCB 编辑器的启动

新建一个 PCB 文件即可同时打开 PCB 编辑器，具体操作步骤如下。

1．创建菜单

选择"文件"→New（新建）→PCB（印刷电路板）菜单命令，在 Projects（工程）面板中将出现一个新的 PCB 文件，如图 2-13 所示。PCB1.PcbDoc 为新建 PCB 文件的默认名字，系统自动将其保存在已打开的工程文件中，同时整个窗口新添加了许多菜单选项和工具选项。

2．创建 Files（文件）面板

打开 Files（文件）面板，在"新的"栏中列出了各种空白工程，单击选择 PCB File（印制电路板文件）选项即可创建 PCB 文件。

在新建的 PCB 文件处单击鼠标右键，在弹出的右键快捷菜单中选择"保存"菜单选项，然后在系统弹出的保存对话框中键入原理图文件的文件名，例如 MyPCB，即可保存新创建的 PCB 文件。

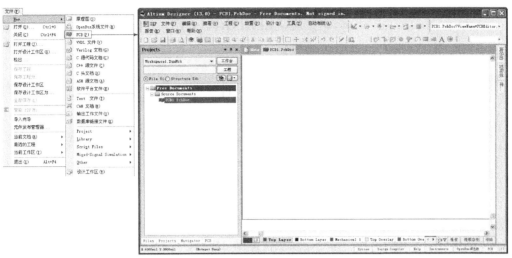

图 2-13　新建 PCB 文件

2.2.4　不同编辑器之间的切换

对于未打开的文件，在 Projects（工程）面板中双击不同的文件，这样打开不同的文件即可在不同的编辑器之间切换。

对于已经打开的文件，单击 Projects（工程）面板中不同的文件或单击工作窗口最上面的文件选项卡即可在不同的编辑器之间切换。若要关闭某一文件，在 Projects（工程）面板中或在工作窗口的选项卡上右键单击该文件，在弹出的快捷菜单中选择"Close PCB1.PcbDoc"菜单选项即可，如图 2-14 所示。

图 2-14　工作窗口选项卡

2.3 原理图图纸设置

Altium Designer 13 的原理图设计大致可分为 9 个步骤，"新建原理图"→"图纸设置"→"装载元件库"→"放置元件"→"元件布局"→"连线"→"注解"→"检查修改"→"打印输出"。

在原理图的绘制过程中，可以根据所要设计电路图的复杂程度，先对图纸进行设置。虽然在进入电路原理图的编辑环境时，Altium Designer 13 系统会自动给出相关图纸默认参数，但是在大多数情况下，这些默认参数不一定适合用户的需求，尤其是图纸尺寸。用户可以根据设计对象的复杂程度来对图纸的尺寸及其他相关参数进行重新定义。

选择"设计"→"文档选项"菜单命令，或在编辑窗口中单击右键，在弹出的快捷菜单中单击"选项"→"文档选项"命令，或按快捷键<D>+<O>，系统将弹出"文档选项"对话框，如图 2-15 所示。

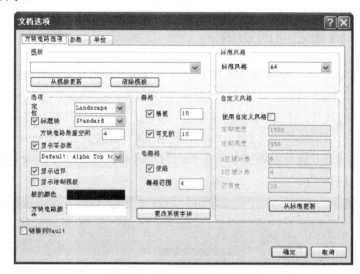

图 2-15 "文档选项"对话框

在该对话框中，有"方块电路选项"、"参数"和"单位"三个选项卡。

1. 设置图纸大小

单击"方块电路选项"选项卡，这个选项卡的右半部分为图纸尺寸的设置区域。Altium Designer 13 给出了两种图纸尺寸的设置方式。一种是"标准风格"，单击其右侧的▼按钮，在下拉列表框中可以选择已定义好的图纸标准尺寸，包括公制图纸尺寸（A0～A4）、英制图纸尺寸（A～E）、CAD 标准尺寸（CAD A～CAD E）及其他格式（Letter、Legal、Tabloid 等）的尺寸。然后，单击对话框右下方的"从标准更新"按钮，对目前编辑窗口中的图纸尺寸进行更新。

另一种是"自定义风格"，选中"使用自定义风格"复选框，则自定义功能被激活，在"定制宽度"、"定制高度"、"X 区域计数"、"Y 区域计数"及"刃带宽"5 个文本框中可以分别输入自定义的图纸尺寸。

用户可以根据设计需要选择这两种设置方式，默认的格式为标准样式。

在设计过程中，除了可对图纸尺寸进行设置外，往往还需要对图纸的其他选项进行设置，如图纸的方向、标题栏样式和图纸的颜色等。这些设置可以在如图 2-15 所示左侧的"选项"选项组中完成。

2．设置图纸方向

图纸方向通过"定位"命令右侧的下拉菜单设置，可以设置为水平方向（Landscape）即横向，也可以设置为垂直方向即纵向（Portrait），如图 2-16 所示。一般在绘制及显示时设为横向，在打印输出时可根据需要设为横向或纵向。

图 2-16　设置图纸方向

3．设置图纸标题栏

图纸标题栏（明细表）是对设计图纸的附加说明，可以在该标题栏中对图纸进行简单地描述，也可以作为以后图纸标准化时的信息。在 Altium Designer 13 中提供了两种预先定义好的标题栏格式，即 Standard（标准格式）和 ANSI（美国国家标准格式）。选中 Title Block（工程图明细表）复选框，即可进行格式设计，相应的图纸编号功能被激活，可以对图纸进行编号。

4．设置图纸参考说明区域

在"文档选项"对话框中，单击"显示零参数"选项前的复选框可以设置是否显示参考坐标。选中该复选框表示显示参考坐标，否则不显示参考坐标。一般情况下应该选择显示参考坐标。

5．设置图纸边框

在"文档选项"对话框中，单击"显示边界"选项前的复选框可以设置是否显示边框。选中该复选框表示显示边框，否则不显示边框。

6．设置显示模板图形

在"方块电路选项"选项卡中，选中"显示绘制模板"复选框可以设置是否显示模板图

23

形。选中该复选框表示显示模板图形，否则表示不显示模板图形。所谓显示模板图形，就是显示模板内的文字、图形、专用字符串等，如自己定义的标志区块或者公司标志。

7. 设置边框颜色

在"方块电路选项"选项卡中，单击"板的颜色"显示框，然后在弹出的"选择颜色"对话框中选择边框的颜色，如图 2-17 所示，单击"确定"按钮即可完成修改。

8. 设置图纸颜色

在"文档选项"对话框中，单击"方块电路颜色"选项中的颜色显示框。在弹出的"选择颜色"对话框中选择边框的颜色。如图 2-17 所示，单击"确定"按钮即可完成修改。

9. 设置图纸格点

进入原理图编辑环境后，大家可能注意到了编辑窗口的背景是网格形的，这种网格就为可视网格，是可以改变的。网格为元件的放置和线路的连接带来了极大的方便，使用户可以轻松地排列元件和整齐地走线。在 Altium Designer 13 中提供了三种网格："捕获"、"可见的"和"电栅格"。

在图 2-16 的设置对话框中，有一个"栅格"和"电栅格"选项组用来对网格进行具体设置，如图 2-18 所示。

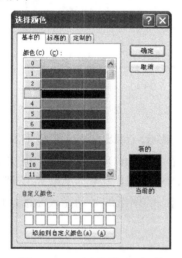

图 2-17　"选择颜色"对话框

图 2-18　网格设置

- "捕捉"复选框：用来启用捕获网格。所谓捕获网格，就是光标每次移动的距离大小。选中该复选框后，则光标移动时，以右边的设置值为基本单位，系统默认值为 10 个像素点，用户根据设计的要求可以输入新的数值改变光标的移动距离。若不选中该复选框，则光标移动时，以一个像素点为基本单位。
- "可见的"复选框：用来启用可视网格，即在图纸上可以看到的网格。选中该复选框后，则图纸上网格间的距离可以输入设置，系统默认值为 10 个像素点。若不选中该复选框，则表示在图纸上将不显示网格。根据系统的默认设置，可见的与捕捉值相同，意味着光标的每次移动距离是一个网格。
- "电栅格"：用来引导布线，该项设置非常有用，当进行画线操作或对元件进行电气连接时，此功能可以非常轻松地捕捉到起始点或元器件管脚。

- "使能"复选框：如果选中了该复选框，则在绘制连线时，系统会以光标所在位置为中心，以"栅格范围"中的设置值为半径，向四周搜索电气节点。如果在搜索半径内有电气节点，则光标将自动移到该节点上，并在该节点上显示一个亮圆点，搜索半径的数值用户可以设定。不选中该复选框，就取消了系统自动寻找电气节点的功能。

选择"察看"→"栅格"菜单命令，系统弹出的菜单用于切换网格的启用状态。如图 2-19 所示。执行 Set Snap Grid（设置管理单元网格）菜单命令，打开 Choose a snap grid size（选择捕捉网格尺寸）对话框，可以输入捕获网格的数值，如图 2-20 所示。

图 2-19　"栅格"命令子菜单

图 2-20　Choose a snap grid size 对话框

10．设置图纸上的字体

图纸字体的设置可以通过单击"文档选项"对话框中的"更改系统字体"按钮进行。单击该按钮后，系统将弹出如图 2-21 所示的设置"字体"对话框，在对话框中可以更改字体的设置。在该对话框中字体的设置将会改变整个原理图上的所有文字，包括原理图上的元件管脚文字和原理图的注释文字等，采用默认设置即可。

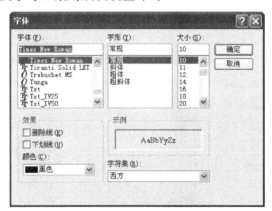

图 2-21　字体设置对话框

11．设置图纸参数信息

在文档选项对话框中选择"参数"选项卡，即可进入图纸设计信息的参数设置对话框，如图 2-22 所示。

在该对话框中可以设置很多选项，简单介绍如下。

- Address1、Address2、Address3、Address4：设置地址；
- ApprovedBy：工程设计负责人；
- Author：图纸设计者；
- CheckedBy：图纸校对者；

- CompanyName: 公司名称;
- CurrentDate: 当前日期;
- CurrentTime: 当前时间;
- Date: 设置日期;
- DocumentFullPathAndName: 设计工程文件名和完整路径;
- DocumentName: 文件名;
- DocumentNumber: 文件编号;
- DrawnBy: 图纸绘制者;
- Engineer: 设计工程师;
- ImagePath: 影像路径;
- ModifiedDate: 修改日期;
- Orgnization: 设计机构名称;
- ProjectName: 工程名称;
- Revision: 设计图纸版本号;
- Rule: 设计规则;
- SheetNumber: 电路原理图编号;
- SheetTotal: 整个电路工程中原理图总数;
- Time: 设置时间;
- Title: 原理图标题。

图 2-22　"参数"选项卡

在要填写或修改的参数上双击或选中要修改的参数后，单击"编辑"按钮，会弹出相应的参数属性对话框,用户就可以在上面修改各个设定值了。如图 2-23 所示是填写 ModifiedDate（修改日期）参数的对话框，在"值"栏内填入修改日期后，再选中"可见的"复选框即可。

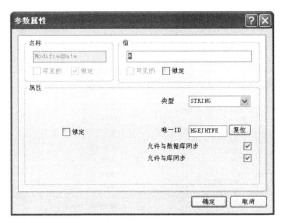

图 2-23 "参数属性"设置对话框

完成图纸设置后，单击"确定"按钮，进入原理图绘制的流程。

2.4 原理图工作环境设置

在 Altium Designer 13 电路设计软件中，原理图编辑器的工作环境设置是由原理图 Preferences（优先设定）设定对话框来完成的。

执行"工具"→"设置原理图参数"菜单命令，或者在编辑窗口内单击鼠标右键，在弹出的右键快捷菜单中执行"选项"→"设置原理图优选参数"命令，将会打开原理图优先设定对话框。

该对话框中主要有 11 个选项卡：General（常规设置）、Graphical Editing（图形编辑）、Mouse Wheel Configuration（鼠标滚轮设置）、Compiler（编译器）、AutoFocus（自动聚焦）、Grids（网格）、Library AutoZoom（库扩充方式）、Break Wire（切割连线）、Default Units（默认单位）、Default Primitives（默认图元）、Orcad (tm)（Orcad 端口操作）。下面以 General（常规设置）和 Graphical Editing（图形编辑）两个选项的具体设置为例介绍这些参数的设置。

2.4.1 设置原理图的常规环境参数

电路原理图的常规环境参数设置通过 General（常规）窗格来实现，如图 2-24 所示。

1. "选项"选项组

- "直角拖曳"复选框：选中该复选框后，在原理图上拖动元器件时，与元器件相连接的导线只能保持直角。若不选中该复选框，则一与元器件相连接的导线可以呈现任意的角度。
- Optimize Wires Buses（最优连线路径）复选框：选中该复选框后，在进行导线和总线的连接时，系统将自动选择最优路径，并且可以避免各种电气连线和非电气连线的相互重叠。此时，"元件割线"复选框也呈现可选状态。若不选中该复选框，则用户可以自己进行连线路径的选择。

图 2-24 Schematic Preferences 对话框 General 选项卡

- "元件割线"复选框：选中该复选框后，会启动使用元器件切割导线的功能，即当放置一个元器件时，若元器件的两个管脚同时落在一根导线上，则该导线将被切割成两段，两个端点自动分别与元器件的两个管脚相连。
- "使能 In-Place 编辑（启用即时编辑功能）"复选框：选中该复选框之后，在选中原理图中的文本对象时，如元器件的序号、标注等，连续两次单击后可以直接进行编辑、修改，而不必打开相应的对话框。
- "Ctrl+双击打开图纸"复选框：选中该复选框后，按下 Ctrl 键，同时双击原理图文档图标即可打开该原理图。
- "转换交叉点"复选框：选中该复选框后，用户画导线时，在重复的导线处自动连接并产生节点，同时终结本次画线操作。若没有选择此复选框，则用户可以随意覆盖已经存在的连线，并可以继续进行画线操作。
- "显示 Cross-Overs（显示交叉点）"复选框：选中此复选框后，则非电气连线的交叉处会以半圆弧显示出横跨状态。
- "Pin 方向（管脚说明）"复选框：选中该复选框后，单击元器件某一管脚时，会自动显示该管脚的编号及输入输出特性等。
- "图纸入口方向"复选框：选中该复选框后，在顶层原理图的图纸符号中会根据子图中设置的端口属性显示是输出端口、输入端口或其他性质的端口。图纸符号中相互连接的端口部分则不跟随此项设置改变。
- "端口方向"复选框：选中该复选框后，端口的样式会根据用户设置的端口属性显示是输出端口、输入端口或其他性质的端口。

- "未连接从左到右"复选框：选中该复选框后，由子图生成顶层原理图时，左右可以不进行物理连接。
- "使用 GDI+渲染文本+"复选框：选中该复选框后，可使用 GDI 字体渲染功能，可精细到字体的粗细、大小等功能。

2."包括剪贴板"选项组

- No-ERC 标记（忽略 ERC 检查符号）复选框：选中该复选框后，则在复制、剪切到剪贴板或打印时，均包含图纸的忽略 ERC 检查符号。
- "参数集"复选框：选中该复选框后，使用剪贴板进行复制操作或打印时，包含元器件的参数信息。

3."分段放置"选项组

用来设置元件标识序号及管脚号的自动增量数。

- "首要的"文本框：用来设置在原理图上连续放置同一种元件时，元件标识序号的自动增量数，系统默认值为 1。
- "次要的"文本框：用来设定创建原理图符号时，管脚号的自动增量数，系统默认值为 1。

4."默认"选项

用来设置默认的模板文件。可以单击右边的"模板"下拉列表选择模板文件，选择后，模板文件名称将出现在"模板"文本框中，每次创建新文件时，系统将自动套用该模板。也可以单击"清除"按钮清除已经选择的模板文件。如果不需要模板文件，则"模板"文本框中显示 No Default Template Name（没有默认模板名称）。

5."Alpha 数字后缀"（字母和数字后缀）选项组

用来设置某些元件中包含多个相同子部件的标识后缀，每个子部件都具有独立的物理功能。在放置这种复合元件时，其内部的多个子部件通常采用"元件标识：后缀"的形式来加以区别。

- "字母"选项：选中该单选按钮，子部件的后缀以字母表示，如 U：A，U：B 等。
- "数字"选项：选中该单选按钮，子部件的后缀以数字表示，如 U：1，U：2 等。

6."管脚余量"选项组

- "名称"文本框：用来设置元器件的管脚名称与元器件符号边缘之间的距离，系统默认值为 5mil。
- "数量"文本框：用来设置元器件的管脚编号与元器件符号边缘之间的距离，系统默认值为 8mil。

7."默认电源零件名"选项组

- "电源地"文本框：用来设置电源地的网络选项卡名称，系统默认为 GND。
- "信号地"文本框：用来设置信号地的网络选项卡名称，系统默认为 SGND。
- "接地"文本框：用来设置大地的网络选项卡名称，系统默认为 EARTH。

8."过滤和选择的文档范围"下拉列表

用来设置过滤器和执行选择功能时默认的文件范围，有两个选项。

- Current Document（当前文件）选项：表示仅在当前打开的文档中使用。
- Open Document（打开文件）选项：表示在所有打开的文档中都可以使用。

9."默认空图表尺寸"选项

用来设置默认的空白原理图的尺寸大小，可以单击下拉列表选择设置，并在旁边给出了相应尺寸的具体绘图区域范围，帮助用户选择。

2.4.2 设置图形编辑的环境参数

图形编辑的环境参数设置通过 Graphical Editing（图形编辑）窗格来完成，如图 2-25 所示，主要用来设置与绘图有关的一些参数。

图 2-25 Graphical Editing 选项卡

1."选项"区域

- "剪贴板参数"复选框：选中该复选框后，在复制或剪切选中的对象时，系统将提示确定一个参考点，建议用户选中。
- "添加模板到剪贴板"复选框：选中该复选框后，用户在执行复制或剪切操作时，系统将会把当前文档所使用的模板一起添加到剪贴板中，所复制的原理图包含整个图纸。建议用户不必选中。

- "转换特殊字符串"复选框：选中该复选框后，用户可以在原理图上使用特殊字符串，显示时会转换成实际字符串，否则将保持原样。
- "对象的中心"复选框：选中该复选框，移动元件时，光标将自动跳到元件的参考点上（元件具有参考点时）或对象的中心处（对象不具有参考点时）。若不选中该复选框，则移动对象时光标将自动滑到元件的电气节点上。
- "对象电气热点"复选框：选中该复选框后，当用户移动或拖动某一对象时，光标自动滑动到离对象最近的电气节点（如元件的管脚末端）处。建议用户选中。

注意　如果想实现选中 Center of Object（中心参考）复选框后的功能，应取消选择 Object's Electrical Hot Spot（电气节点）复选框，否则，移动元件时，光标仍然会自动滑到元件的电气节点处。

- "自动缩放"复选框：选中该复选框后，则在插入元器件时，电路原理图可以自动地实现缩放，调整出最佳的视图比例。建议用户选中。
- "否定信号'\'"复选框：一般在电路设计中，习惯在管脚的说明文字顶部加一条横线表示该管脚低电平有效，在网络选项卡上也采用此种标识方法。Altium Designer 13 允许用户使用"\"为文字顶部加一条横线，例如，RESET 低有效，可以采用"\R\E\S\E\T"的方式为该字符串顶部加一条横线。选中该复选框后，只要在网络选项卡名称的第一个字符前加一个"\"时，该网络选项卡名将全部被加上横线。
- "双击运行检查"复选框：选中该复选框后，在原理图上双击某个对象时，可以打开"查询器"面板，面板上列出了该对象的一切参数信息，用户可以查询，也可以修改。
- "确定备选存储清除"复选框：选中该复选框后，在清除选择存储器时，将出现一个确认对话框。否则，不会出现确认对话框。通过这项功能的设定可以防止由于疏忽而清除选择存储器。建议用户选中。
- "掩膜手册参数"复选框：用来设置是否显示参数自动定位被取消的标记点。选中该复选框后，如果对象的某个参数已取消了自动定位属性，那么在该参数的旁边会出现一个点状标记，提示用户该参数不能自动定位，需手动定位，即应该与该参数所属的对象一起移动或旋转。
- "单击清除选择"复选框：选中该复选框后，通过单击原理图编辑窗口内的任意位置，就可以解除对某一对象的选中状态，不需要再使用菜单命令或者工具栏上的 按钮来取消。建议用户选中。
- "Shift +单击选择"复选框：选中该复选框后，只有在按下 Shift 键时，单击鼠标才能选中图元。此时，右边的"元素"按钮被激活，单击"元素"按钮，弹出如图 2-26 所示的"必须按定 Shift 选择"对话框，可以设置哪些图元只有在按下 Shift 键时，再单击鼠标才能选择。使用这项功能会使原理图的编辑很不方便，建议用户不必选中，直接单击选取图元即可。

图 2-26 "必须按定 Shift 选择"对话框

- "一直拖拉"复选框:选中该复选框后,移动某一选中的图元时,与其相连的导线随之被拖动,保持连接关系;若不选中该复选框,则移动图元时,与其相连的导线不会被拖动。
- "自动放置图纸入口"复选框:选中该复选框后,系统将会自动放置图纸入口。
- "保护锁定对象"复选框:选中该复选框后,系统会对锁定的图元进行保护。若不选中该复选框,则锁定对象不会被保护。

2. "自动扫描选项"选项组

该选项组主要用来设置系统的自动移动功能,即当光标在原理图上移动时,系统会自动移动原理图,以保证光标指向的位置进入可视区域。

- "类型"下拉列表:用来设置系统自动摇景的模式,有三种选择:Atuo Pan Off(关闭自动摇景)、Auto Pan Fixed Jump(按照固定步长自动移动原理图)、Auto Pan Recenter(移动原理图时,以光标位置作为显示中心)可以供用户选择。系统默认为 Auto Pan Fixed Jump。
- "速度"滑块:通过拖动滑块,可以设定原理图移动的速度。滑块越向右,速度越快。
- "步进步长"文本框:设置原理图每次移动时的步长。系统默认值为 30,即每次移动 30 个像素点。数值越大,图纸移动越快。
- "Shift 步进步长"文本框:用来设置在按住 Shift 键的情况下,原理图自动移动时的步长。一般该栏的值要大于"步进步长"的值,这样在按住 Shift 键时可以加快图纸的移动速度,系统默认值为 100。

3. "撤销/取消撤销"选项组

- "堆栈尺寸"文本框:用来设置可以取消或重复操作的最深堆栈数,即次数的多少。理论上,取消或重复操作的次数可以无限多,但次数越多,所占用的系统内存就越大,会影响编辑操作的速度。系统默认值为 50,一般设定为 30 即可。

4. "颜色选项"选项

用来设置所选中对象的颜色。单击"选择"选项中的颜色显示框。如图 2-27 所示在弹出的"选择颜色"对话框中选择边框的颜色。

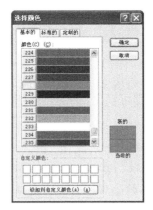

图 2-27 "选择颜色"对话框

5."光标"选项

该选项主要用来设置光标的类型。

- "指针类型"下拉列表: 光标的类型有 4 种选择: Large Cursor 90 (长十字形光标)、Small Cursor 90 (短十字形光标)、Small Cursor 45 (短 45° 交错光标)、Tiny Cursor 45 (小 45° 交错光标)。系统默认为 Small Cursor 90。

其他参数的设置读者可以参照帮助文档,这里不再赘述。

2.5 PCB 界面简介

PCB 界面主要包括三个部分: 主菜单、主工具栏和工作面板,如图 2-28 所示。

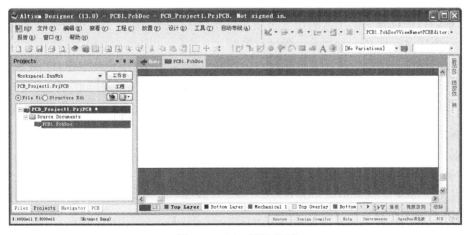

图 2-28 PCB 设计界面

与原理图设计的界面一样,PCB 设计界面也是在软件主界面的基础上添加了一系列菜单选项和工具栏,这些菜单选项及工具栏主要用于 PCB 设计中的板设置、布局、布线及工程操作等。菜单选项与工具栏基本上是对应的,能用菜单选项来完成的操作几乎都能通过工具栏中的相应工具按钮完成。同时用右键单击工作窗口将弹出一个快捷菜单,其中包括一些 PCB

设计中常用的菜单选项。

2.5.1　菜单栏

在 PCB 设计过程中，各项操作都可以使用菜单栏中相应的菜单命令来完成，各项菜单中的具体命令如下。

- "文件"菜单：主要用于文件的打开、关闭、保存与打印等操作。
- "编辑"菜单：用于对象的选取、复制、粘贴与查找等编辑操作。
- "察看"菜单：用于视图的各种管理，如工作窗口的放大与缩小，各种工具、面板、状态栏及节点的显示与隐藏等。
- "工程"菜单：用于与工程有关的各种操作，如工程文件的打开与关闭、工程的编译及比较等。
- "放置"菜单：包含了在 PCB 中放置对象的各种菜单选项。
- "设计"菜单：用于添加或删除元件库、网络报表导入、原理图与 PCB 间的同步更新及印刷电路板的定义等操作。
- "工具"菜单：可为 PCB 设计提供各种工具，如 DRC 检查、元件的手动、自动布局、PCB 图的密度分析以及信号完整性分析等操作。
- "自动布线"菜单：可进行与 PCB 布线相关的操作。
- "报告"菜单：可进行生成 PCB 设计报表及 PCB 的测量操作。
- "窗口"菜单：可对窗口进行各种操作。
- "帮助"菜单：帮助菜单。

2.5.2　主工具栏

工具栏中以图标按钮的形式列出了常用菜单命令的快捷方式，用户可根据需要对工具栏中包含的命令项进行选择，对摆放位置进行调整。

用鼠标右键单击菜单栏或工具栏的空白区域即可弹出工具栏的命令菜单，如图 2-29 所示。它包含 6 个菜单选项，有 √ 标志的菜单选项将被选中而出现在工作窗口上方的工具栏中。每一个菜单选项代表一系列工具选项。

- "PCB 标准"命令：用于控制 PCB 标准工具栏的打开与关闭，"过滤器"菜单选项：用于控制 PCB 标准工具栏的打开或关闭，如图 2-30 所示。
- "变量"菜单选项：控制工具栏 ▢▾ ▢▾ (All) 的打开与关闭，用于快速定位各种对象。
- "应用程序"菜单选项：控制工具栏 ✔▾ ▤▾ ▦▾ ▭▾ ▤▾ ▦▾ 的打开与关闭。
- "布线"菜单选项：控制布线工具栏  的打开与关闭。
- "导航"菜单选项：控制导航工具栏的打开与关闭，通过这些按钮，可以实现在不同界面之间的快速跳转。
- Customize（自定义）菜单选项：用户自定义设置。

图 2-29　工具栏设置选项

图 2-30 标准工具栏

2.6 电路板物理结构及环境参数设置

对于手动生成的 PCB，在进行 PCB 设计前，首先要对板的各种属性进行详细的设置。主要包括板形的设置、PCB 图纸的设置、电路板层的设置、层的显示、颜色的设置、布线框的设置、PCB 系统参数的设置以及 PCB 设计工具栏的设置等。

2.6.1 电路板物理边框的设置

1. 边框线的设置

电路板的物理边界即为 PCB 的实际大小和形状，板形的设置是在工作层层面 Mechanical 1 上进行的，根据所设计的 PCB 在产品中的位置、空间的大小、形状以及与其他部件的配合来确定 PCB 的外形与尺寸。具体的步骤如下：

01 新建 PCB 文件，使之处于当前的工作窗口，如图 2-31 所示。默认的 PCB 图为带有栅格的黑色区域，它包括 6 个工作层面。

图 2-31 默认的 PCB 图

- Top Layer（顶层）和 Bottom Layer（底层）：主要用于建立电气连接的铜箔层。
- Mechanical 1（机械层）：用于支持电路板的印制材料层。
- Top Overlay（丝印层）：用于添加电路板的说明文字。
- Keep-Out Layer（禁止布线层）：用于设立布线框，支持系统的自动布局和自动布线功能。
- Multi-Layer（多层同时显示）：横跨所有的信号板层。

02 单击工作窗口下方的 Mechanical 1（机械层）选项卡，使该层面处于当前的工作窗口中。

03 选择"放置"→"走线"菜单命令，鼠标将变成十字形状。将鼠标移到工作窗口的

合适位置，单击即可进行线的放置操作，每单击左键一次就确定一个固定点。通常将板的形状定义为矩形。但在特殊情况下，为了满足电路的某种特殊要求，也可以将板形定义为圆形、椭圆形或者不规则的多边形。这些都可以通过"放置"菜单来完成。

04 当绘制的线组成了一个封闭的边框时，即可结束边框的绘制。单击鼠标右键或者按下 Esc 键即可退出该操作，绘制结束后的 PCB 边框如图 2-32 所示。

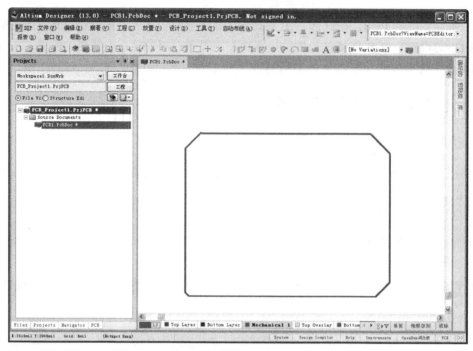

图 2-32　设置边框后的 PCB 图

05 设置边框线属性。用鼠标左键双击任一边框线即可打开该线的编辑对话框，如图 2-33 所示。

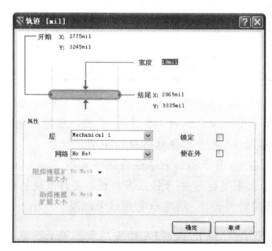

图 2-33　设置边框线属性对话框

为了确保 PCB 图中边框线为封闭状态,可以在此对话框中对线的起始和结束点进行设置,使一根线的终点为下一根线的起点,下面介绍其余一些选项的含义。

- Layer（层）下拉列表：设置该线所在的工作层面。因此用户开始画线时可以不选择 Mechanical 1 选项卡，在此处进行工作层面的修改也可达到步骤中同样的效果，只是这样需要对各个线进行设置，操作起来比较麻烦。
- Net（网络）下拉列表：设置边框线所在的网络。通常边框线不属于任何网络，即不存在任何的电气特性。
- Locked（锁定）复选框：选中该复选框时边框线被锁定，无法对该线进行移动等操作。
- Keepout（使在外）复选框：表示该边框线属性是否为 Keepout。具有该属性的对象被定义为板外对象，将不出现在系统生成的 Gerber 文件中。

最后单击 确定 按钮完成边框线的属性编辑操作。

2. 板形的修改

对边框线进行设置主要是给制板商提供制作板形的依据。用户也可以在设计时直接修改板形，即在工作窗口中直接看到自己所设计板子的外观形状，然后对板形进行修改。板形的设置与修改主要通过"设计"→"板子形状"子菜单来完成。

（1）重新定义板形状

01 单击"设计"→"板子形状"→"重新定义板形"菜单选项，这时鼠标将变成十字形状，工作窗口显示出绿色的电路板。

02 移动鼠标到电路板上，单击确定起点，然后移动鼠标多次单击确定多个固定点重新设定电路板的尺寸，如图 2-34 所示。当绘制的边框未封闭时，系统将自动连接起始点和结束点以完成电路板的定义。

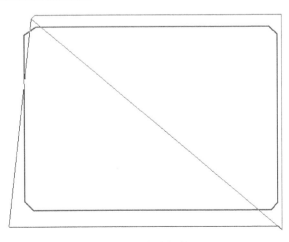

图 2-34 重新定义电路板外形

03 单击鼠标右键或者按下 Esc 键退出板形的定义。定义后的电路板可视栅格自动调整以满足区域定义。

（2）移动板子顶点

01 单击"设计"→"板子形状"→"移动板子顶点"菜单选项，鼠标将变成十字形状，同时工作窗口将显示绿色的电路板，边框存在多个可以拖动的固定点。

02 拖动任何一个固定点即可改变板的形状，如图 2-35 所示。

03 单击鼠标右键或者按下 Ese 键即可退出板形的修改。

（3）移动板子形状

01 选择"设计"→"板子形状"→"移动板子形状"菜单命令，鼠标将变成十字形状，一个虚线框悬浮在鼠标上，同时工作窗口显示绿色的电路板，如图 2-36 所示。

02 移动鼠标到合适的位置，然后单击即可完成电路板的移动。

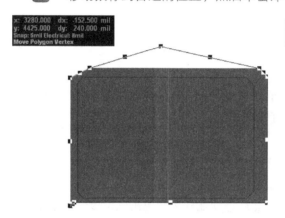
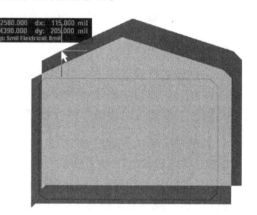

图 2-35　移动板的顶点　　　　　　　图 2-36　移动电路板

（4）按照选定对象定义

在机械层或其他层利用线条或圆弧定义一个内嵌的边界，以新建对象为参考重新定义板形，具体的操作步骤如下。

01 选择"放置"→"圆弧"菜单命令，在电路板上绘制一个圆，如图 2-37 所示。

02 选中刚才绘制的圆，然后选择"设计"→"板子形状"→"按照选定对象定义"菜单命令，电路板将变成圆形，如图 2-38 所示。

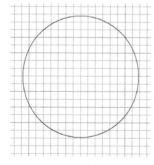
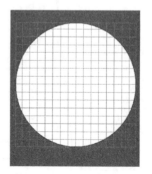

图 2-37　绘制一个圆　　　　　　　图 2-38　改变后的板形

2.6.2　电路板图纸的设置

与原理图一样，用户也可以对电路板图纸进行设置，默认的图纸是不可见的。大多数 Altium Designer 13 自带的例子将板子显示在一个白色的图纸上，与原理图图纸完全相同。图纸大多被画在 Mechanical 16（机械层 16）上，图纸的设置主要有以下两种方法。

1．通过"板参数选项"进行设置

选择"设计"→"板参数选项"菜单命令即可打开"板选项"对话框，如图 2-39 所示。

图 2-39　"板选项"设置对话框

（1）"度量单位"栏

在"度量单位"栏中可设置 PCB 中的单位，考虑到目前的电子元件管脚的排列以英制单位为主，以公制单位排列管脚的元件很少，因此建议选择英制单位 Imperial。

（2）"图纸位置"栏

在"图纸位置"栏中可设置 PCB 中的图纸，从上到下依次可对图纸在 X 轴的位置、Y 轴的位置、图纸的宽度、图纸的高度、图纸的显示状态以及图纸的锁定状态等进行设置。参照原理图图纸的鼠标定位方法对图纸的大小进行合适的设置。对图纸进行设置后，"显示页面"复选框即可在工作窗口中显示图纸。

最后单击 确定 按钮即可完成图纸信息的设置。

2．从 PCB 模板中添加新图纸

与 Protel 2004 一样，Altium Designer 13 也拥有一系列预定义的 PCB 模板，主要存放在安装目录"AD 13\Templates"下，添加新图纸的操作步骤如下：

01　单击需要进行图纸操作的 PCB 文件，使之处于当前的工作窗口中。

02　选择"文件"→"打开"菜单命令，进入如图 2-40 所示的对话框，选中上述路径下的一个模板文件。

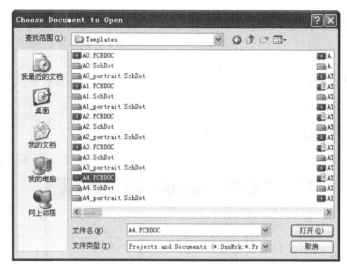

图 2-40　打开 PCB 模板文件对话框

03　单击 打开(O) 按钮，即可将模板文件导入到工作窗口中，如图 2-41 所示。

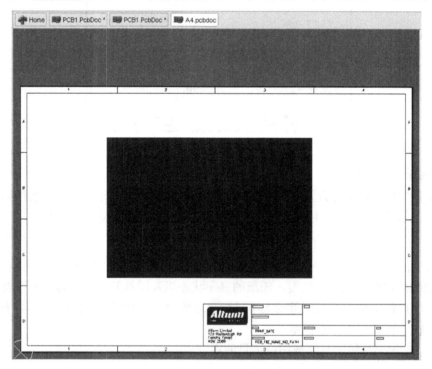

图 2-41　导入 PCB 模板文件

04　用鼠标拉出一个矩形框，选中该模板文件，选择"编辑"→"复制"菜单命令，进行复制操作。然后切换到要添加图纸的 PCB 文件，选择"编辑"→"粘贴"粘贴菜单命令，进行粘贴操作，此时鼠标变成十字形状，同时图纸边框悬浮在鼠标上。

05　选择合适的位置，然后单击即可放置该模板文件。新页面的内容将被放置到 Mechanical 1（机械层 1）层，但此时并不可见。

06　选择"设计"→"板层颜色"菜单命令，弹出如图 2-42 所示的对话框。在对话框的右上角 Mechanical 1（机械层 1）层上依次选中"展示"、"使能"和"连接到方块电路"复选框，然后单击 确定 按钮即可完成 Mechanical 1（机械层 1）层与图纸的连接。

图 2-42　完成 Mechanical 1 与图纸的连接

07 选择"察看"→"合适图纸"菜单命令，此时图纸被重新定义了尺寸，与导入的 PCB 图纸边界范围正好相匹配。

至此，如果使用"V+S"或"Z+S"键重新观察图纸，可以看见新的页面格式已经启用了。

2.6.3　电路板的层面设置

1. 电路板的分层

PCB 一般包括很多层，不同的层包含不同的设计信息。制板商通常是将各层分开做，然后经过压制、处理，最后生成各种功能的电路板。

Altium Designer 13 提供了以下 6 种类型的工作层面。

- Signal Layers（信号层）：信号层即为铜箔层，主要完成电气连接特性。Altium Designer 13 提供有 32 层信号层，分别为 Top Layer（顶层）、Mid Layer 1（中间层 1）、Mid Layer 2（中间层 2）……Mid Layer 30 （中间层 30）和 Bottom Layer（底层），各层以不同的颜色显示。

- Internal Planes（内部电源与地层）：内部电源与地层也属于铜箔层，主要用于建立电源和地网络。Altium Designer 13 提供 16 层 Internal Planes（内部电源与地层），分别为

Internal Layer 1（内部电源层 1）、InternalLayer 2（内部电源层 2）……Internal Layer 16"（内部电源层 16），各层以不同的颜色显示。

- Mechanical Layers（机械层）：机械层是用于描述电路板机械结构、标注及加工等说明所使用的层面，不能完成电气连接特性。Altium Designer 13 提供有 16 层机械层，分别为 Mechanical Layer 1（机械层 1）、Mechanical Layer 2（机械层 2）……Mechanical Layer 16"（机械层 16），各层以不同的颜色显示。
- Mask Layers（掩模层）：掩模层主要用于保护铜线，也可以防止元件被焊到不正确的地方。Altium Designer 13 提供有 4 层掩模层，分别为 Top Paster（顶部锡膏防护焊料层）、Bottom Paster（底部锡膏防护层）、Top Solder（顶部阻焊层）和 Bottom Solder（底部阻焊层），分别用不同的颜色显示出来。
- Silkscreen Layers（丝网层）：通常在这上面会印上文字与符号，以标示出各零件在板子上的位置。丝网层也被称做图标面（legend），Altium Designer 13 提供有两层丝印层，分别为 Top Overlay（顶部覆盖层）和 Bottom Overlay"（底部覆盖层）。
- Other Layers：其他层。
  - ➢ Drill Guides（钻孔位置）和钻孔图层：用于描述钻孔图和钻孔位置。
  - ➢ Keep-Out Layer（禁止布线层）：只有在这里设置了布线框，才能启动系统的自动布局和自动布线功能。
  - ➢ Multi-Layer（多层）：设置更多层，横跨所有的信号板层。

单击"设计"→"板层颜色"菜单选项，在弹出的对话框中取消对中间的三个复选框的选中状态即可看到系统提供的所有层。

2. 常见的不同层数电路板

（1）Single-Sided Boards（单面板）

在最基本的 PCB 上元件集中在其中的一面，走线则集中在另一面上。因为走线只出现在其中的一面，所以就称这种 PCB 板叫做单面板（Singl-Sided Boards）。在单面板上通常只有底面也就是 Bottom Layer（底层）覆上铜箔，元件的管脚焊在这一面上，主要完成电气特性的连接。顶层也就是 Top Layer（顶层）是空的，元件安装在这一面，所以又称为"元件面"。因为单面板在设计线路上有许多严格的限制（因为只有一面，所以布线间不能交叉而必须绕走独自的路径），布通率往往很低，所以只有早期的电路及一些比较简单的电路才使用这类的板子。

（2）Double-Sided Boards（双面板）

这种电路板的两面都有布线，不过要用上两面的布线则必须要在两面之间有适当的电路连接才行。这种电路间的"桥梁"叫做过孔（via）。过孔是在 PCB 上充满或涂上金属的小洞，它可以与两面的导线相连接。双层板通常无所谓元件面和焊接面，因为两个面都可以焊接或安装元件，但习惯地可以称 Bottom Layer 为焊接面，Top Layer 为元件面。因为双面板的面积比单面板大了一倍，而且因为布线可以互相交错（可以绕到另一面），因此它适合用在比单面板复杂的电路上。相对于多层板而言，双面板的制作成本不高，在给定一定面积的时候通常都能百分百布通，因此一般的印制板都采用双面板。

（3）Multi-Layer Boards（多层板）

常用的多层板有 4 层板、6 层板、8 层板和 10 层板等。简单的 4 层板是在 Top Layer 和 Bottom Layer 的基础上增加了电源层和地线层，这一方面极大程度地解决了电磁干扰问题，提高了系统的可靠性，另一方面可以提高布通率，缩小 PCB 板的面积。6 层板通常是在 4 层板的基础上增加了两个信号层：Mid-Layer 1 和 Mid-Layer 2。8 层板则通常包括一个电源层、两个地线层、5 个信号层（Top Layer、Bottom Layer、Mid-Layer 1、Mid-Layer 2 和 Mid-Layer 3）。

多层板层数的设置是很灵活的，设计者可以根据实际情况进行合理的设置。各种层的设置应尽量满足以下的要求。

- 元件层的下面为地线层，它提供器件屏蔽层以及为顶层布线提供参考平面。
- 所有的信号层应尽可能与地平面相邻。
- 尽量避免两信号层直接相邻。
- 主电源应尽可能地与其对应地相邻。
- 兼顾层压结构对称。

3. 电路板层数设置

在对电路板进行设计前可以对板的层数及属性进行详细地设置，这里所说的层主要是指 Signal Layers（信号层）、Internal Plane Layers（电源层和地线层）和 Insulation（Substrate）Layers（绝缘层）。

电路板层的具体设置步骤如下：

01 选择"设计"→"层叠管理"菜单命令，打开"层堆栈管理器"对话框，如图 2-43 所示。在该对话框中可以增加层、删除层、移动层所处的位置以及对各层的属性进行编辑。

02 对话框的中心显示了当前 PCB 图的层结构。默认的设置为双层板，即只包括 Top Layer（顶层）和 Bottom Layer（底层）两层，用户可以单击"加平面"按钮添加信号层或单击加层按钮添加电源层和地层。选定一层为参考层进行添加时，添加的层将出现在参考层的下面，当选择 Bottom Layer（底层）时，添加层则出现在底层的上面。

03 双击某一层的名称或选中该层后单击□□□□按钮都可以打开该层的属性编辑对话框，然后可对该层的名称及厚度进行设置。

04 添加层后，单击"上移"按钮或"下移"按钮可以改变该层在所有层中的位置。在设计过程的任何时间都可进行添加层的操作。

05 选中某一层后单击"删除"按钮即可删除该层。

06 单击"菜单"按钮或在该对话框的任意空白处单击鼠标右键即可弹出一个快捷菜单，如图 2-43 所示。此菜单选项中的大部分选项也可以通过对话框右侧的按钮进行操作。"实例层堆栈"菜单选项提供了常用不同层数的电路板层数设置，可以直接选择进行快速板层设置。

07 PCB 设计中最多可添加三两个信号层、26 个电源层和地线层。各层的显示与否可在"板层颜色"对话框中进行设置，选中各层中的"显示"复选框即可。

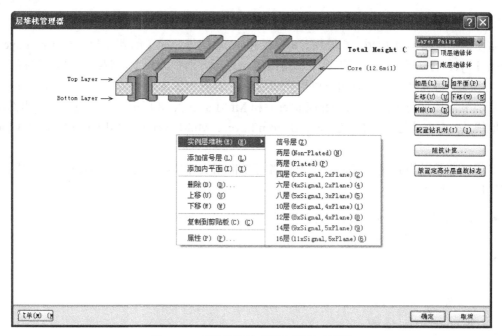

图 2-43   "层堆栈管理器"设置对话框

08 层的堆叠类型。电路板的层叠结构中不仅包括拥有电气特性的信号层，还包括无电气特性的绝缘层，两种典型的绝缘层主要是指 Core（填充层）和 Prepreg（塑料层）。层的堆叠类型主要是指绝缘层在电路板中的排列顺序，默认的三种堆叠类型包括 Layer Pairs（层组合）、Internal Layer Pairs（内部层组合）和 Build-up（组建）。改变层的堆叠类型将会改变 Core 和 Prepreg 在层栈中的分布，只有在信号完整性分析需要用到盲孔或深埋过孔的时候才需要进行层堆叠类型的设置。

09 各层的属性编辑。

● 信号层：如图 2-44 所示，用户可以自定义层的名称和"铜厚度"，铜箔厚度的定义主要用于进行信号完整性分析。

● 电源层：如图 2-45 所示，名称用户可以自定义，"铜厚度"主要用于进行信号完整性分析，"网络名"指连接到此层的网络名称，"障碍物"是指把电源层板框边外的铜拉回来。对于所设计的每一个电源层，一系列"障碍物"将自动地创建在板框周围。这些线在屏幕上不可以编辑，建立的"障碍物"线事实上是原来设置宽度的两倍。即如果设置的 Pullback 值为 20mil，那么在板的边框外面有 20mil 的覆铜，在边框的里面也有 20mil 的覆铜。

● 绝缘层：如图 2-46 所示，"材料"表示材料的类型，"厚度"表示绝缘层的厚度，"电介质常数"表示绝缘体的介电常数，绝缘层的厚度和绝缘体的介电常数主要用于进行信号完整性分析。

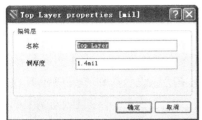

图 2-44　信号层属性设置对话框　　图 2-45　电源层属性设置对话框　图 2-46　绝缘层属性设置对话框

10　"配置钻孔对"按钮用于设置钻孔。

11　"阻抗计算"按钮用于计算阻抗。

2.6.4　工作层面与颜色设置

PCB 编辑器内显示的各个板层具有不同的颜色,以便于区分。用户可以根据个人习惯进行设置,并且可以决定该层是否在编辑器内显示出来。下面就来进行 PCB 板层颜色的设置。

选择"设计"→"板层颜色"菜单命令或在工作区单击鼠标右键,在弹出菜单中选择"选项"→"板层颜色"或按快捷键 L,所弹出的板层与颜色设置对话框如图 2-47 所示。

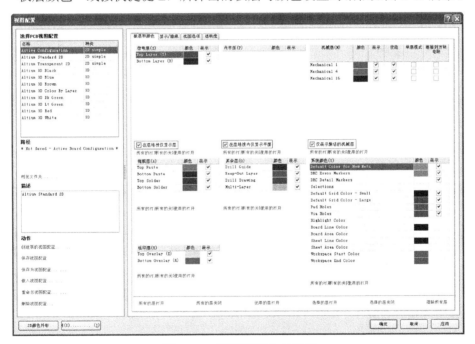

图 2-47　"视图配置"对话框

该对话框中包括层面颜色设置和系统颜色设置两个部分。

在层面颜色设置栏中,有"在层堆栈仅显示层"、"在层堆栈内仅显示平面"和"仅展示激活的机械层"三个复选框,它们分别对应其上方的信号层、电源层和地层、机械层。这三个复选框,决定了在板层和颜色对话框中显示全部的层面,还是只显示图层堆栈中设置的有效层面。一般地,为了使对话框简洁明了,都选中这三项,只显示有效层面,对未用层面可

以忽略其颜色设置。

在各个设置区域中,"颜色"设置栏用于设置对应电路板层的显示颜色。"展示"复选框用于决定此层是否在 PCB 编辑器内显示。如果要修改某层的颜色,单击其对应的"颜色"设置栏中的颜色显示框,即可在弹出的"2D 系统颜色(二维系统颜色)"对话框中进行修改。如图 2-48 所示是修改 Keep-Out Layer(层外)颜色的"2D 系统颜色(二维系统颜色)"对话框。

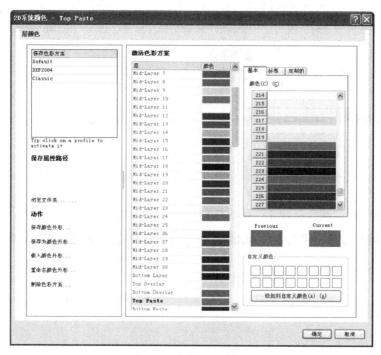

图 2-48　选择颜色对话框

在图 2-47 中,单击"所有的层打开"按钮,则所有层的"展示"复选框都处于选中状态。相反,如果单击"所有的层关闭"按钮,则所有层的"展示"复选框都处于未选中的状态。单击"使用的层打开"按钮,则当前工作窗口中所有使用层的"展示"复选框处于选中状态。在该对话框中选择某一层,然后单击"选择的层打开"按钮,即可选中该层的"展示"复选框;如果单击"选择的层关闭"按钮,即可取消对该层"展示"复选框的选中;如果单击"清除所有层"按钮,即可清除对话框中层的选中状态。

在"系统颜色"栏中可以对系统的两种类型可视格点的显示或隐藏进行设置,还可以对不同的系统对象进行设置。

- Default Color for New Nets(新网络默认颜色):设置网络的颜色;
- DRC Error Markers(DRC 检查到的错误提示):设置 DRC 检查到的错误提示颜色;
- Selections(选择对象):设置图元对象选中时的颜色;
- Default Grid Color –Small(默认小网络):设定默认小网络的颜色
- Default Grid Color –Large(默认大网络):设定默认大网络的颜色;
- Pad Holes(焊盘孔):设置焊盘孔的颜色;
- Via Holes(过孔):设置过孔的颜色;

- Highlight Color（高亮颜色）：设置高亮颜色。
- Board Line Color（板边界线颜色）：设置 PCB 板边界线的颜色；
- Board Area Color（版面颜色）：设置 PCB 版面的颜色；
- Sheet Line Color（图纸边界线颜色）：设置图纸边界线的颜色；
- Sheet Area Color（图纸页面颜色）：设置图纸页面的颜色；
- Workspace Start Color（工作区起始端颜色）：设定工作区起始端颜色，也就是工作区上半部分的颜色；
- Workspace End Color（工作区终止端颜色）：设定工作区终止端颜色，也就是工作区下半部分的颜色。若工作区起始颜色和终止颜色不同，则工作区内显示的颜色呈两种颜色的过渡状态。

单击按钮即可完成"视图配置"对话框的设置。

2.6.5　PCB 布线框的设置

对布线框进行设置主要是为自动布局和自动布线打基础的。选择"文件"→"察看"→PCB（印刷电路板）菜单命令或通过模板创建的 PCB 文件只有一个默认的板形，并无布线框，因此用户如果要使用 Altium Designer 13 系统提供的自动布局和自动布线功能就需要自己创建布线框。

创建布线框的具体步骤如下。

01 单击 Keep-out Layer（禁止布线层）选项卡，使该层处于当前的工作窗口。

02 选择"放置"→"禁止布线"→"线径"菜单命令（这里使用的是 Keepout（禁止布线）与对象属性编辑对话框中的"禁止布线"复选框的作用是相同的，即表示不属于板内的对象），这时鼠标变成十字形状。移动鼠标到工作窗口，在禁止布线层上创建封闭的多边形。

03 完成布线框的设置后，单击鼠标右键或者按下 Esc 键即可退出布线框的操作。

布线框设置完毕后，进行自动布局操作时元件自动导入到该布线框中。有关自动布局的内容将在以后的章节介绍。

2.7　上机实验

实验 1. 在第 1 章创建的 SCM Board 的原理图文件中，设置文件选项。

操作提示

（1）在原理图设计环境中，选择"设计"→"文档选项"菜单命令，在弹出的窗口中选择"文档选项"页面，在页面右上角的"标准风格"下拉框中选择A0。

（2）取消"栅格"栏"可见的"复选框的选择即可去掉可视栅格。

（3）取消"选项"栏"标题块"复选框的选择，可以去掉标题栏。

实验 2. 建立名为 SCM Board 的 PCB 文件，设置环境参数。

操作提示

（1）在PCB图设计环境中，选择"设计"→"板参数选项"菜单命令，在弹出的"板选项"窗口中设置参数。

（2）在"布线工具路径"选项组下"层"下拉列表中选择Mechanical 1，切换布线层。

2.8　思考与练习

1. 熟悉电路原理图、PCB 图的编辑环境，并试着设置编辑器工作环境参数。

2. 电气边界与物理边界之间有什么区别？

第 3 章

原理图设计

☞ **内容指南**

本章详细介绍关于原理图设计的一般流程。在 AltiumDesigner 13 中，只有设计出符合需要和规则的电路原理图，才能顺利对其进行信号分析与仿真分析，最终变为可以用于生产的 PCB 印制电路板文件。

☞ **知识重点**

● 原理图绘制步骤

● 元件放置

3.1 加载元件库

在绘制电路原理图的过程中，首先要在图纸上放置需要的元器件符号。Altium Designer 13 作为专业的电子电路计算机辅助设计软件，一般常用的电子元器件符号都可以在它的元件库中找到，用户只需在 Altium Designer 13 元件库中查找所需的元器件符号，并将其放置在图纸适当的位置即可。

3.1.1 打开"库"选项区域

将鼠标箭头放置在工作区右侧的"库"选项卡上，此时会自动弹出一个"库"选项区域，如图 3-1 所示。

如果在工作区右侧没有"库"选项卡，只要单击底部的面板控制栏（控制各面板的显示与隐藏）中的 Libraries（库）按钮，即可在工作区右侧出现"库"选项卡，并自动弹出一个"库"选项区域，如图 3-1 所示。可以看到，在"库"选项区域中 AltiumDesigner 13 系统已经装入了两个默认的元件库：通用元件库（Miscellaneous Devices.IntLib）以及通用接插件库（Miscellaneous Connectors. IntLib）。

3.1.2 加载和卸载元件库

加载绘图所需的元件库常见的两种方法如下。

（1）选择"设计"→"添加/移除库"菜单命令，或者在如图 3-1 所示的元件库面板上单击左上角的 libraries... 按钮，弹出一个"可用库"对话框，如图 3-2 所示。

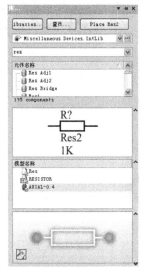

图 3-1 "库"选项区域　　　　　　　　图 3-2 "可用库"对话框

可以看到此时系统已经装入的元件库，包括通用元件库（Miscellaneous Devices.IntLib）以及通用接插件库（Miscellaneous Connectors. IntLib）。图 3-2 中，"上移"按钮和"下移"按钮是用来改变元件库排列顺序的。

（2）在如图 3-2 所示的对话框中有三个选项卡，"工程"选项卡列出的是用户为当前工程自行创建的库文件。"已安装"选项卡列出的是系统中可用的库文件。

单击右下角的"安装"按钮，系统弹出如图 3-3 所示的选择库文件对话框。

图 3-3 选择库文件对话框

在该对话框中选择确定的库文件夹，打开后选择相应的库文件，然后单击"打开"按钮，所选中的库文件就会出现在如图 3-2 所示的可用元件库对话框中。

重复操作可以把所需要的各种库文件添加到系统中，称为当前可用的库文件。加载完毕后，单击"关闭"按钮，关闭对话框。这时所有加载的元件库都出现在元件库面板中，用户可以选择使用。

在如图 3-2 所示的"可用库"对话框中选中一个库文件，单击"删除"按钮，即可将该元件库卸载。

3.2 使用工具绘图

在原理图编辑环境中有一个图形工具栏，用于在原理图中绘制各种标注信息，使电路原理图更清晰，数据更完整，可读性更强。该图形工具栏中的各种图元均不具有电气连接特性，所以系统在做 ERC 检查及转换成网络表时，它们不会产生任何影响，也不会附加在网络表数据中。

3.2.1 绘图工具条

单击图形工具图标，各种绘图工具按钮如图 3-4 所示，选择"放置"→"绘图工具"菜单命令后菜单中的各项命令具有对应的关系。

- ╱：绘制直线；
- ⊠：绘制多边形；
- ⌒：绘制椭圆弧线；
- ⋀：绘制贝塞儿曲线；
- A：添加说明文字；
- ▣：放置文本框；
- ▢：绘制矩形；
- ▢：绘制圆角矩形；
- ◯：绘制椭圆；
- ◁：绘制扇形；
- ▦：在原理图上粘贴图片。

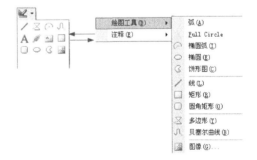

图 3-4 图形工具

3.2.2 绘制直线

在原理图中，直线可以用来绘制一些注释性的图形，如表格、箭头、虚线等，或者在编辑元器件时绘制元器件的外形。直线在功能上完全不同于下面要说的导线，它不具有电气连接特性，不会影响到电路的电气结构。

直线的绘制步骤如下。

01 选择"放置"→"绘图工具"→"线"菜单命令，或者单击工具栏的 ╱（放置线）按钮，这时鼠标变成十字形状。

02 移动鼠标到需要放置 Line 的位置处，单击确定直线的起点，多次单击确定多个固定点，一条直线绘制完毕后单击鼠标右键退出当前直线的绘制。

03 此时鼠标仍处于绘制直线的状态，重复步骤 2 的操作即可绘制其他的直线。在直线绘制过程中，需要拐弯时，可以单击鼠标确定拐弯的位置，同时通过按下 Shift+空格键来切换拐弯的模式。在 T 型交叉点处，系统不会自动添加节点。单击鼠标右键或者按下 Esc 键便可退出操作。

04 设置直线属性。双击需要设置属性的直线（或在绘制状态下按 Tab 键），系统将弹出相应的直线属性编辑对话框，如图 3-5 所示。

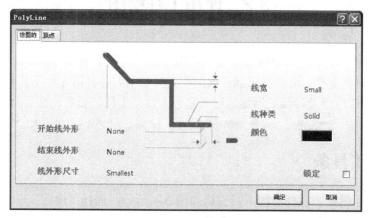

图 3-5　直线的属性编辑对话框

在该对话框中可以对线宽、类型和直线的颜色等属性进行设置。

- "线宽"：有 Smallest（最小）、Small（细小）、Medium（中等）和 Large 最大 4 种线宽可供用户选择。
- "线种类"：有 Solid（实线）、Dashed（虚线）和 Dotted（斑点线）三种线型可供选择。
- "颜色"：对直线的颜色进行设置。

属性设置完毕后单击"确定"按钮关闭设置对话框。

3.2.3　添加贝塞儿曲线

贝塞儿曲线是一种表现力非常丰富的曲线，主要用来描述各种波形曲线，如正弦和余弦曲线等。贝塞儿曲线的绘制与直线的绘制类似，固定多个顶点（最少 4 个，最多 50 个）后即可完成曲线的绘制。如图 3-6 所示。

图 3-6　绘制的贝塞儿曲线

添加贝塞儿曲线的步骤如下：

01 选择"放置"→"绘图工具"→"贝塞儿曲线"菜单命令，或者单击工具栏的 按钮，这时鼠标变成十字形状。

02 移动鼠标到需要放置贝塞儿曲线的位置处，多次单击确定多个固定点。图 3-7 为绘制完成的余弦曲线的选中状态，移动 4 个固定点即可改变曲线的形状。

03 此时鼠标仍处于放置贝塞儿曲线的状态，重复步骤 2 的操作即可放置其他的贝塞儿曲线。单击鼠标右键或者按下 Esc 键便可退出操作。

04　设置贝塞儿曲线属性。

双击需要设置属性的贝塞儿曲线（或在绘制状态下按 Tab 键），系统将弹出相应的贝塞儿曲线属性编辑对话框，如图 3-7、图 3-8 所示。

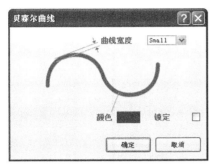

图 3-7　贝塞儿曲线编辑对话框一

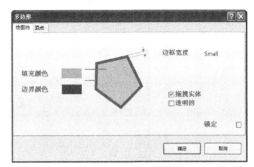

图 3-8　贝塞儿曲线编辑对话框二

在该对话框中可以对贝塞儿曲线的线宽和颜色进行设置。属性设置完毕后单击"确定"按钮关闭设置对话框。其他绘制工具与绘制直线和贝塞儿曲线工具使用方法类似，不再赘述。

3.3　放置元件

原理图中有两个基本要素：元件符号和线路连接。绘制原理图的主要操作就是将元件符号放置在原理图图纸上，然后用线将元件符号中的管脚连接起来，建立正确的电气连接。在放置元件符号前，需要知道元件符号在哪一个元件库中，并需要载入该元件库。

3.3.1　元件的搜索

Altium Designer 13 提供了强大的元件搜索能力，帮助用户在元件库中定位元件。

1. 查找元件

"选择"工具"→"发现器件"菜单命令，或在"库"面板中单击"查找"按钮，或按快捷键 <T>+<O>"，系统将弹出如图 3-9 所示的"搜索库"对话框。在该对话框中用户可以搜索需要的元件。搜索元件需要设置的参数如下。

图 3-9 "搜索库"对话框

- "范围"下拉列表框: 用于选择查找类型。有 Components(元件)、Protel Footprints(PCB 封装)、3D Models(3D 模型)和 Database Components(数据库元件)4 种查找类型。
- "可用库"单选按钮: 选中后, 系统会在已经加载的元件库中查找。
- "库文件路径"单选按钮: 选中后, 系统会按照设置的路径进行查找。
- "精确搜索"单选按钮: 选中后, 系统会在上次查询结果中进行查找。
- "路径"选项组: 用于设置查找元件的路径。只有在点选"库文件路径"单选按钮时才有效。单击"路径"文本框右侧的 按钮, 系统将弹出"浏览文件夹"对话框, 供用户设置搜索路径。若选中"包含子目录"复选框, 则包含在指定目录中的子目录也会被搜索。"文件面具"文本框用于设定查找元件的文件匹配符, "*"表示匹配任意字符串。
- Advanced(高级)选项: 用于进行高级查询, 如图 3-10 所示。在该选项的文本框中, 可以输入一些与查询内容有关的过滤语句表达式, 有助于使系统进行更快捷、更准确的查找。在文本框中输入"LM741*", 单击"查找"按钮后, 系统开始搜索, 如图 3-11 所示。

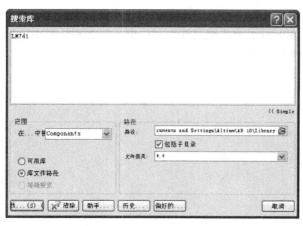

图 3-10 Advanced(高级的)选项

图 3-11 搜索过程

2．显示找到的元件及所在的元件库

查找 LM741 后的元件库面板如图 3-12 所示。可以看到，符合搜索条件的元件名、描述、所在的库及封装形式在面板上被一一列出，供用户浏览使用。

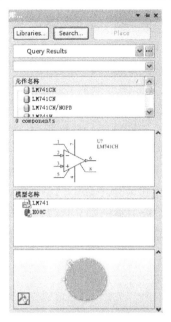

图 3-12　显示找到的元件

3．加载找到的元件所在元件库

选中需要的元件（不在系统当前可用的库文件中），单击鼠标右键，在弹出的右键快捷菜单中执行放置元件命令，或者单击元件库面板右上方的按钮，系统弹出如图 3-13 所示的是否加载库文件的提示框。

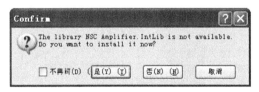

图 3-13　是否加载库文件提示框

单击 是(Y) 按钮，则元件所在的库文件被加载。单击 否(N) 按钮，则只使用该元件而不加载其元件库。

3.3.2　元件的放置

在元件库中找到元件后，加载该元件库，以后就可以在原理图上放置元件了。在 Altium Designer 13 中有两种方法放置元件，分别是通过"库"面板放置和菜单放置。下面将以放置元件 LM741 为例，叙述两种放置方法的过程。

在放置元件之前，应该对所需要的元件加以选择，并且确认所需要的元器件所在的库文件已经装载，若没有装载库文件，请按照前面介绍的方法进行装载，否则系统会提示所需要

的元器件不存在。

1. 通过"库"面板放置元件

通过"库"面板放置元件的步骤如下：

01 打开"库"面板，载入所要放置元件所在的库文件，需要的元件 LM741CN 在元件库 NSC Amplifier.IntLib 中，加载这个元件库。如图 3-14 所示，在下拉选项中选择该文件，该元件库出现在文本框中，可以放置其中的所有元件。在后面的浏览器中将显示库中所有的元件。

02 在浏览器中选中所要放置的元件，该元件将以高亮显示，此时可以放置该元件的符号。NSC Amplifier.IntLib 元件库中的元件很多，为了快速定位元件，可以在上面的文本框中键入所要放置元件的名称或元件名称的一部分，键入后只有包含键入内容的元件才会出现在浏览器中。在这里，所要放置的元件为 LM741CN，因此键入"LM741*"字样。它将出现在浏览器中，单击选中该元件。

03 选中元件后，在"库"面板中将出现元件符号的预览以及元件的模型预览，确定是想要放置的元件后，单击面板上方的按钮，鼠标将变成十字形状并附带着元件 LM741CN 的符号出现在工作窗口中，如图 3-15 所示。

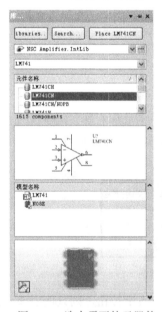

图 3-14　选中需要的元器件

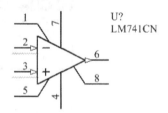

图 3-15　放置元件

04 移动鼠标到合适的位置，单击左键，元件将被放置在鼠标停留的地方。此时系统仍处于放置元件状态，可以继续放置该元件。在完成放置选中元件后，单击鼠标右键或者按 Esc 键退出元件放置的状态，结束元件的放置。

05 完成一些元件的放置后，可以对元件位置进行调整，设置这些元件的属性。然后重复刚才的步骤，放置另外的元件。

2. 通过菜单命令放置元件

执行"放置"→"器件"菜单命令,系统弹出如图 3-16 所示的放置元件对话框,在该对话框中,可以设置放置元件的有关属性。具体的放置元件步骤如下:

01 单击图 3-16 所示"放置端口"对话框中"物理元件"后面的"选择"按钮,系统弹出如图 3-17 所示的"浏览库"对话框,在元件库 NSC Amplifier.IntLib 中选择元件 LM741CN。

图 3-16 "放置端口"对话框

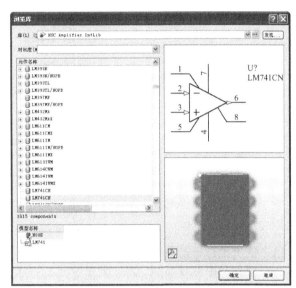

图 3-17 "浏览库"对话框

02 单击"确定"按钮,对话框中将显示选中的内容,如图 3-17 所示。此时对话框中还显示了被放置元件的部分属性。

- "逻辑符号"栏:该元件在库中的表示名称。
- "标识"栏:被放置元件在原理图中的标号。这里放置的元件为三极管,因此采用 Q 作为元件标号。
- "注释"栏:被放置元件的说明。
- "封装"栏:被放置元件的封装。如果元件所在的元件库为集成元件库,在本栏中将显示集成元件库中该元件对应的封装,否则用户还需要另外给该元件设置封装信息。这里不需要给元件设置封装。

03 完成设置后,单击"确定"按钮,后面的步骤和通过"库"面板放置元件的步骤完全一样,这里不再赘述。

3.3.3 元件位置的调整

1. 元件的移动

在 Altium Designer 13 中,元件的移动有两种情况,一种是在同一平面内移动,称为"平移"；另一种是一个元件将另一个元件遮住的时候，同样需要移动位置来调整它们之间的上下关系，这种元件间的上下移动称为"层移"。

对于元件的移动，系统提供了相应的菜单命令。选择"编辑"→"移动"菜单命令，相应的移动菜单命令如图 3-18 所示。

图 3-18 "移动"菜单命令

除了使用菜单命令移动元件外，在实际原理图的绘制过程中，最常用的方法就是直接使用鼠标来实现移动功能。

（1）使用鼠标移动单个的未选取元件

将光标指向需要移动的元件（不需要选中），按下鼠标左键不放，此时光标会自动滑到元件的电气节点上（显示红色星形标记）。拖动鼠标，元件随之一起移动，到达合适位置后，松开鼠标左键，元件即被移动到当前位置。

（2）使用鼠标移动单个的已选取元件

如果需要移动的元件已经处于选中状态，将光标指向该元件，同时按下鼠标左键不放，拖动元件到指定位置。

（3）使用鼠标移动多个元件

需要同时移动多个元件时，首先应将要移动的元件全部选中，然后在其中任意一个元件上按下鼠标左键并拖动，到适当位置后，松开鼠标左键，则所有选中的元件都移动到了当前的位置。

（4）使用 ✛ （移动选择对象）图标移动元件

对于单个或多个已经选中的元器件，单击主工具栏中的 ✛ （移动选择对象）图标后，光标变成十字形，移动光标到已经选中的元件附近，单击鼠标，所有已经选中的元件随光标一起移动，到正确位置后，在此单击鼠标，完成移动。

（5）使用键盘移动元件

元件在被选中的状态下，可以使用键盘来移动元件。

● <Ctrl>+<Left>键：每按一次，元件左移一个网格单元。

● <Ctrl>+<Right>键：每按一次，元件右移一个网格单元。

● <Ctrl>+<Up>键：每按一次，元件上移一个网格单元。

- <Ctrl>+<Down>键：每按一次，元件下移一个网格单元。
- <Shift>+<Ctrl>+<Left>键：每按一次，元件左移 10 个网格单元。
- <Shift>+<Ctrl>+<Right>键：每按一次，元件右移 10 个网格单元。
- <Shift>+<Ctrl>+<Up>键：每按一次，元件上移 10 个网格单元。
- <Shift>+<Ctrl>+<Down>键：每按一次，元件下移 10 个网格单元。

2．元件的旋转

（1）单个元件的旋转

单击要旋转的元件并按住不放，将出现十字光标，此时，按下面的功能键，即可实现旋转：

- Space 键：每按一次，被选中的元件逆时针旋转 90°。
- X 键：被选中的元件左右对调。
- Y 键：被选中的元件上下对调。

旋转至合适的位置后放开鼠标左键，即可完成元件的旋转。

（2）多个元件的旋转

在 Altium Designer 13 中还可以将多个元件旋转。方法是：先选定要旋转的元件，然后用单击其中任何一个元件并按住不放，再按功能键，即可将选定的元件旋转，放开鼠标左键完成操作。

3.3.4　元件的排列与对齐

选择"编辑"→"对齐"菜单命令，系统弹出如图 3-19 所示的"对齐"菜单。其中各个命令说明如下。

图 3-19　"对齐"菜单命令

- "左对齐"命令：将选定的元件向左边的元件对齐。
- "右对齐"命令：将选定的元件向右边的元件对齐。
- "水平中心对齐"命令：将选定的元件向最左边元件和最右边元件的中间位置对齐。
- "水平分布"命令：将选定的元件向最左边元件和最右边元件之间等间距对齐。
- "顶对齐"命令：将选定的元件向最上面的元件对齐。
- "底对齐"命令：将选定的元件向最下面的元件对齐。
- "垂直中心对齐"命令：将选定的元件向最上面元件和最下面元件的中间位置对齐。
- "垂直分布"命令：将选定的元件在最上面元件和最下面元件之间等间距放置。
- "对齐到栅格上"命令：选中的元件对齐在网格点上，这样便于电路连接。

- "对齐"命令：执行该命令，将弹出如图 3-20 所示的"排列对象"对话框。

图 3-20   "排列对象"对话框

"排列对象"对话框中的各选项说明如下。

（1）"水平排列"选项组，该栏中包括下面一些选项。

- "不改变"单选按钮：选择该项，则保持不变。
- "左边"单选按钮：选择该项，作用同"左对齐"。
- "居中"单选按钮：选择该项，作用同"水平居中"。
- "右边"单选按钮：选择该项，作用同"右对齐"。
- "平均分布"单选按钮：选择该项，作用同"水平中心分布"。

（2）"垂直排列"选项组，该栏中包括下列一些选项。

- "不改变"单选按钮：选择该项，则保持不变。
- "置顶"单选按钮：选择该项，作用同"顶对齐"。
- "居中"单选按钮：选择该项，作用同"垂直中心对齐"。
- "置底"单选按钮：选择该项，作用同"底对齐"。
- "平均分布"单选按钮：选择该项，作用同"垂直分布"。

（3）"按栅格移动"复选框：选择该项，对齐后，元件将被放到网格点上。

3.3.5　元件的属性编辑

在原理图上放置的所有元件都具有自身的特定属性，在放置好每一个元件后，应该对其属性进行正确的编辑和设置，以免对后面的网络表及 PCB 板的制作带来错误。

元件属性设置具体包含以下 5 个方面的内容：元件的基本属性设置、元件的外观属性设置、元件的扩展属性设置、元件的模型设置、元件管脚的编辑。

1. 手动方式编辑

双击原理图中的元件，或者选择"编辑"→"改变"菜单命令，在原理图编辑窗口内，光标变成十字形，将光标移到需要编辑属性的元件上单击，系统会弹出相应的属性编辑对话框，如图 3-21 所示，是三极管 2N3904 的属性编辑对话框。

用户可以根据自己的实际情况设置图 3-21 所示的对话框，完成设置后，单击 OK 按钮确认。

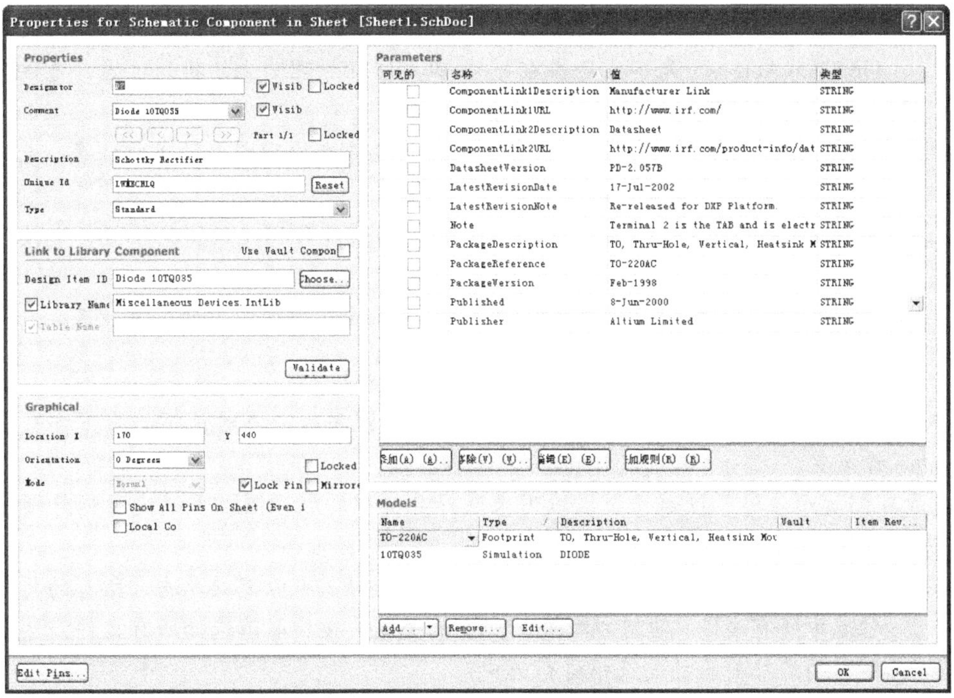

图 3-21　元件属性设置对话框

2．自动编辑

在电路原理图比较复杂，有很多元件的情况下，如果用手工方式逐个编辑元件的标识，不仅效率低，而且容易出现标识遗漏、跳号等现象。此时，可以使用 Altium Designer 13 系统所提供的自动标识功能来轻松完成对元件的编辑。

设置元件自动标号的方式如下：

选择"工具"→"注解"菜单命令，系统会弹出"注释"对话框，如图 3-22 所示。该对话框中各选项的含义如下。

图 3-22　"注释"设置对话框

- "处理顺序"下拉列表：用来设置元件表示的处理顺序。单击按钮，有4种选择方案：
  - ➢ Up Then Across（先下上后左右）：按照元件在原理图上的排列位置，先按自下而上，再按自左到右的顺序自动标识。
  - ➢ Down Then Across（先上下后左右）：按照元件在原理图上的排列位置，先按自上而下，再按自左到右的顺序自动标识。
  - ➢ Across Then Up（先左右后下上）：按照元件在原理图上的排列位置，先按自左到右，再按自下而上的顺序自动标识。
  - ➢ Across Then Down（先左右后上下）：按照元件在原理图上的排列位置，先按自左到右，再按自上而下的顺序自动标识。
- "匹配选项"列表框：从该列表框选择元件的匹配参数，在对话框的右下方有对该项的注释概要。
- "原理图页面注释"区域：该区域用来选择要标识的原理图，并确定注释范围、起始索引值及后缀字符等。
  - ➢ "原理图页面"：用来选择要标识的原理图文件。可以直接单击"所有的打开"按钮选中所有文件，也可以单击"所有的关闭"按钮取消选择所有文件，然后单击所需的文件前面的复选框进行选中。
  - ➢ "注释范围"：用来设置选中的原理图要标注的元件范围，有三种选择：All（全部元件）、Ignore Selected Parts（不标注选中的元件）、Only Selected Parts（只标注选中的元件）。
  - ➢ "顺序"：用来设置同类型元件标识序号的增量数。
  - ➢ "启动索引"：用来设置起始索引值。
  - ➢ "后缀"：用来设置标识的后缀。
- "更新更改列表"列表框：用来显示元件的标号在改变前后的情况，并指明元件在哪个原理图文件中。

执行元件自动标号操作：

- 单击对话框中的 `Reset All ▼`（复位所有）按钮，然后在弹出的对话框中单击"确定"按钮确定复位，系统会使元件的标号复位，即变成标识符加上问号的形式。
- 单击"更新更改列表"按钮，系统会根据配置的注释方式更新标号，并且显示在"提议更改列表"列表框中。
- 单击"接受更改（创建 ECO）"按钮，系统将弹出"工程更改顺序"对话框，显示出标号的变化情况，如图3-23所示。在该对话框中，可以使标号的变化有效。
- 单击图3-23所示对话框中的"生效更改"按钮，可以使标号变化有效，但此时原理图中的元件标号并没有显示出变化，单击"执行更改"按钮，原理图中元件标号即显示出变化。

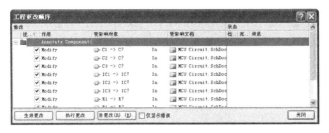

图 3-23 "工程更改顺序"对话框

● 单击"报告更改"按钮，可以以预览表的方式报告有那些变化，如图 3-24 所示。

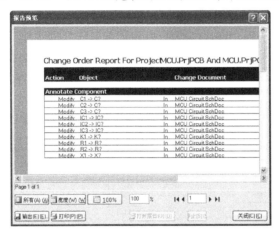

图 3-24 更新预览表

3.4 元器件的删除

删除多余的元器件可以用不同的操作方法，这里首先介绍最简单的两种方法。

（1）首先将鼠标箭头移至要删除的元件中心，然后单击该元件，使该元件处于被选中的状态，按键盘上的 Delete 键即可删除该元件。

（2）在 Altium Designer 13 集成操作环境的左下角，选择"编辑"→"删除"菜单命令，鼠标箭头上会悬浮着一个十字叉，将鼠标箭头移至要删除元件的中心单击即可删除该元件。

如果还有其他元件需要删除，只需要重复上述操作即可。如果没有其他元件需要删除，可以通过单击鼠标右键或者按 Esc 键退出删除元件的操作。

删除元件的两种操作方法各有所长，第一种方法适合删除单个元件，第二种方法适合删除多个元件。

3.5 元件的电气连接

元器件之间电气连接的主要方式是通过导线来连接。导线是电路原理图中最重要也是用

得最多的图元，它具有电气连接的意义，不同于一般的绘图工具。绘图工具没有电气连接的意义。

3.5.1　用导线连接元件

导线是电气连接中最基本的组成单位，放置线的详细步骤如下。

01 选择"放置"→"线"菜单命令，或单击"布线"工具栏中的 ～ "放置线"按钮，也可以按下快捷键操作 P+W，这时鼠标变成十字形状并附加一个叉记号，如图 3-25 所示。

02 将鼠标移动到想要完成电气连接的元件的管脚上，单击放置线的起点。由于设置了系统电气捕捉节点（electrical snap），因此，电气连接很容易完成。出现红色的记号表示电气连接成功，如图 3-26 所示。移动鼠标多次单击可以确定多个固定点，最后放置线的终点，完成两个元件之间的电气连接。此时鼠标仍处于放置线的状态，重复上面操作可以继续放置其他的导线。

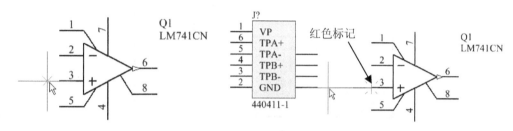

图 3-25　绘制导线时的鼠标　　　　图 3-26　导线的绘制

03 导线的拐弯模式。如果要连接的两个管脚不在同一水平线或同一垂直线上，则绘制导线的过程中需要单击鼠标确定导线的拐弯位置，而且可以通过按 Shift+空格键来切换选择导线的拐弯模式，共有三种：直角、45° 角、任意角，如图 3-27 所示。导线绘制完毕，单击鼠标右键或按 Esc 键即可退出绘制导线操作。

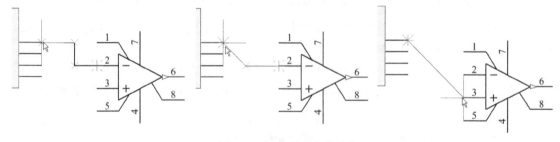

图 3-27　导线的拐弯模式

04 设置导线的属性。任何一个建立起来的电气连接都被称为一个网络（Net），每个网络都有自己唯一的名称，系统为每一个网络设置默认的名称，用户也可以自己进行设置。原理图完成并编译结束后，在导航栏中即可看到各种网络的名称。在绘制导线的过程中，用户便可以对导线的属性进行编辑。双击导线或者在鼠标处于放置线的状态时按 Tab 键即可打开导线的属性编辑对话框，如图 3-28 所示。

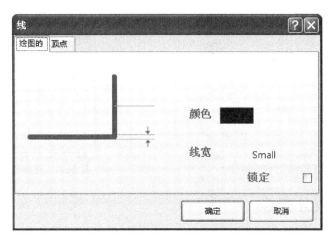

图 3-28　"线"对话框

在该对话框中主要是对线的颜色、线宽参数进行设置。

- "颜色"：单击对话框中的颜色块 ■，即可在弹出的对话框中选择设置需要的导线颜色。系统默认为深蓝色。
- "线宽"：单击右边的 Small 按钮，打开下拉列表框，有 4 个选项——Smallest（最小）、Small（细小）、Medium（中等）和 Large（最大）可供用户选择。系统默认为 Small（最小）。实际中应该参照与其相连的元件管脚线宽度进行选择。

3.5.2　总线的绘制

总线是一组具有相同性质的并行信号线的组合，如数据总线、地址总线、控制总线等。在大规模的原理图设计，尤其是数字电路的设计中，只用导线来完成各元件之间的电气连接的话，则整个原理图的连线就会显得细碎而烦琐，而总线的运用则可大大简化原理图的连线操作，可以使原理图更加整洁、美观。

原理图编辑环境下的总线没有任何实质的电气连接意义，仅仅是为了绘图和读图的方便而采取的一种简化连线的表现形式。

总线的绘制与导线的绘制基本相同，具体操作步骤如下：

01　选择"放置"→"总线"菜单命令，或单击工具栏中的 ⊼（放置总线）按钮，也可以按下快捷键操作 P+B，这时鼠标变成十字形状。

02　将鼠标移动到想要放置总线的起点位置，单击鼠标确定总线的起点。然后拖动鼠标，单击确定多个固定点和终点，如图 3-29 所示。总线的绘制不必与元件的管脚相连，它只是为了方便接下来对总线分支线的绘制而设定的。

03　设置总线的属性。

在绘制总线的过程中，用户便可以对总线的属性进行编辑。双击总线或者在鼠标处于放置总线的状态时按 Tab 键即可打开总线的属性编辑对话框，如图 3-30 所示。

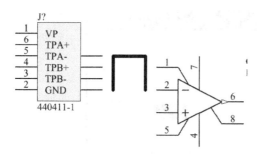

图 3-29　绘制总线

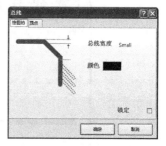

图 3-30　总线属性设置对话框

3.5.3　绘制总线分支线

总线分支线是单一导线与总线的连接线。使用总线分支线把总线和具有电气特性的导线连接起来，可以使电路原理图更为美观、清晰且具有专业水准。与总线一样，总线分支线也不具有任何电气连接的意义，而且它的存在并不是必须的，即便不通过总线分支线，直接把导线与总线连接也是正确的。

放置总线分支线的操作步骤如下：

01　选择"放置"→"总线进口"菜单命令，或单击工具栏中的　（放置总线进口）按钮，也可以按下快捷键操作 P+U，这时鼠标变成十字形状。

02　在导线与总线之间单击鼠标，即可放置一段总线分支线。同时在该命令状态下，按空格键可以调整总线分支线的方向，如图 3-31 所示。

03　设置总线分支线的属性。在绘制总线分支线的过程中，用户便可以对总线分支线的属性进行编辑。双击总线分支线或者在鼠标处于放置总线分支线的状态时按 Tab 键即可打开总线分支线的属性编辑对话框，如图 3-32 所示。

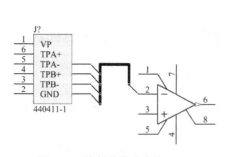

图 3-31　绘制总线分支线

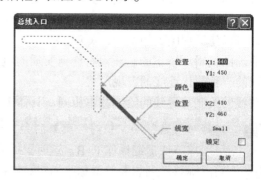

图 3-32　总线分支线属性

3.5.4　放置手动连接

在 Altium Designer 13 中，默认情况下，系统会在导线的 T 型交叉点处自动放置电气节点，表示所画线路在电气意义上是连接的。但在其他情况下，如十字交叉点处，由于系统无法判断导线是否连接，因此不会自动放置电气节点。如果导线确实是相互连接的，就需要用户自己手动来放置电气节点。

手动放置电气节点的步骤如下：

01 选择"放置"→"手动连接"菜单命令，也可以按下快捷键操作 P+J，这时鼠标变
成十字形状，并带有一个电气节点符号。

02 移动光标到需要放置电气节点的地方，单击即可完成放置，如图 3-33 所示。此时
鼠标仍处于放置电气节点的状态，重复操作即可放置其他的节点。

03 设置电气节点的属性。在放置电气节点的过程中，用户便可以对电气节点的属性进
行编辑。双击电气节点或者在鼠标处于放置电气节点的状态时按 Tab 键即可打开电
气节点的属性编辑对话框，如图 3-34 所示。在该对话框中可以对节点的颜色、位
置及大小进行设置。属性编辑结束后按 OK 按钮即可关闭该对话框。

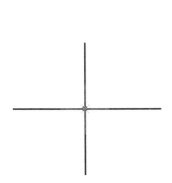

图 3-33　放置电气节点

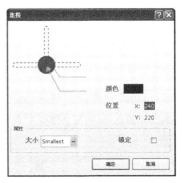

图 3-34　手动连接属性设置

系统存在着默认的自动放置节点的属性，用户也可以按照自己的愿望进行改变。单击"工
具"→"设置原理图参数"菜单命令，打开"参数选择"属性对话框，选择 Schematic（原理
图）→Compiler（编辑器）选项卡即可对各类节点进行设置，如图 3-35 所示。

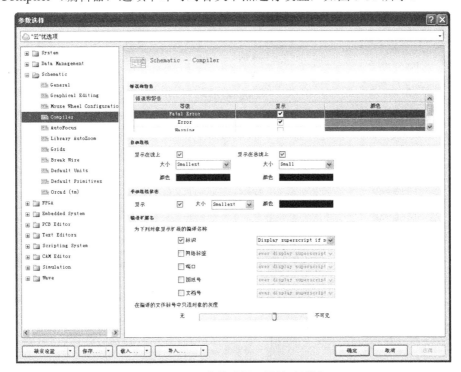

图 3-35　"参数选择"属性对话框

- "自动连接"的设置
  - ➢ "显示在线上"复选框：选中该复选框，则显示在导线上自动设置的节点，系统默认为选中状态。在下面的 Size（线宽）和 Color（颜色）项中可以对节点的大小和颜色进行设置。
  - ➢ "显示在总线上"复选框：选中该复选框，则显示在总线上自动设置的节点，系统默认为选中状态。在下面的 Size（线宽）和 Color（颜色）项中可以对节点的大小和颜色进行设置。
- "手动连接状态"的设置

"显示"、"大小"和"颜色"各选项分别控制着节点的显示、大小和颜色，用户可以自行设置。

- 导线相交时的导线模式

选择 Schematic（原理图）→General（常规）选项卡，如图 3-36 所示。选中"显示 Cross-Overs"（显示交叉导线）复选框则可改变原理图中的交叉导线显示。系统的默认设置为取消对该复选框的选中状态。

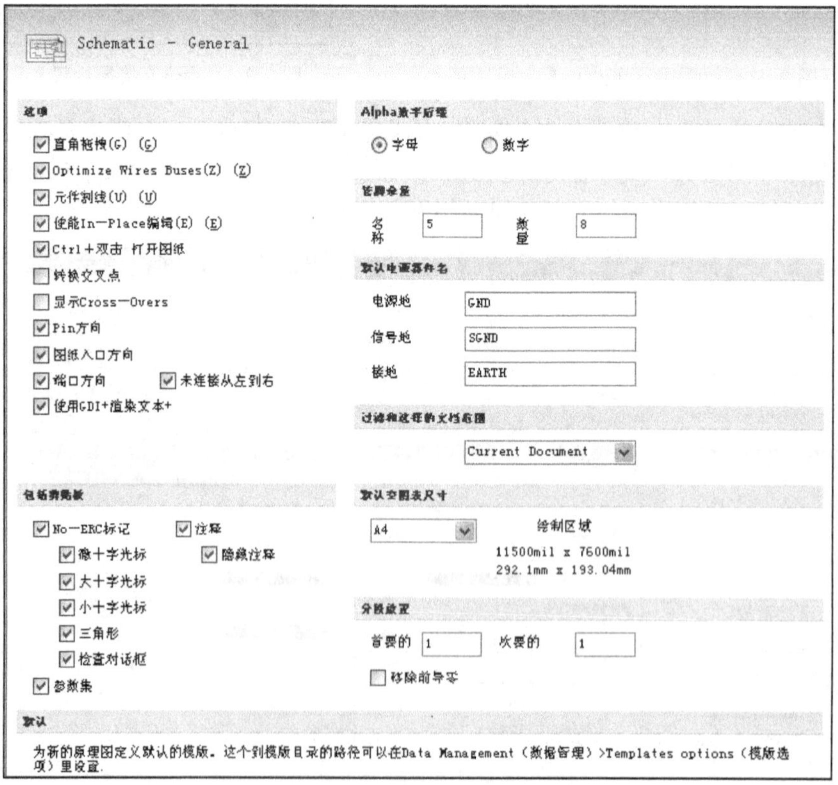

图 3-36　交叉导线显示模式的设置

3.5.5　放置电源符号

电源和接地符号是电路原理图中必不可少的组成部分。在 AltiumDesigner 13 中提供了多种电源和接地符号供用户选择，每种形状都有相应的网络选项卡作为标识。

放置电源和接地符号的步骤如下：

01 选择 "放置" → "电源符号" 菜单命令，或单击工具栏中的 ▽ 或 ▽ 按钮，也可以按下快捷键操作 P+O，这时鼠标变成十字形状，并带有一个电源或接地符号。

02 移动光标到需要放置电源或接地的地方，单击即可完成放置，如图 3-37 所示。此时鼠标仍处于放置电源或接地的状态，重复操作即可放置其他的电源或接地符号。

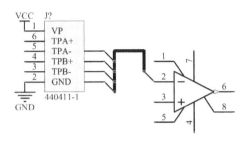

图 3-37 放置电源和接地符号

03 设置电源和接地符号的属性。在放置电源和接地符号的过程中，用户便可以对电源和接地符号的属性进行编辑。双击电源和接地符号或者在鼠标处于放置电源和接地符号的状态时按 Tab 键即可打开电源和接地符号的属性编辑对话框，如图 3-38 所示。在该对话框中可以对电源端口的颜色、风格、位置、旋转角度及所在网络的属性进行设置。属性编辑结束后单击确定按钮即可关闭该对话框。

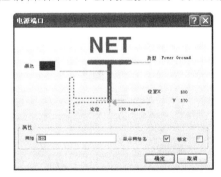

图 3-38 电源和接地属性设置

3.5.6 放置网络标号

在原理图绘制过程中，元器件之间的电气连接除了使用导线外，还可以通过设置网络选项卡的方法来实现。

网络选项卡具有实际的电气连接意义，具有相同网络选项卡的导线或元件管脚不管在图上是否连接在一起，其电气关系都是连接在一起的。特别是在连接的线路比较远，或者线路过于复杂，而使走线比较困难时，使用网络选项卡代替实际走线可以大大简化原理图。

下面以放置电源网络选项卡为例介绍网络选项卡的放置，具体步骤如下：

01 选择 "放置" → "网络标号" 菜单命令，或单击工具栏中的 Net1（放置网络标号）按钮，也可以按下快捷键操作 P+N，这时鼠标变成十字形状，并带有一个初始标号

Net Label1。

02 移动光标到需要放置网络选项卡的导线上，当出现红色米字标志时，单击即可完成放置，如图 3-39 所示。此时鼠标仍处于放置网络选项卡的状态，重复操作即可放置其他的网络选项卡。单击鼠标右键或者按下 Esc 键便可退出操作。

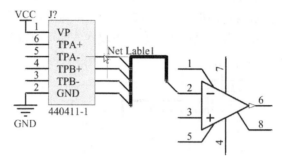

图 3-39　放置网络选项卡

03 设置网络选项卡的属性。在放置网络选项卡的过程中，用户便可以对网络选项卡的属性进行编辑。双击网络选项卡或者在鼠标处于放置网络选项卡的状态时按 Tab 键即可打开"网络选项卡"对话框，如图 3-40 所示。在该对话框中可以对"网络"的颜色、位置、旋转角度、名称及字体等属性进行设置。属性编辑结束后按"确定"按钮即可关闭该对话框。

图 3-40　网络选项卡属性设置

用户也可在工作窗口中直接改变 Net（网格）的名称，具体操作步骤如下：

01 选择"工具"→"设置原理图参数"菜单命令，打开"参数选择"对话框，选择 Schematic（原理图）→General（常规）选项卡，选中"使能 In-Place 编辑"（能够在当前位置编辑）复选框（系统默认即为选中状态），如图 3-41 所示。

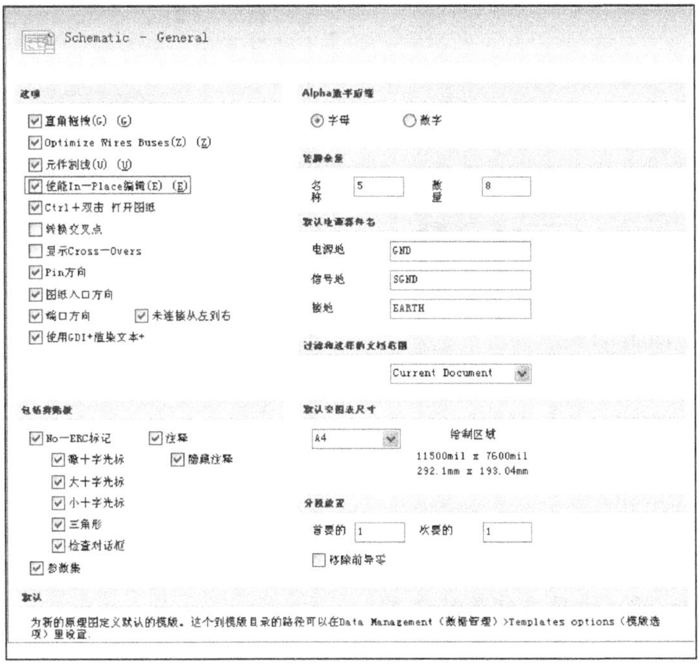

图 3-41　选中"使能 In-Place 编辑"复选框

02 此时在工作窗口中用单击网络选项卡的名称,过一段时间后再一次单击网络选项卡的名称即可对该网络选项卡的名称进行编辑。

3.5.7　放置输入/输出端口

通过上面的学习我们知道,在设计原理图时,两点之间的电气连接,可以直接使用导线连接,也可以通过设置相同的网络选项卡来完成。还有一种方法,即使用电路的输入输出端口,能同样实现两点之间(一般是两个电路之间)的电气连接。相同名称的输入输出端口在电气关系上是连接在一起的,一般情况下在一张图纸中是不使用端口连接的,层次电路原理图的绘制过程中常用到这种电气连接方式。

放置输入输出端口的具体步骤如下:

01 选择"放置"→"端口"菜单命令,或单击工具栏中的 (放置端口)按钮,也可以按下快捷键操作 P+R,这时鼠标变成十字形状,并带有一个输入输出端口符号。

02 移动光标到需要放置输入输出端口的元器件管脚末端或导线上,当出现红色米字标志时,单击确定端口的一端位置。然后拖动鼠标使端口的大小合适,再次单击鼠标确定端口的另一端位置,即可完成输入输出端口的一次放置,如图 3-42 所示。此时鼠标仍处于放置输入输出端口的状态,重复操作即可放置其他的输入输出端口。

03 设置输入输出端口的属性。在放置输入输出端口的过程中,用户便可以对输入输出端口的属性进行编辑。双击输入输出端口或者在鼠标处于放置输入输出端口的状态时按 Tab 键即可打开输入输出端口的属性编辑对话框,如图 3-43 所示。

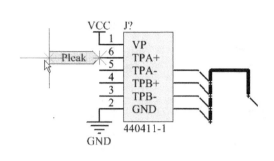

图 3-42　放置输入输出端口　　　　　　　　　　图 3-43　输入输出端口属性设置

- "队列"：对端口名称的位置进行设置，有 Center（居中）、Left（靠左）和 Right（靠右）三种端口长度的设置。
- "填充颜色"：端口内填充颜色的设置。
- "边界颜色"：边框颜色的设置。
- "类型"：端口外观风格的设置，有 None（Horizontal）（无水平）、Left（左边）、Right（右边）、Left & Right（左与右）、None（Vertical）（无垂直）、Top（顶端）、Bottom（底部）和 Top & Bottom（顶与底）8 种选择。
- "位置"：端口位置的设置。
- "名称"：端口名称的设置。这是端口最重要的属性之一，具有相同名称的端口存在着电气连接特性。
- "唯一 ID"：唯一的 ID。用户一般不需要改动此项，只保留默认设置即可。
- "I/O 类型"：设置端口的电气特性，对后来的电气法则提供一定的依据。有 Unspecified（未指明或不确定）、Output（输出）、Input（输入）和 Bidirectional（双向型）4 种类型可供选择。

3.5.8　放置忽略 ERC 测试点

在电路设计过程中，系统进行电气规则检查（ERC）时，有时会产生一些不希望的错误报告。例如，出于电路设计的需要，一些元器件的个别输入管脚有可能被悬空，但在系统默认情况下，所有的输入管脚都必须进行连接，这样在 ERC 检查时，系统会认为悬空的输入管脚使用错误，并在管脚处放置一个错误标记。

为了避免用户为检查这种"错误"而浪费时间，可以使用忽略 ERC 测试符号，让系统忽略对此处的 ERC 测试，不再产生错误报告。

放置忽略 ERC 测试点的具体步骤如下：

01　选择"放置"→"指示"→Generic No ERC（忽略 ERC 测试点）菜单命令，或单击工具栏中的 ╳（放置忽略 ERC 测试点）按钮，也可以按下快捷键操作 P+I+N，这时鼠标变成十字形状，并带有一个红色的小叉（忽略 ERC 测试符号）。

02 移动光标到需要放置忽略 ERC 测试点的位置处，单击即可完成放置，如图 3-44 所示。此时鼠标仍处于放置忽略 ERC 测试点的状态，重复操作即可放置其他的忽略 ERC 测试点。单击鼠标右键或者按下 Esc 键便可退出操作。

03 设置忽略 ERC 测试点的属性。在放置忽略 ERC 测试点的过程中，用户便可以对忽略 ERC 测试点的属性进行编辑。双击忽略 ERC 测试点或者在鼠标处于放置忽略 ERC 测试点的状态时按 Tab 键即可打开忽略 ERC 测试点的属性编辑对话框，如图 3-45 所示。在该对话框中可以对 No ERC 的颜色及位置属性进行设置。属性编辑结束后单击"确定"按钮即可关闭该对话框。

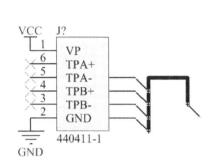

图 3-44　放置忽略 ERC 测试点

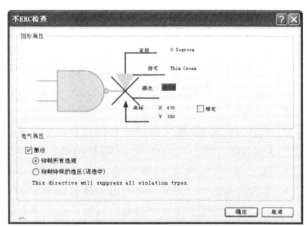

图 3-45　忽略 ERC 测试点属性设置

3.5.9　放置 PCB 布线指示

用户绘制原理图的时候，可以在电路的某些位置放置 PCB 布线指示，以便预先规划指定该处的 PCB 布线规则，包括铜模的厚度、布线的策略、布线优先权及布线板层等。这样，在由原理图创建 PCB 印制板的过程中，系统就会自动引入这些特殊的设计规则。

放置 PCB 布线指示的具体步骤如下：

01 选择"放置"→"指示"→"PCB 布局"菜单命令，也可以按快捷键操作 P+I+P，这时鼠标变成十字形状，并带有一个 PCB 布线指示符号。

02 移动光标到需要放置 PCB 布线指示的位置处，单击即可完成放置，如图 3-46 所示。此时鼠标仍处于放置 PCB 布线指示的状态，重复操作即可放置其他的 PCB 布线指示符号，单击鼠标右键或者按下 Esc 键便可退出操作。

03 设置 PCB 布线指示的属性。在放置 PCB 布线指示的过程中，用户便可以对 PCB 布线指示的属性进行编辑。双击 PCB 布线指示或者在鼠标处于放置 PCB 布线指示的状态时按 Tab 键即可打开 PCB 布线指示的属性编辑对话框，如图 3-47 所示。在该对话框中可以对 PCB 布线指示的名称、位置、旋转角度及布线规则属性进行设置。

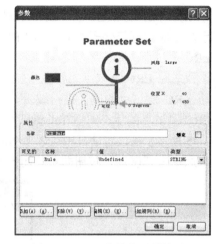

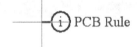

图 3-46　放置 PCB 布线指示　　　　　图 3-47　PCB 布线指示属性设置

- 名称：用来输入 PCB 布线指示的名称。
- 定位：设定 PCB 布线指示在原理图上的放置方向，同样有 4 个选项——0 Degrees、90 Degrees、180 Degrees 和 270 Degrees。
- 位置 X、Y：设定 PCB 布线指示在原理图上的 X 轴和 Y 轴坐标。
- 参数坐标窗口：该窗口内列出了该 PCB 布线指示的相关参数，包括名称、数值及类型。选中任一参数值，单击"编辑"按钮，系统弹出如图 3-48 所示的"参数属性"设置对话框。

在该窗口中直接单击"编辑规则值"按钮，会进入如图 3-49 所示的选择 PCB 设计规则类型窗口，窗口内列出了 PCB 布线时用到的所有规则类型供用户选择。

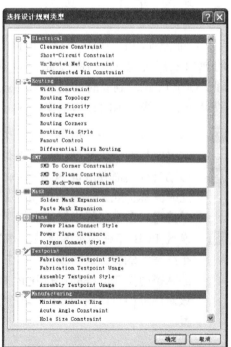

图 3-48　"参数属性"对话框　　　　　图 3-49　选择设计规则类型窗口

例如，选中 Width Constraint（铜膜线宽度），单击"确定"按钮后，则打开相应的铜膜线宽度设置对话框，如图 3-50 所示。该对话框分为两部分，上面是图形显示部分，下面是列表显示部分。对于铜膜线的宽度，既可以在上面设置，也可以在下面设置。属性编辑结束后按"确定"按钮即可关闭该对话框。

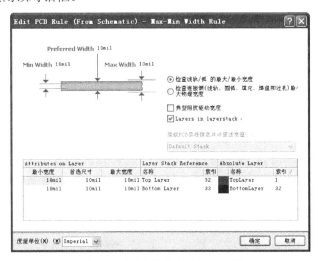

图 3-50　铜膜线宽度设置对话框

3.6　操作实例

通过前面章节的学习，用户对 AltiumDesigner 13 原理图编辑环境、原理图编辑器的使用有了初步的了解，这一节从完成简单电路原理图的绘制，来说明具体如何运用原理图编辑器来完成电路的设计工作。

3.6.1　单片机逻辑系统原理图设计

本节从简单电路入手，如图 3-51 所示。通过对单片机逻辑系统图的绘制，系统介绍如何完整绘制电路图。其主要的操作步骤如下：

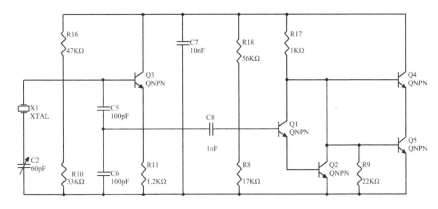

图 3-51　单片机逻辑系统原理图

01 启动 Altium Designer 13，打开 Files（文件）面板，在"新的"选项栏中单击 Blank Project（PCB）（空白工程文件）选项，则在 Projects（工程）面板中出现新建的工程文件，系统提供的默认文件名为 PCB_Project1.PrjPCB，如图 3-52 所示。

02 在工程文件 PCB_Project1.PrjPCB 上单击右键，在弹出的右键快捷菜单中单击"保存工程为"命令，在弹出的保存文件对话框中输入文件名"单片机逻辑系统"，并保存在指定的文件夹中。此时，在 Projects（工程）面板中，工程文件名变为"单片机逻辑系统.PrjPCB"。该工程中没有任何内容，可以根据设计的需要添加各种设计文档。

03 在工程文件"单片机逻辑系统.PrjPCB"上单击右键，在弹出的右键快捷菜单中单击"给工程添加新的"→Schematic（原理图）命令。在该工程文件中新建一个电路原理图文件，系统默认文件名为 Sheet1.SchDoc。在该文件上单击右键，在弹出的右键快捷菜单中单击"保存为"命令，在弹出的保存文件对话框中输入文件名"单片机逻辑系统"。此时，在 Projects（工程）面板中，工程文件名变为"单片机逻辑系统.SchDoc"，如图 3-53 所示。在创建原理图文件的同时，也就进入了原理图设计系统环境。

图 3-52　新建工程文件　　　　　　图 3-53　创建新原理图文件

04 在编辑窗口中单击右键，选择"设计"→"文档选项"菜单命令，系统将弹出如图 3-54 所示的"文档选项"对话框，对图纸参数进行设置。将图纸的尺寸及标准风格设置为 A4，放置方向设置为 Landscape（水平），标题块设置为 Standard（标准），单击对话框中的"更改系统字体"按钮，系统将弹出"字体"对话框，如图 3-55，在该对话框中，选择默认参数，单击"确定"按钮。

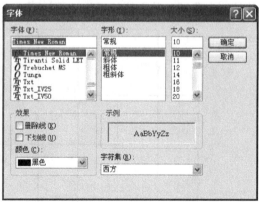

图 3-54　"文档选项"对话框　　　　　图 3-55　"字体"对话框

05 选择"设计"→"添加/移除库"菜单命令或在"库"面板中单击 ibraries. 按钮，系统将弹出"可用库"对话框。在该对话框中单击"添加库"按钮，打开相应的选择库文件对话框，在该对话框中选择确定的库文件 Miscellaneous Devices.IntLib（通用元件库），单击"关闭"按钮，如图 3-56 所示，关闭该对话框。

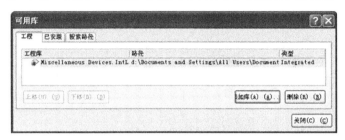

图 3-56　"可用库"对话框

> 在绘制原理图的过程中，放置元件的基本原则是根据信号的流向放置，从左到右，或从上到下。首先应该放置电路中的关键元件，然后放置电阻、电容等外围元件。

提　示

06 放置三极管元件。打开"库"面板，在当前元件库名称栏选择 Miscellaneous Devices.IntLib，在过滤框条件文本框中输入 QNPN，如图 3-57 所示。单击 Place QNPN 按钮，放置 5 个三极管元件在原理图纸上。

07 放置晶振元件。打开"库"面板，保持在当前元件库名称不变，在过滤框条件文本框中输入 XTAL，如图 3-58 所示。单击 Place XTAL 按钮，将选择的一个晶振元件放置在原理图纸上。

08 放置可变电容元件。打开"库"面板，保持在当前元件库名称不变，在过滤框条件文本框中输入 Cap Var，如图 3-59 所示。单击 Place Cap Var 按钮，将选择的可变电容元件放置在原理图纸上。

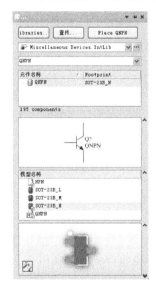

图 3-57　选择三极管元件

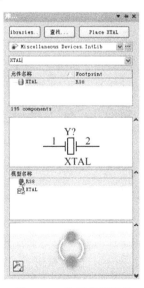

图 3-58　选择晶振元件

图 3-59　选择可变电容元件

09 放置电阻、电容元件。按照与上面相同的方法进行加载，其中，放置 4 个电容元件 Cap（无极性电容），7 个电阻元件 Res3（两端口可变电阻），加载结果如图 3-60 所示。

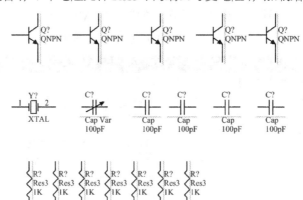

图 3-60　加载元件

10 设置元件属性。在图纸上放置好元件之后，再对各个元件的属性进行设置，包括元件的标识、序号、型号、封装形式等。双击任意 Cap 元件，打开 Properties for Schematic Component in Sheet（原理图元件属性）对话框，如图 3-61 所示。其他元件的属性设置可以参考此处，这里不再赘述。

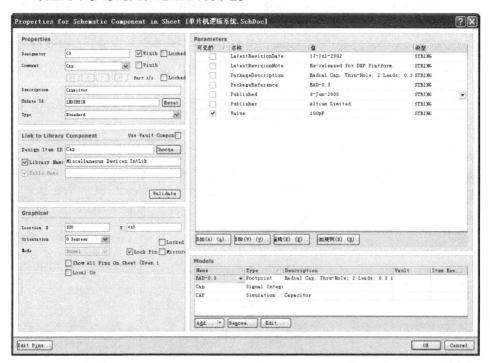

图 3-61　设置电容属性

11 设置好元件属性后，根据电路图合理地放置元件，以达到美观地绘制电路原理图的目的。布局结果如图 3-62 所示。在放置好各个元件并设置好相应的属性后，下面应根据电路设计的要求把各个元件连接起来。

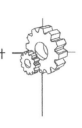

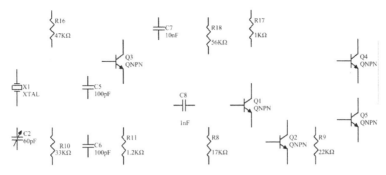

图 3-62　设置好元件属性后的原理图

12 连接导线。选择"放置"→"线"菜单命令或单击"连线"工具栏中的 ≈（放置线）按钮，放置电气连接，完成元件之间的端口及管脚的电气连接。绘制完成的单片机逻辑系统电路原理图如图 3-51 所示。

13 保存原理图。选择"文件"→"保存"菜单命令，或单击"原理图标准"工具栏中的 ■（保存）按钮，保存绘制结果。

至此，原理图的设计工作暂时告一段落。如果需要进行原理图后续编辑及 PCB 板的设计制作，还需要对设计好的电路进行电气规则检查和对原理图进行编译，这将在后面的章节中通过实例进行详细介绍。

3.6.2　模拟电路原理图设计

本节将从实际操作的角度出发，绘制模拟电路，如图 3-63 所示。主要介绍原理图设计中经常遇到的一些知识点。包括查找元件及其对应元件库的载入和卸载、基本元件的编辑和原理图的布局和布线。

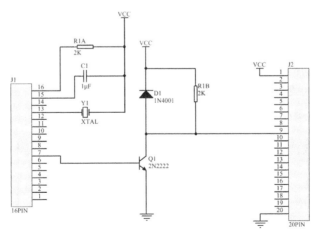

图 3-63　模拟电路原理图

（1）建立工作环境

01 在 Altium Designer 13 主界面中，选择"文件"→New（新建）→Project（工程）→"PCB 工程"（印制电路板工程）菜单命令，新建工程文件。

02 选择"文件"→"保存工程为"菜单命令,弹出"另存为"对话框,选择路径,在对话框中输入文件名称,将新建的工程文件保存为"模拟电路.PrjPCB"。

03 选择"文件"→New(新建)→"原理图"菜单命令,在"模拟电路.PrjPCB"下显示新建的原理图文件。

04 选择"文件"→"保存为"菜单命令,将新建的原理图文件保存为"模拟电路.SchDoc"。

(2)元件库管理

> 元件库操作包括装载元件库和卸载元件库。
>
> 提 示

在知道元件所在元件库的情况下,通过"可用库"对话框加载该库。本实例中元件在 Miscellaneous Devices.IntLib(通用元件库)和 Miscellaneous Connectors.IntLib(通用接插件库)元件库中。

选择"设计"→"添加/移除库"菜单命令或在"库"面板中单击 libraries 按钮,弹出如图 3-64 所示的"可用库"对话框。在"可用库"对话框的元件库列表中,选定其中的元件库,单击"上移"按钮,则该元件库可以向上移动一行;单击"下移"按钮,则该元件库可以向下移动一行;单击"删除"按钮,则系统卸载该元件库。

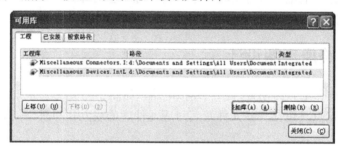

图 3-64 "可用库"对话框

(3)查找元件

对不确定元件库的情况,可通过查找元件来加载元件库。本例中要放置 2N2222 元件,此元件不包含在以上加载的元件库中,因此元件库需要另行加载。

01 在"库"面板中,单击 查找 按钮,系统弹出"搜索库"对话框,如图 3-65 所示。

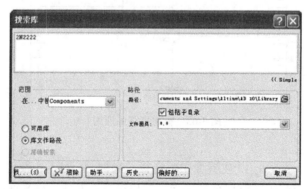

图 3-65 "搜索库"对话框

02 在文本框输入元件名 2N2222，单击 按钮，系统将在设置的搜索范围内查找元件。查找结果如图 3-66 所示，单击 Place 2N2222 按钮，可以将该元件放置在原理图中。

（4）原理图图纸设置

选择"设计"→"文档选项"菜单命令，或者在编辑区内单击鼠标右键，并在弹出的快捷菜单中选择"选项"→"文档选项"菜单命令，弹出如图 3-67 所示的"文档选项"对话框，在该对话框中可以对图纸进行设置。

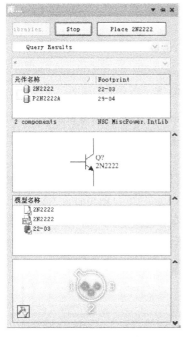

图 3-66　元件查找结果　　　　　图 3-67　"文档选项"对话框

（5）原理图设计

01 放置元件。打开"库"面板，在当前元件库下拉列表中选择"Miscellaneous Devices.IntLib"元件库，然后在元件过滤栏的文本框中输入 XTAL，在元件列表中查找晶振元件，并将查找所得晶振放入原理图中；在元件过滤栏的文本框中输入 1N4001，并将查找所得二极管放入原理图中；选择"Miscellaneous Connectors.IntLib"元件库，在元件过滤栏中的文本框中输入 Header16（16 针连接器），单击 Place Header 16 按钮，在原理图中显示要放置的元件，同时在元件左上角显示十字光标，如图 3-68 所示；单击 X 键，元件关于 X 轴镜像反转，如图 3-69 所示。在空白处单击并将查找所得元件放入原理图中。依次放入其他元件。其中，Res Pack2（排阻）两个，cap（电容）一个，Header 20（20 针连接器）一个，放置元件后的图纸如图 3-70 所示。

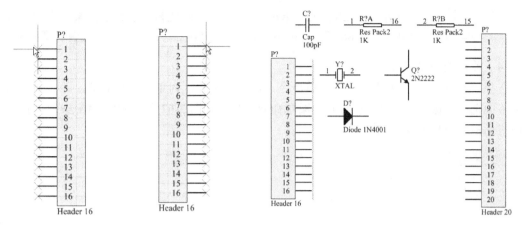

图 3-68　放置元件　　图 3-69　翻转元件　　　　　　图 3-70　放置元件后的图纸

02 编辑元件。双击元件 Header 16，弹出 Properties for Schematic Component in Sheet（原理图元件属性）对话框中，如图 3-71 所示。单击左下角 Edit Pins... 按钮，弹出"元件管脚编辑器"对话框，如图 3-72 所示，选中"数量"栏下对应所有管脚，取消"名称"栏下所有管脚，如图 3-73 所示。单击 确定 按钮，完成元件管脚编辑，退出对话框。继续双击元件，弹出属性编辑对话框，在 Properties（属性）选项组的 Designator（标志符）栏中输入 J1，在 Comment（注释）栏中输入 16PIN，单击 OK 按钮，退出对话框。元件修改结果如图 3-74 所示。用同样的方法修改 Header 20，结果如图 3-75 所示。

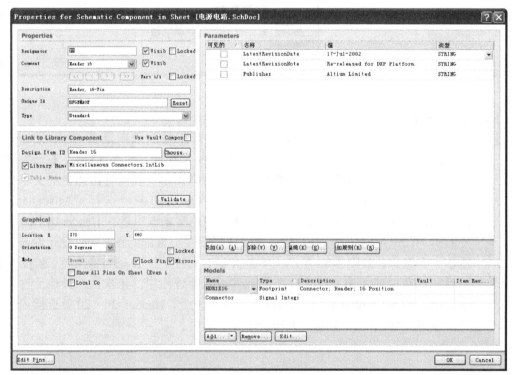

图 3-71　Properties for Schematic Component in Sheet 对话框

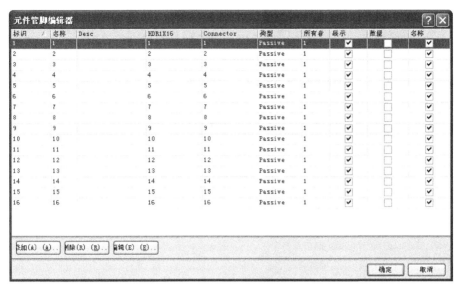

图 3-72 元件管脚编辑器 1

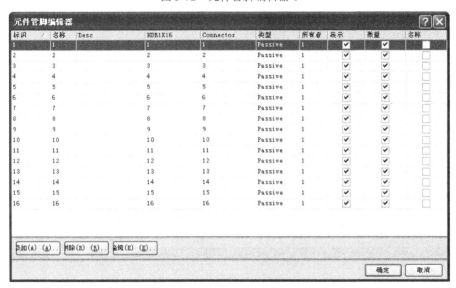

图 3-73 元件管脚编辑器 2

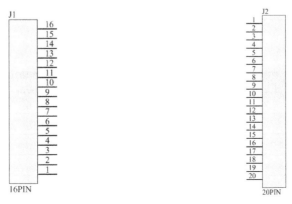

图 3-74 Header 16 编辑结果   图 3-75 Header 20 编辑结果

03 元件属性设置及元件布局。双击元件 XTAL，弹出 Properties for Schematic Component in Sheet（原理图元件属性）对话框，对元件的编号进行设置，如图 3-76 所示。单击 Edit Pins 按钮，弹出如图 3-77 所示的"元件管脚编辑器"对话框，取消"数量"栏复选框选中，调整管脚显示形式。用同样的方法可以对电容、连接器和电阻值进行设置。其余设置好的元件属性见表 3-1。

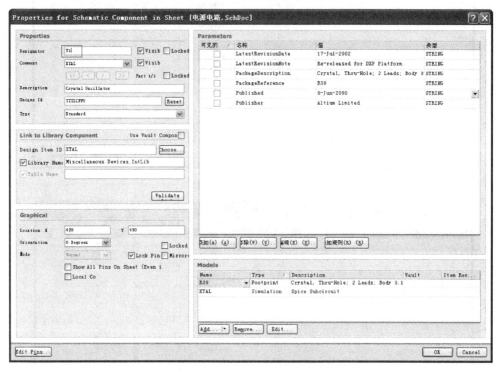

图 3-76 元件属性编辑

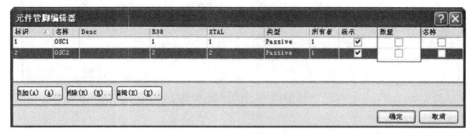

图 3-77 元件管脚编辑器

表3-1 元件属性

编号	注释/参数值	封装形式
C1	1μF	RAD-0.3
R1A	Res Pack2	DIP-16
R1B	Res Pack2	DIP-16
Q1	2N2222	22-03
D1	Diode 1N4001	DO-41
Y1	XTAL	R38

根据电路图合理地放置元件，以达到美观地绘制电路原理图。设置好元件属性后的电路原理图图纸如图 3-78 所示。

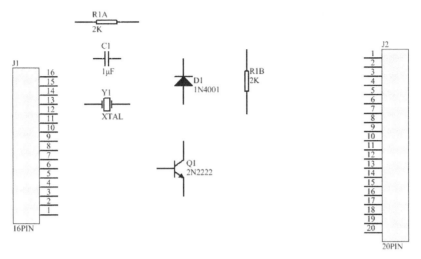

图 3-78　元件布局后的电路原理图

（6）放置电源和接地符号

单击"连线"工具栏中的（VCC 电源符号）按钮，在原理图中显示带十字光标的电源符号，单击 Tab 键，弹出"电源端口"对话框，如图 3-79 所示，选中"显示网络名"复选框，单击"确定"按钮，退出对话框，在原理图对应位置放置电源，本例共需要三个电源。单击"连线"工具栏中的（GND 接地符号）按钮，单击 Tab 键，弹出"电源端口"对话框，如图 3-80 所示，取消"显示网络名"复选框的选择，放置接地符号，本例共需要两个接地。由于都是数字地，使用统一的符号表示即可，结果如图 3-81 所示。

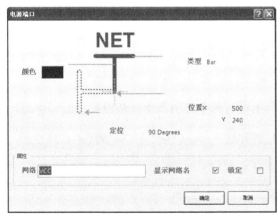

图 3-79　"电源端口"对话框 1

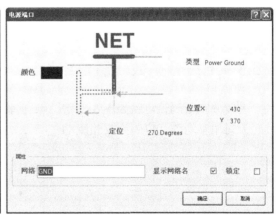

图 3-80　"电源端口"对话框 2

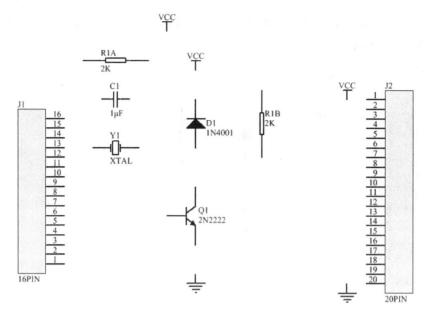

图 3-81　放置电源符号后的电路原理图

（7）连接线路

布局好元件后，下一步的工作就是连接线路。单击工具栏中的 ≈（放置线）按钮，执行连线操作。连接好的电路原理图如图 3-63 所示。

（8）保存原理图

选择"文件"→"保存"菜单命令，或单击"原理图标准"工具栏中的 ■（保存）按钮，保存绘制结果。

本例中详细介绍了如何加载原理图元件库。根据原理图所需，在自带路径下加载对应元件的元件库。

3.6.3　七段分割数码器电路设计

七段分割数码管电路如图 3-82 所示，实验台上设有两个共阴极七段数码管及驱动电路，段码为同相驱动器，位码为反相驱动。

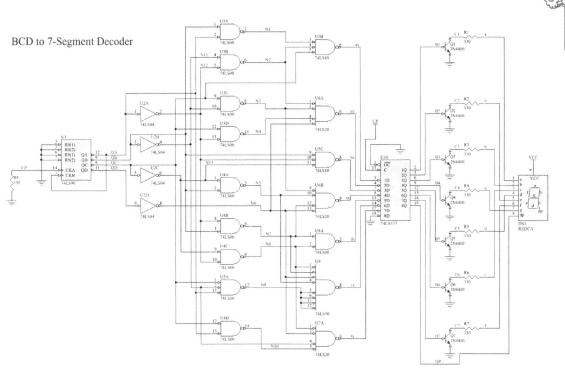

图 3-82 七段分割数码器电路

（1）建立工作环境

01 在 AltiumDesigner 13 主界面中，选择"文件"→New（新建）→Project（工程）的"选项"选项，在选择区域中取消对"标题块"复选框的选取，并在"标准风格"下拉列表框中选择图纸纸型为 B 型，如图 3-83 所示。

图 3-83 "文档选项"对话框

提 示

不选中"标题块"复选框，也就是取消了原理图图纸上的标题栏，这时候就可以在原理图图纸上按照自己的需要自行定义标题栏。

02 选择"察看"→"栅格"→"切换可视栅格"菜单命令，取消图纸上的栅格，这样在放置文本的时候就可以不受干扰。

（2）加载元件库

选择"设计"→"添加/移除库"菜单命令或在"库"面板中单击 libraries. 按钮，打开"可用库"对话框，然后在其中加载需要的元件库"BCDto7.SCHLIB"。本例中需要加载的元件库如图 3-84 所示。

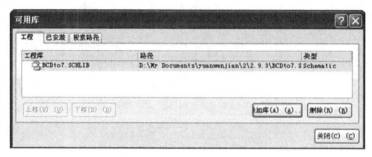

图 3-84　加载需要的元件库

（3）放置元件

选择"库"面板，在其中浏览刚刚加载的元件库"BCDto7.SCHLIB"，找到所需的元件74LS90。单击"库"面板中的 Place 74LS90 按钮，带十字标记的元件浮动在原理图中，可直接在原理图空白处单击，放置元件，在后面操作中更改元件属性。也可直接单击 Tab 键，弹出Properties for Schematic Component in Sheet（原理图元件属性）对话框，在 Properties（属性）选项组中的 Designator（标志符）栏中输入 U1，如图 3-85 所示，对元件编号。单击 OK 按钮，完成设置。同样的方法，在加载的对应元件库中选择主要元件。

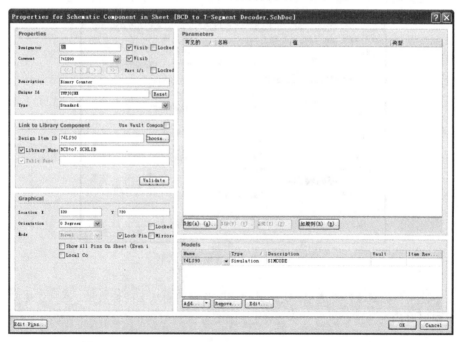

图 3-85　Properties for Schematic Component in Sheet 对话框

（4）放置外围元件

在当前元件库下拉列表中选择 Miscellaneous Devices.IntLib 元件库，在元件过滤中输入 RES3，单击 Place Res3 按钮，在原理图中显示浮动的带十字光标的 RES 元件，单击 Tab 键，弹出元件属性编辑器，在 Designator（标识符）栏输入 R1，单击 ok 按钮，退出对话框，在原理图中单击，放置 R1，在原理图中放置 R1，同时继续显示带十字光标的可变电阻，编号自动向后递增为 R2；在原理图中单击，放置 R2，显示浮动的 R3，以此类推，放置 8 个可变电阻。对设置好元件属性后的元件进行布局，结果如图 3-86 所示。

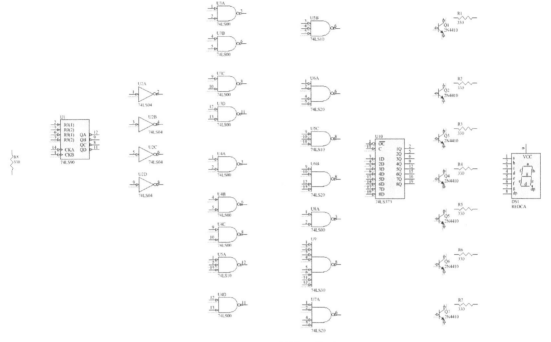

图 3-86　元件放置结果

（5）放置电源和接地符号

单击"连线"工具栏中的 Ucc（VCC 电源符号）按钮，放置电源，本例共需要两个电源。单击"连线"工具栏中的 （GND 接地符号）按钮，放置接地符号，本例共需要一个接地，结果如图 3-87 所示。

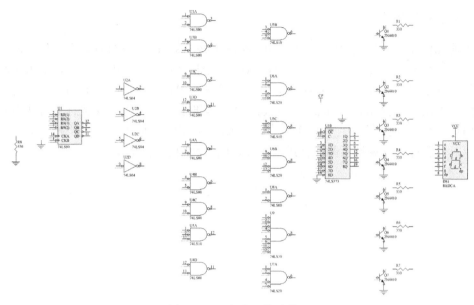

图 3-87　添加电源接地符号

提 示

对于难以用导线连接的元件，应该采用设置网络标号的方法，这样可以使原理图结构清晰，易读易修改。

（6）连接导线

选择"放置"→"线"菜单命令，或单击"连线"工具栏中的 ⤳（放置线）按钮，完成元件之间的端口及管脚的电气连接，结果如图 3-88 所示。

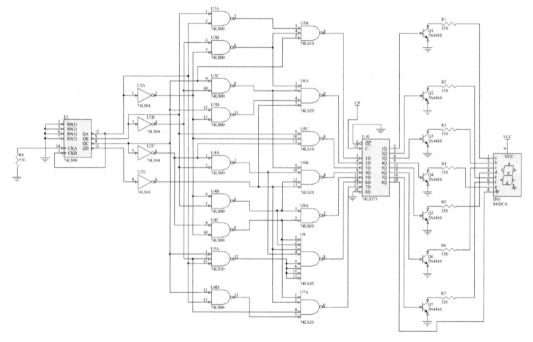

图 3-88　完成布线

（7）放置网络标号

选择"放置"→"网络标号"菜单命令，或单击工具栏中的 Net（放置网络标号）按钮，这时鼠标变成十字形状，并带有一个初始标号 Net Label1。这时按 Tab 键打开"网络" 选项卡对话框，然后在该对话框的"网络"文本框中输入网络选项卡的名称 N1，单击 确定 按钮，退出该对话框。接着移动鼠标光标，将网络选项卡放置到总线分支上，继续显示浮动的带十字光标的网络标号，名称递增为 N2，继续放置，最终结果如图 3-89 所示。

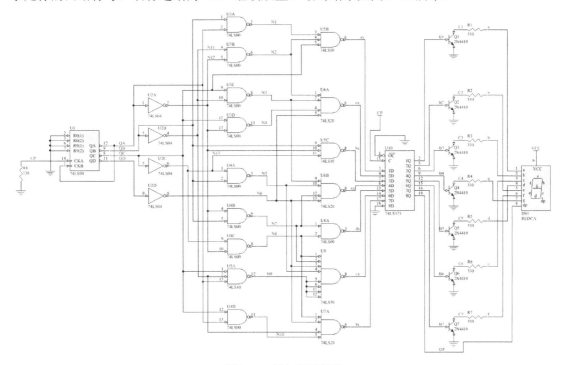

图 3-89　添加网络标号

（8）标注原理图

选择"放置"→"文本字符串"菜单命令，或单击"实用工具栏"工具栏 下拉列表中的 **A**（放置文本字符串）按钮，显示浮动的文本图标，单击 Tab 按钮，弹出"标注"对话框，在"属性"选项组的"文本"栏中输入"BCD to 7-Segment Decoder"，如图 3-90 所示。在原理图左上角单击，完成放置，单击 Esc 键或单击鼠标右键退出操作，最终得到如图 3-82 所示的原理图。

（9）保存原理图

选择"文件"→"保存"菜单命令，或单击"原理图标准"工具栏中的 （保存）按钮，保存绘制结果。

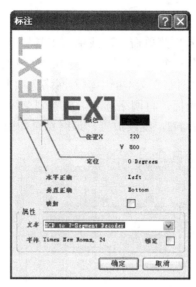

图 3-90　"标注"对话框

　　本例详细介绍了原理图元件的编号编辑方式，并根据不同方式或按照自己的习惯来定义元件。

3.6.4　停电/来电自动告知电路图设计

　　本例设计的是由集成电路构成的停电来电自动告知电路图，如图 3-91 所示。适用于需要提示停电、来电的场合。VT1、VD5、R3 组成了停电告知控制电路；IC1、D1 等构成了来电告知控制电路；IC2、VT2、LS2 为报警声驱动电路。

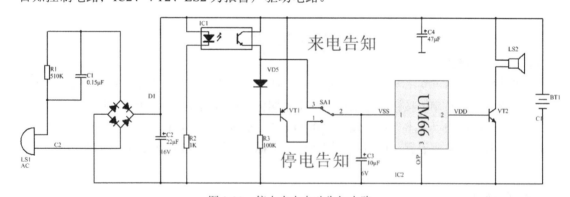

图 3-91　停电来电自动告知电路

　　（1）建立工作环境

01　在 AltiumDesigner 13 主界面中，选择"文件"→New（新建）→Project（工程）→"PCB 工程"（印制电路板工程）菜单命令，然后单击右键选择"保存工程为"菜单命令将新建的工程文件保存为"停电来电自动告知电路.PrjPCB"。

02　选择"文件"→New（新建）→"原理图"菜单命令，然后单击右键选择"保存为"菜单命令将新建的原理图文件保存为"停电来电自动告知电路.SchDoc"。

（2）加载元件库

选择"设计"→"添加/移除库"菜单命令或在"库"面板中单击 ⟨libraries.⟩ 按钮，打开"可用库"对话框，然后在其中加载需要的元件库。本例中需要加载的元件库如图 3-92 所示。

图 3-92　加载需要的元件库

（3）放置元件

01 选择"库"面板，在其中浏览刚刚加载的元件库 UM66.SchLib，选中其中的音乐三极管元件 UM66，如图 3-93 所示，单击 ⟨Place UM66⟩ 按钮，在原理图中放置如图 3-94 所示的元件。

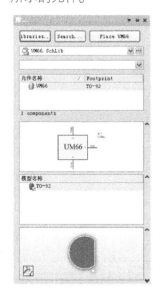

图 3-93　选择元件 UM66

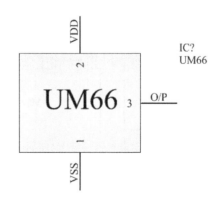

图 3-94　放置元件 UM66

02 选择"库"面板，在其中浏览刚刚加载的元件库 Miscellaneous Devices.IntLib，找到所需外围元件，三个电阻（Res2），一个直流电源（Battery），一个电容（Cap），三个极性电容（Cap Pol2），两个三极管（QNPN、PNP），一个电铃（Bell），一个电桥（Bridge），一个扬声器（Speaker），一个单刀单掷开关（SW-SPDT），一个二极管（Diode），然后将其放置在图纸上。如图 3-95 所示。

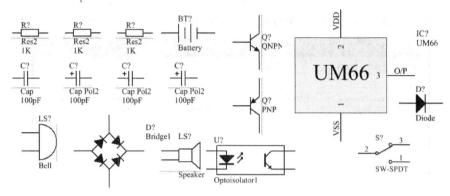

图 3-95　放置外围元件

03　依次双击元件，设置元件属性，并对这些元件进行布局，布局的结果如图 3-96 所示。

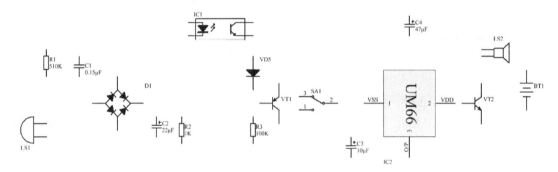

图 3-96　元件布局结果

（4）连接导线

选择"放置"→"线"菜单命令或单击"连线"工具栏中的 ≋（放置线）按钮，完成元件之间的端口及管脚的电气连接，结果如图 3-97 所示。

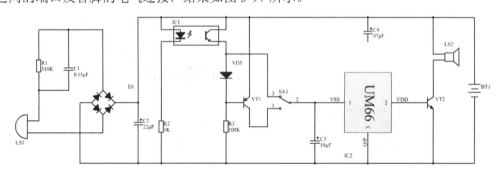

图 3-97　完成布线

（5）放置电源符号

单击"连线"工具栏中的 ⊤（VCC 电源符号）按钮，放置电源，本例共需要一个电源，结果如图 3-98 所示。

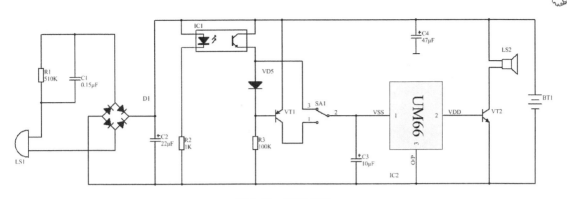

图 3-98　布局结果

（6）放置网络标号

选择"放置"→"网络标号"菜单命令，或单击工具栏中的 <u>Net</u>（放置网络标号）按钮，这时鼠标变成十字形状，并带有一个初始标号 Net Label1。这时按 Tab 键打开如图 3-99 所示"网络标签"对话框，然后在该对话框的"网络"文本框中输入网络选项卡的名称 3V，再单击 确定 按钮退出该对话框。接着移动鼠标光标，将网络选项卡放置到对应位置上，标注结果如图 3-100 所示。

图 3-99　"网络标签"对话框

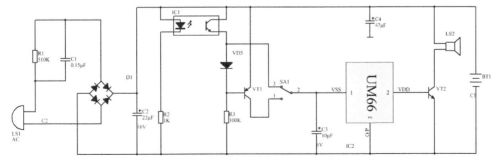

图 3-100　完成放置网络选项卡

（7）标注原理图

选择"放置"→"文本字符串"菜单命令，或单击"实用工具栏"工具栏 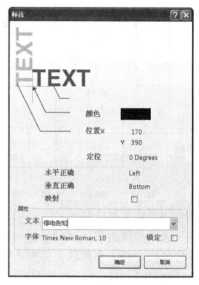下拉列表中的 **A**（放置文本字符串）按钮，显示浮动的文本图标，单击 **Tab** 按钮，弹出"标注"对话框，在"属性"选项组的"文本"栏中依次输入"停电告知"、"来电告知"，如图 3-101 所示。单击 确定 按钮，退出对话框。最终得到如图 3-91 所示的原理图。

（8）保存原理图

选择"文件"→"保存"菜单命令，或单击"原理图标准"工具栏中的 ■（保存）按钮，保存绘制结果。

在本例中，重点介绍了网络标号的绘制方法。使用网络选项卡代替实际走线可以大大简化原理图，可以使原理图更规范、整洁和美观。

图 3-101 "标注"对话框

3.6.5 照明灯延时关断电路图设计

本例设计的电路作用是在夜晚有客人来访敲门或主人回家用钥匙开门时，均会自动控制开启照明灯，如图 3-102 所示，延迟时间可达 40s 以上，方便实用。

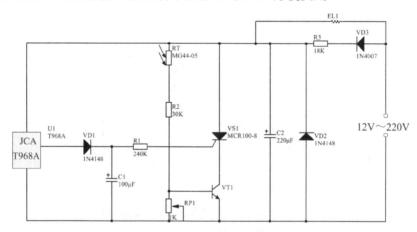

图 3-102 照明灯延时关断电路图

本例主要由微振动传感器、延迟光敏双重控制交流开关、电源交换器等电路构成。接通电源后 220V 交流电经 VD3 半波整流、R3 限流、VD2 稳压和 C2 滤波后，输出约 12V 直流电压，供控制电路使用。

（1）建立工作环境

01 在 Altium Designer 13 主界面中，选择"文件"→New（新建）→Project（工程）→"PCB 工程"（印制电路板工程）菜单命令，然后单击右键选择"保存工程为"菜单命令将新建的工程文件保存为"照明灯延时关断电路.PrjPCB"。

02 选择"文件"→New（新建）→"原理图"菜单命令，然后单击右键选择"保存为"菜单命令将新建的原理图文件保存为"照明灯延时关断电路.SchDoc"。

（2）自动存盘设置

Altium Designer 13 支持文件的自动存盘功能。用户可以通过参数设置来控制文件自动存盘的细节。单击 Altium Designer 13 软件界面左上角的 DXP 菜单，在弹出的下拉菜单中选择"参数选择"菜单命令，打开"参数选择"对话框，然后在其中单击 System（系统）菜单下的 View（视图）选项卡。在 View（视图）选项卡的"桌面"选择区域中，选中"自动保存桌面"复选框，即可启用自动存盘的功能，选中"恢复打开文档"复选框，即每次启动软件，即打开上次关闭软件时的界面，打开上次未关闭的文件。"除了"表示不执行上述操作的文件种类，如图 3-103 所示。

图 3-103　View 选项卡

（3）加载元件库

选择"设计"→"添加/移除库"菜单命令或在"库"面板中单击 libraries. 按钮，打开"可用库"对话框，然后在其中加载需要的元件库 Motorola Discrete SCR.IntLib、Miscellaneous Devices.IntLib 和 Schlib1.SchLib。本例中需要加载的元件库如图 3-104 所示。

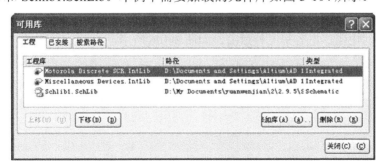

图 3-104　加载需要的元件库

由于 T968A 等元件在系统中找不到其元件库,这时需要添加自制的元件库 Schlib.SchLib,在后面章节中会介绍创建元件库的方法。

（4）放置元件

首先在 Schlib.SchLib 中查找 T968A,在 Motorola Discrete SCR.IntLib 中查找 MCR100-8。

对于无法确定元件库的元件,可在"库"面板中利用"查找"命令,查找元件 1N4148、1N4007 加载其元件库。

最后,在 Miscellaneous Devices.IntLib 中查找外围元件,电阻、电容、可变电阻及三极管等元件,并将其放置在原理图中。

在元件放置过程中,利用 Tab 键,对元件属性进行修改。

提 示

在 Motorola Discrete SCR.IntLib 元件库找到 MCR100-8 芯片,在 Miscellaneous Devices.Intlib 元件库中找到电阻、电容、二极管、三极管等元件,放置在原理图中,布局如图 3-105 所示。

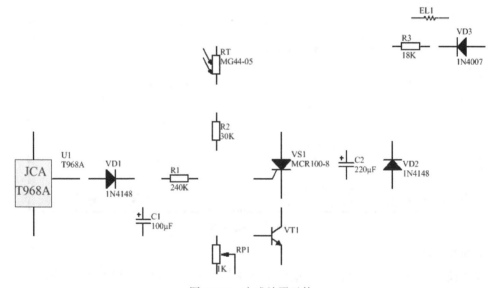

图 3-105 完成放置元件

（5）元件布线

单击"连线"工具栏中的 ⦂⦂ （放置线）按钮,对原理图进行布线,完成布线后对元件进行编号,检查对电阻、电容等元件赋值,如图 3-106 所示。

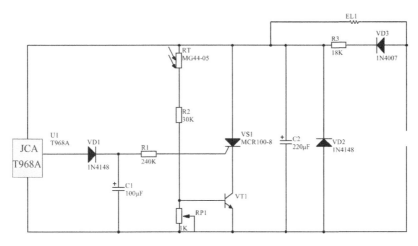

图 3-106　完成布线

（6）放置电源符号

向原理图上放置电源符号，完成整个原理图的设计，如图 3-107 所示。

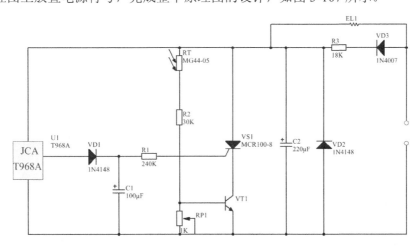

图 3-107　添加电源符号

（7）标注原理图

选择"放置"→"文本字符串"菜单命令，或单击"实用工具栏"工具栏 下拉列表中的 A（放置文本字符串）按钮，在电源处添加标注"12V～220V"，最终得到如图 3-102 所示的原理图。

本例设计了一个实用的照明灯延时开关电路，在设计的过程中主要讲述了文件的自动保存功能，Altium Designer 13 通过提供这种功能，可以保证设计者在文件的设计过程中文档的安全性，从而为设计者带来了便利。

3.6.6　晶体管电路图设计

本例设计的是基于单结型晶体管的简单而有趣的小电路图，如图 3-108 所示。可以生成所需的声音，也有选项来设定可让每个按钮产生预期效果的功能。

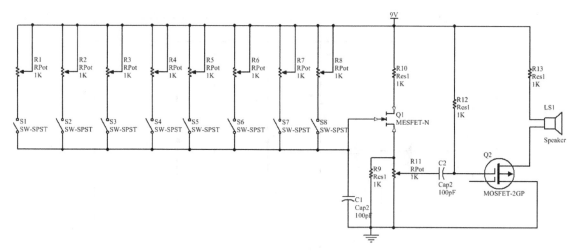

图 3-108　晶体管电路图

（1）建立工作环境

01 在 Altium Designer 13 主界面中，选择"文件"→New（新建）→Project（工程）→"PCB 工程"（印制电路板工程）菜单命令，然后单击右键选择"保存工程为"菜单命令将新建的工程文件保存为"晶体管电路.PrjPCB"。

02 选择"文件"→New（新建）→"原理图"菜单命令，然后单击右键选择"保存为"菜单命令将新建的原理图文件保存为"晶体管电路.SchDoc"。

（2）加载元件库

选择"设计"→"添加/移除库"菜单命令或在"库"面板中单击 libraries 按钮，打开"可用库"对话框，然后在其中加载需要的元件库。本例中需要加载的元件库如图 3-109 所示。

图 3-109　加载需要的元件库

（3）放置元件

在 Miscellaneous Devices.IntLib、Miscellaneous Connectors.IntLib 元件库找到可变电阻、标准电阻、喇叭等元件，放置在原理图中，如图 3-110 所示。

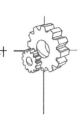

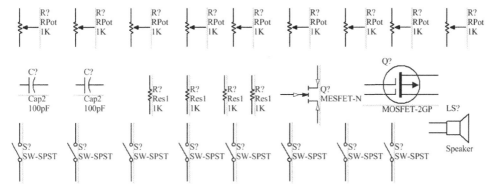

图 3-110 完成放置元件

（4）元件布局

按照电路设计，为合理布线，对元件进行布局，结果如图 3-111 所示。

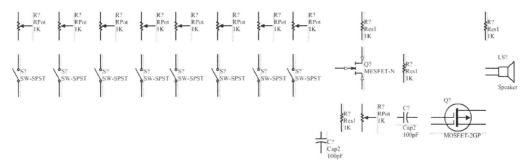

图 3-111 元件布局

（5）设置元件编号

01 在 Altium Designer 13 中，可以用元件自动编号的功能来为元件进行编号，选择"工具"→"注解"菜单命令，打开如图 3-112 所示的"注释"对话框。

图 3-112 "注释"对话框

02 在"注释"对话框的"处理顺序"选择区域中，可以设置元件编号的方式和分类的方式，一共有 4 种编号的方式可供选择，单击下拉列表选择一种编号方式，会在右边显示该编号方式的效果，如图 3-113 所示。

03 在"匹配选项"选项组中可以设置元件组合的依据，依据可以不止一个，单击选择列表框中的复选框，就可以选择元件的组合依据。

04 在"原理图页面注释"列表框中需要选择要进行自动编号的原理图，在本例中，由于只有一幅原理图，就不用选择了，但是如果一个设置工程中有多个原理图或者有层次原理图，那么在列表框中将列出所有的原理图，需要从中挑选要进行自动编号的原理图文件。在对话框的右侧，列出了原理图中所有需要编号的元件。完成设置后，单击 更新更改列表 按钮，弹出如图 3-114 所示的信息对话框，然后单击 OK 按钮，这时在"注解"对话框中可以看到所有的元件已经被编号。

图 3-113　元件的编号方式　　　　　图 3-114　Information 对话框

05 如果对编号不满意，可以取消编号，单击 Reset All ▾ 按钮即可将此次编号操作取消，然后经过重新设置再进行编号。如果对编号结果满意，则单击 接收更改(创建ECO) 按钮打开"工程更改顺序"对话框，在该对话框中单击 生效更改 按钮进行编号合法性检查，在"状态"栏中"检查"目录下显示的对勾表示编号是合法的，如图 3-115 所示。

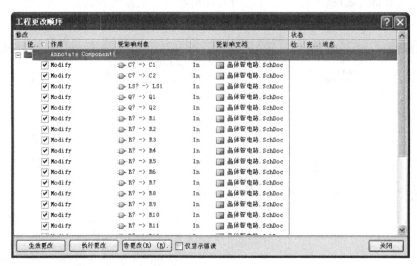

图 3-115　进行编号合法性检查

06 单击 执行更改 按钮将编号添加到原理图中去，添加的结果如图 3-116 所示。

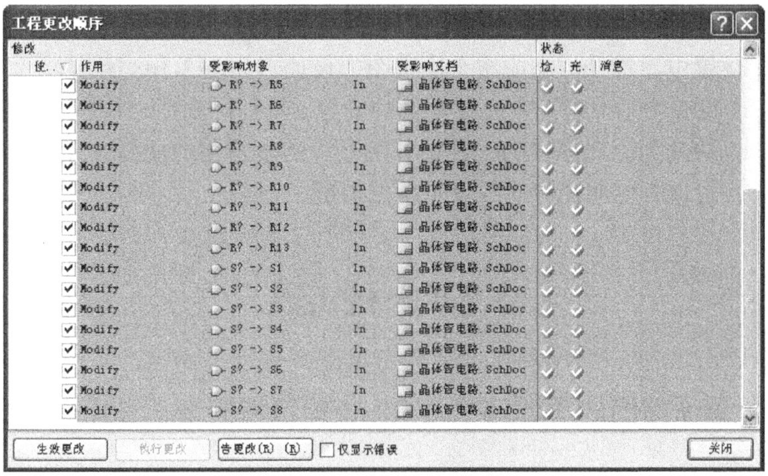

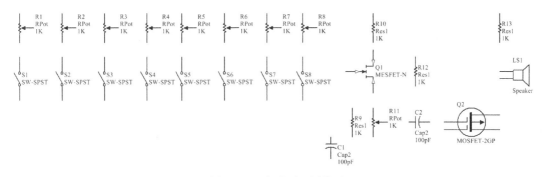

图 3-116 将编号添加到原理图

提 示

在进行元件编号之前，如果有的元件本身已经有了编号，那么需要将它们的编号全部变成 "U?" 或者 "R?" 的状态，这时只单击 告更改(R) (R) 按钮，就可以将原有的编号全部去掉，原理图注释结果如图 3-117 所示。

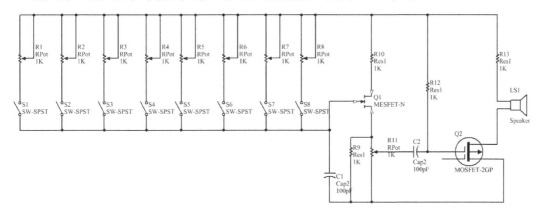

图 3-117 完成原理图编号

（6）元件布线

对原理图进行布线，完成布线后对元件进行检查，如图 3-118 所示。

图 3-118 完成原理图布线

（7）放置电源符号

向原理图上放置电源符号，完成整个原理图的设计，如图 3-108 所示。

在本例中，着重介绍了原理图中元件参数的设置，特别讲到了一种快速的元件编号方法。利用这种方法可以快速为原理图中的元件进行编号。当电路图的规模较大时，使用这种方法对元件进行编号，可以有效避免纰漏或者重编的情况。

3.7　上机实验

实验 1. 设置原理图的图纸尺寸为 B，去掉可视栅格，去掉标题栏。

🖱 操作提示

（1）在原理图设计环境中，选择"设计"→"文档选项"菜单命令，在弹出的窗口中选择"文档选项"页面，在页面右上角的"标准风格"下拉框中选择B。

（2）取消"栅格"栏"可见的"复选框的选择即可去掉可视栅格。

（3）取消"选项"栏"标题块"复选框的选择，就可以去掉标题栏。

实验 2. 原理图中练习元件的放置操作，主要有 90° 翻转、X 翻转、Y 翻转等。

🖱 操作提示

（1）翻转：首先选中元件，然后单击一次空格键，元件则顺时针翻转90°，以此类推。

（2）X翻转：首先选中元件，然后单击一次X键，元件则关于X轴对称翻转。

（3）Y翻转：首先选中元件，然后单击一次Y键，元件则关于Y轴对称翻转。

实验 3：按照图 3-119 所示过零调功电路，重点练习查找元件、元件布局、连线等操作。

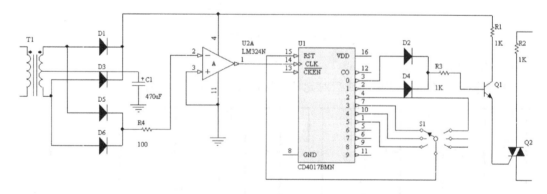

图 3-119　上机实验 3 图示

🖱 操作提示

需要使用放置工具上的电源符号、接地符号和连线命令。

实验 4：按照图 3-120 绘制一个串行显示驱动器 PS7219 及单片机的 SPI 接口电路。

（1）要求图纸尺寸为 A4、去掉标题栏、关闭显示栅格、能捕捉栅格和电气栅格、能自动连接点放置。

（2）画完电路后，要按照图中元件参数逐个设置元件属性，但是元件要自动编号。

🔅 操作提示

（1）选择"设计"→"选项"菜单命令，在弹出的对话框中设置图纸尺寸、标题栏、显示栅格、捕捉栅格和电气捕捉栅格。

（2）选择"工具"→"注解"菜单命令对元件进行自动编号。

（3）需要使用放置工具上的总线接口、总线和网络标记命令。

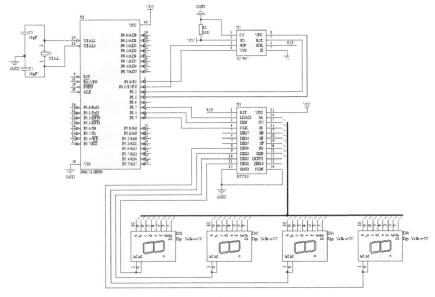

图 3-120　上机实验图示

3.8　思考与练习

1．熟悉电路原理图的编辑环境，并设置编辑器工作环境参数。

2．对比线、总线和分支线。

3．对比网络选项卡、电路端口。

4．对比接地符号、电源符号。

5．绘制图 3-121 所示的看门狗电路原理图并进行相应的设置。

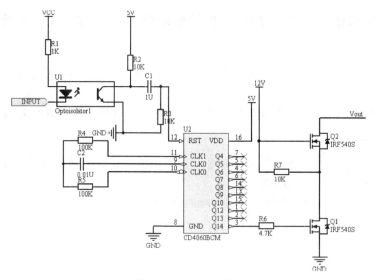

图 3-121　练习 5 图示

第4章

层次化原理图的设计

☞ 内容指南

在前面，学习了一般电路原理图的基本设计方法，将整个系统的电路绘制在一张原理图纸上。这种方法适用于规模较小、逻辑结构比较简单的系统电路设计。而对于大规模的电路系统来说，由于所包含的对象数量繁多，结构关系复杂，很难在一张原理图纸上完整地绘出，即使勉强绘制出来，其错综复杂的结构也非常不利于电路的阅读分析与检测。

因此，对于大规模的复杂系统，应该采用另外一种设计方法，即电路的层次化设计。将整体系统按照功能分解成若干个电路模块，每个电路模块能够完成一定的独立功能，具有相对的独立性，可以由不同的设计者分别绘制在不同的原理图纸上。这样，电路结构清晰，同时也便于多人共同参与设计，可加快工作进程。

☞ 知识重点

- 层次原理图的概念
- 层次原理图的设计方法
- 层次原理图之间的切换

4.1 层次原理图的设计方法

层次电路原理图的设计理念是将实际的总体电路进行模块划分，划分的原则是每一个电路模块都应该有明确的功能特征和相对独立的结构，而且还要有简单、统一的接口，便于模块彼此之间的连接。

基于上述的设计理念，层次电路原理图设计的具体实现方法有两种：一种是自上而下的层次原理图设计，另一种是自下而上的层次原理图设计。

自上而下的设计思想是在绘制电路原理图之前，要求设计者对这个设计有一个整体的把握。把整个电路设计分成多个模块，确定每个模块的设计内容，然后对每一模块进行详细地设计。在 C 语言中，这种设计方法被称为自顶向下，逐步细化。该设计方法要求设计者在绘制原理图之前就对系统有比较深入地了解，对于电路的模块划分比较清楚。

自下而上的设计思想则是设计者先绘制原理图子图，根据原理图子图生成方块电路图，进而生成上层原理图，最后生成整个设计。这种方法比较适用于对整个设计不是非常熟悉的用户，这也是初学者一种不错的选择方法。

4.1.1 自上而下的层次原理图设计

自上而下的层次电路原理图设计就是先绘制出顶层原理图，然后将顶层原理图中的各个方块图对应的子原理图分别绘制出来。采用这种方法设计时，首先要根据电路的功能把整个电路划分为若干个功能模块，然后把它们正确地连接起来。

下面以系统提供的 Examples/ Circuit Simulation/ Amplified Modulator 为例，介绍自上而下的层次原理图设计的具体步骤。

1. 绘制顶层原理图

01 选择"文件"→New（新建）→Project（工程）→"PCB 工程"菜单命令，建立一个新项目文件，另存为 Amplified Modulator.PRJPCB。

02 选择"文件"→New（新建）→"原理图"菜单命令，在新项目文件中新建一个原理图文件，将原理图文件另存为 Amplified Modulator.schdoc，设置原理图图纸参数。

03 选择"放置"→"图纸符号"菜单命令，或者单击布线工具栏中的 按钮，放置方块电路图。此时光标变成十字形，并带有一个方块电路。

04 移动光标到指定位置，单击鼠标确定方块电路的一个顶点，然后拖动鼠标，在合适位置再次单击确定方块电路的另一个顶点，如图 4-1 所示。此时系统仍处于绘制方块电路状态，用同样的方法绘制另一个方块电路。绘制完成后，单击鼠标右键退出绘制状态。

05 双击绘制完成的方块电路图，弹出方块电路属性设置对话框，如图 4-2 所示。在该对话框中设置方块图属性。

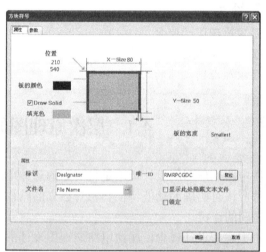

图 4-1 放置方块图　　　　图 4-2 方块电路属性设置对话框

● "属性"选项卡：
  ➢ 位置：用于表示方块电路左上角顶点的位置坐标，用户可以输入设置。
  ➢ X-Size、Y-Size：用于设置方块电路的长度和宽度。
  ➢ 板的颜色：用于设置方块电路边框的颜色。单击后面的颜色块，可以在弹出的对话框中设置颜色。
  ➢ Draw Solid：若选中该复选框，则方块电路内部被填充。否则，方块电路是透明的。

- 填充色：用于设置方块电路内部的填充颜色。
- 板的宽度：用于设置方块电路边框的宽度，有 4 个选项供选择——Smallest、Small、Medium（中等的）和 Large。
- 标志：用于设置方块电路的名称，这里输入为 Modulator（调制器）。
- 文件名：用于设置该方块电路所代表的下层原理图的文件名，这里输入为 Modulator（调制器）.schdoc。
- 显示此处隐藏的文本文件：该复选框用于选择是否显示隐藏的文本区域。选中，则显示。
- 唯一 ID：由系统自动产生的唯一的 ID 号，用户不需设置。

● "参数"选项卡，单击图 4-2 中的"参数"选项卡，弹出"参数"选项卡，如图 4-3 所示。在该选项卡中可以为方块电路的图纸符号添加、删除和编辑标注文字。单击"添加"按钮，系统弹出如图 4-4 所示的"参数属性"对话框。在该对话框中可以设置标注文字的"名称"、"值"、"位置"、"颜色"、"字体"、"定位"以及"类型"等等。

图 4-3　"参数"选项卡

图 4-4　"参数属性"对话框

06 设置好属性的方块电路如图 4-5 所示。

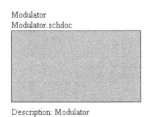

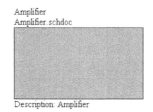

图 4-5　设置好属性的方块电路

07 选择"放置"→"添加图纸入口"菜单命令，或者单击布线工具栏中的 ▶ 按钮，放置方块图的图纸入口。此时光标变成十字形，在方块图的内部单击后，光标上出现一个图纸入口符号。移动光标到指定位置，单击放置一个入口，此时系统仍处于放置图纸入口状态，单击继续放置需要的入口。全部放置完成后，单击鼠标右键退出放置状态。

08 双击放置的入口，系统弹出"方块入口"对话框，如图 4-6 所示。在该对话框中可以设置图纸入口的属性。

● 填充色：用于设置图纸入口内部的填充颜色。单击后面的颜色块，可以在弹出的对话
框中设置颜色。

● 文本颜色：用于设置图纸入口名称文字的颜色，同样，单击后面的颜色块，可以在弹
出的对话框中设置颜色。

● 边：用于设置图纸入口在方块图中的放置位置。单击后面的下三角按钮，有 4 个选项
供选择——Left、Right、Top 和 Bottom。

● 类型：用于设置图纸入口的箭头方向。单击后面的下三角按钮，有 8 个选项供选择，
如图 4-7 所示。

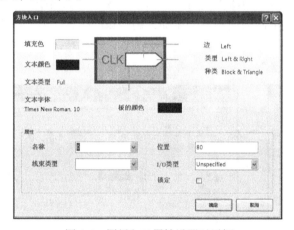

图 4-6　图纸入口属性设置对话框　　　　　图 4-7　Style 下拉菜单

● 板的颜色：用于设置图纸入口边框的颜色。

● 名称：用于设置图纸入口的名称。

● 位置：用于设置图纸入口距离方块图上边框的距离。

● I/O 类型：用于设图纸入口的输入输出类型。单击后面的下三角按钮，有 4 个选项供
选择：Unspecified、Input、Output 和 Bidirectional。

09 完成属性设置的原理图如图 4-8 所示。

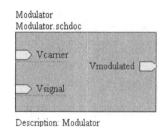

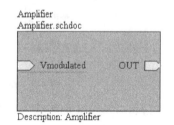

图 4-8　完成属性设置的原理图

10 使用导线将各个方块图的图纸入口连接起来，并绘制图中其他部分原理图。绘制完
成的顶层原理图如图 4-9 所示。

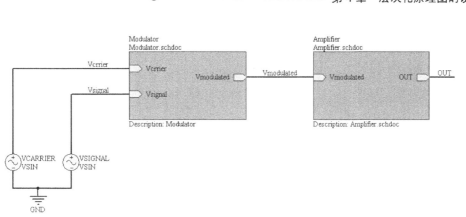

图 4-9　绘制完成的顶层电路图

2．绘制子原理图

完成了顶层原理图的绘制以后，要把顶层原理图中的每个方块对应的子原理图绘制出来，其中每一个子原理图中还可以包括方块电路。

01 选择"设计"→"产生图纸"菜单命令，光标变成十字形。移动光标到方块电路内部空白处单击。

02 系统会自动生成一个与该方块图同名的子原理图文件，并在原理图中生成了三个与方块图对应的输入输出端口，如图 4-10 所示。

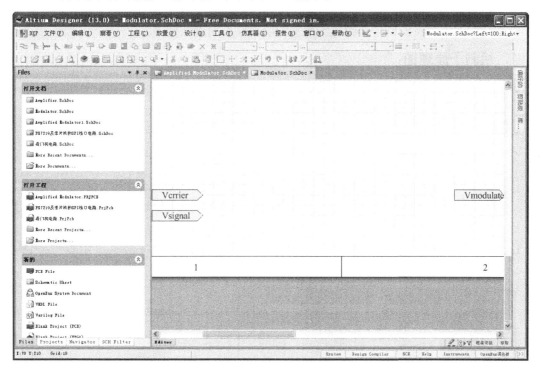

图 4-10　自动生成的子原理图

03 绘制子原理图，绘制方法与第 3 章中讲过的绘制一般原理图的方法相同。绘制完成的子原理图如图 4-11 所示。

04 采用同样的方法绘制另一张子原理图，绘制完成的原理图如图 4-12 所示。

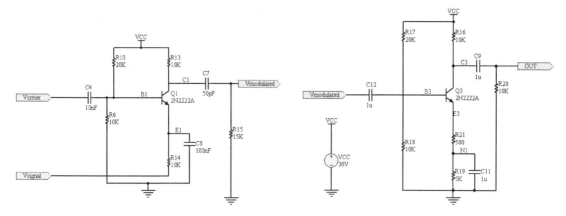

图 4-11 子原理图 Modulator.schdoc   图 4-12 子原理图 Amplifier.schdoc

4.1.2 自下而上的层次原理图设计

在设计层次原理图的时候，经常会碰到这样的情况，对丁不同功能模块的不同组合，会形成功能不同的电路系统，此时就可以采用另一种层次原理图的设计方法，即自下而上的层次原理图设计。用户首先根据功能电路模块绘制出子原理图，然后由子图生成方块电路，组合产生一个符合自己设计需要的完整电路系统。

下面仍以上一节中的例子介绍自下而上的层次原理图设计步骤。

1. 绘制子原理图

01 新建项目文件和电路原理图文件。

02 根据功能电路模块绘制出子原理图。

03 在子原理图中放置输入输出端口。绘制完成的子原理图如上节图 4-11 和图 4-12 所示。

2. 绘制顶层原理图

01 在项目中新建一个原理图文件，另存为 Amplified Modulator1.schdoc 后，选择 "设计" → "HDL 文件或原理图生成图纸符" 菜单命令，系统弹出选择文件放置对话框，如图 4-13 所示。

02 在对话框中选择一个子原理图文件后，单击 Ok 按钮，光标上出现一个方块电路虚影，如图 4-14 所示。

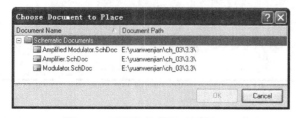

图 4-13 选择文件放置对话框

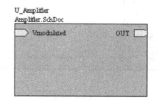

图 4-14 光标上出现的方块电路

03 在指定位置单击，将方块图放置在顶层原理图中，然后设置方块图属性。

04 采用同样的方法放置另一个方块电路并设置其属性。放置完成的方块电路如图 4-15 所示。

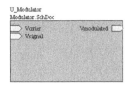

图 4-15 放置完成的方块电路

05 用导线将方块电路连接起来，并绘制剩余部分电路图。绘制完成的顶层电路图如图 4-16 所示。

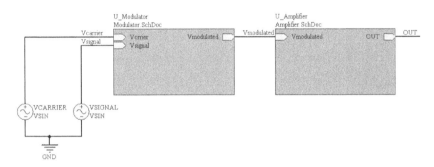

图 4-16 绘制完成的顶层电路图

4.2 层次原理图之间的切换

绘制完成的层次电路原理图中一般都包含有顶层原理图和多张子原理图。用户在编辑时，常常需要在这些图中来回切换查看，以便了解完整的电路结构。在 Altium Designer 13 系统中，提供了层次原理图切换的专用命令，以帮助用户在复杂的层次原理图之间方便地切换，实现多张原理图的同步查看和编辑。切换的方法有：用 Projects（工程）工作面板切换和用命令方式切换。

4.2.1 用 Projects 工作面板切换

打开 Projects（工程）面板，如图 4-17 所示。单击面板中相应的原理图文件名，在原理图编辑区内就会显示对应的原理图。

4.2.2 用命令方式切换

1. 由顶层原理图切换到子原理图。

01 打开项目文件，选择"工程"→Compile PCB Project Amplified Modulato-r.PRJPCB 菜单命令，编译整个电路系统。

图 4-17 Projects（工程）面板

02 打开顶层原理图，选择"工具"→"上/下层次"菜单命令，如图 4-18 所示，或者单击主工具栏中的 按钮，光标变成十字形。移动光标至顶层原理图中的欲切换的子原理图对应的方块电路，单击其中一个图纸入口，如图 4-19 所示。利用项目管理器。用户直接单击项目窗口中层次结构所要编辑的文件名即可。

图 4-18 "上/下层次"菜单命令

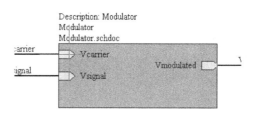

图 4-19 图纸入口

03 单击文件名后，系统自动打开子原理图，并将其切换到原理图编辑区内。此时，子原理图与前面单击的图纸入口同名的端口处于高亮状态，如图 4-20 所示。

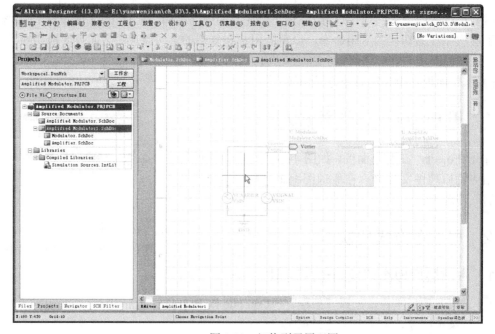

图 4-20 切换到子原理图

2. 由子原理图切换到顶层原理图

01 打开一个子原理图，选择"工具"→"上/下层次"菜单命令，或者单击主工具栏中的 ⌘ 按钮，光标变成十字形。

02 移动光标到子原理图的输入输出端口上，如图 4-21 所示。

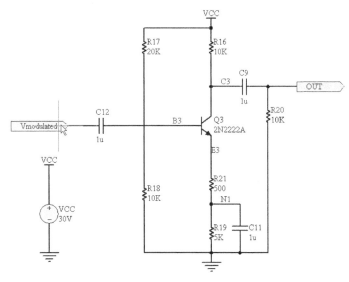

图 4-21　选择子原理图的输入输出端口

03 单击该端口，系统将自动打开并切换到顶层原理图，此时，顶层原理图中与前面单击的输入输出端口同名的端口处于高亮状态，如图 4-22 所示。

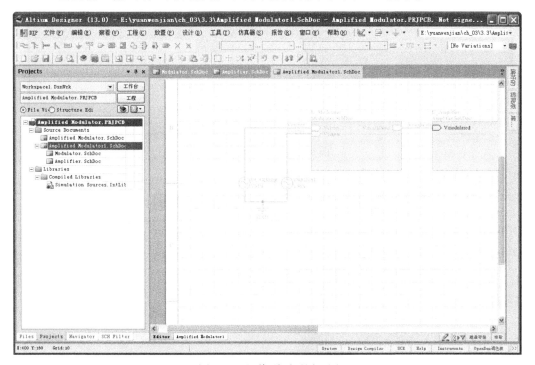

图 4-22　切换到顶层原理图

4.3 层次设计表

对于一个复杂的电路系统，可能是包含多个层次的层次电路图，此时，层次原理图的关系就比较复杂了，用户将不容易看懂这些电路图。为了解决这个问题，Altium Designer 13 提供了层次设计报表，通过报表，用户可以清楚地了解原理图的层次结构关系。

生成层次设计报表的步骤如下：

01 打开层次原理图项目文件，选择"工程"→Compile PCB Project Amplified Modulator.PRJPCB 菜单命令，编译整个电路系统。

02 选择"报告"→Report Project Hierarchy 菜单命令，系统将生成层次设计报表，如图 4-23 所示。

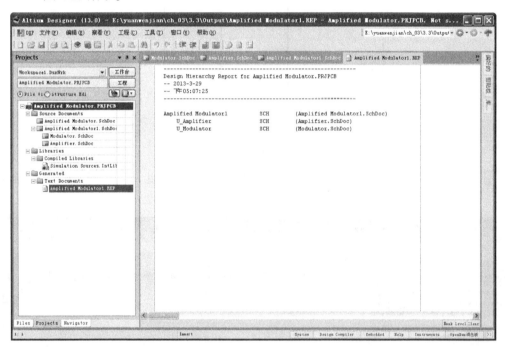

图 4-23　层次设计报表

4.4 操作实例——单片机多通道电路

本例要设计的是一个单片机多通道电路总原理图，如图 4-24 所示。将其分解成层次化原理图，先绘制上层电路图，分为单片机、逻辑电路和外围电路接口三个部分，要注意每个部分都有若干 I/O 接口；然后绘制下层电路图。

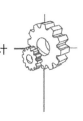

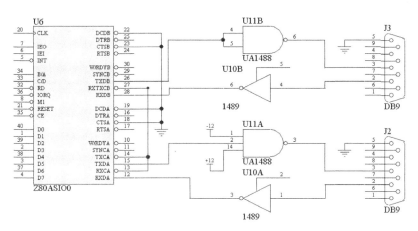

图 4-24　生成的层次设计表

在本例中将学习层次化原理图的转化方法。这是 Altium Designer 13 的高级设计功能之一。

（1）建立工作环境

01 在 Altium Designer 13 主界面中，选择"文件"→New（新建）→Project（工程）→"PCB 工程"菜单命令，然后单击右键选择"保存工程为"菜单命令将工程文件另存为"单片机多通道电路.PrjPCB"。

02 选择"文件"→New（新建）→"原理图"菜单命令，然后单击右键选择"保存为"菜单命令将新建的原理图文件另存为"单片机多通道电路.SchDoc"。

（2）加载元件库

选择"设计"→"添加/移除库"菜单命令，打开"可用库"对话框，然后在其中加载需要的元件库，本例中需要加载的元件库如图 4-25 所示。

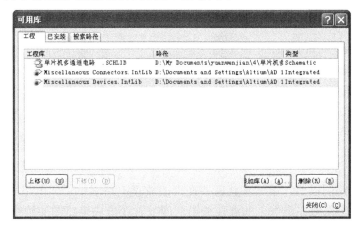

图 4-25　加载需要的元件库

（3）绘制方块电路图

选择"放置"→"图表符"菜单命令，或者单击工具栏中的按钮（放置图表符），鼠标将变为十字形状，并带有一个方块电路图标志。

01 重复绘制方块电路图的操作即可放置其他的方块电路图。单击鼠标右键或者按下 Esc 键便可退出操作。

02 双击需要设置属性的方块电路图（或在绘制状态下按 Tab 键），系统将弹出相应的方块电路图属性编辑对话框，如图 4-26 所示。

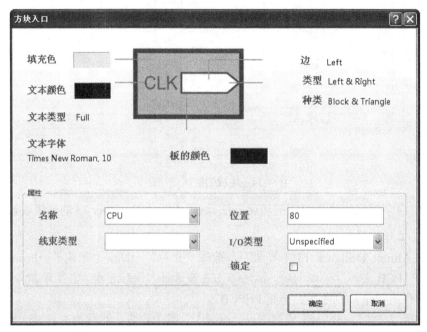

图 4-26　方块电路图属性对话框

03 在"标志"文本栏输入 CPU，在"文件名"文本栏输入 CPU.sch，单击 确定 按钮退出。

04 单击"方块符号"属性对话框的 确定 按钮退出。按照以上同样的方法放置另外三个方块电路图 Logic 和 Peripheral，并设置好相应的属性，如图 4-27 所示。

图 4-27　设置好的三个方块电路图

　　放置好方块电路图以后，下一步就需要在上面放置电路端口了。电路端口是方块电路图之间进行相互联系的信号在电气上的连接通道，应放置在方块电路图的边缘内侧。

（4）放置电路端口

01 选择"放置"→"添加图纸入口"菜单命令，或者单击工具栏中的按钮 （放置图纸入口），鼠标将变为十字形状。

02 移动鼠标到方块电路图内部，在适当的位置单击鼠标放置电路端口。

03 双击需要设置属性的电路端口（或在绘制状态下按 Tab 键），系统将弹出相应的电路端口属性编辑对话框，如图 4-28 所示，单击 确定 按钮关闭设置对话框。

04 按照同样的方法,把所有的电路端口放在合适的位置处,并一一设置好它们的属性。

（5）完成顶层原理图

使用导线或总线把每一个方块电路图上的相应电路端口连接起来,并放置好接地符号,完成顶层原理图的绘制,如图 4-29 所示。

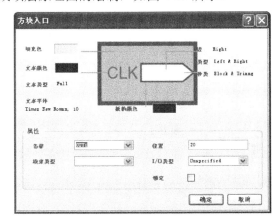

图 4-28 电路端口属性设置对话框

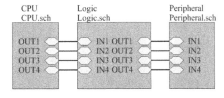

图 4-29 绘制好的顶层原理图

（6）绘制子原理图

01 选择"设计"→"产生图纸"菜单命令,这时鼠标将变为十字形状。移动鼠标在方块电路图 CPU 内部单击,系统自动生成新的原理图文件,名称为 CPU.SchDoc,与相应的方块电路图所代表的子原理图文件名一致,如图 4-30 所示。用户可以看到,在该原理图中,已经自动放置好了与 4 个电路端口方向一致的输入输出端口。

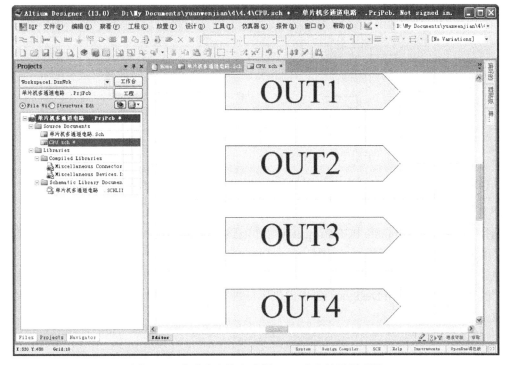

图 4-30 生成由方块电路图 CPU 建立的子原理图

02 使用普通电路原理图的绘制方法，放置各种所需的元器件并进行电气连接，完成
CPU 子原理图的绘制，如图 4-31 所示。

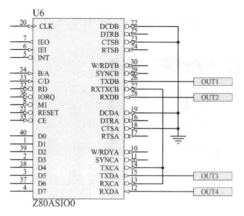

图 4-31　子原理图"CPU.SchDoc"

（7）绘制其余子原理图

使用同样的方法，重复小节（6）中的步骤，由顶层原理图中的另外两个方块电路图 Logic
和 Peripheral 建立与其相对应的两个子原理图 Logic.SchDoc 和 Peripheral.SchDoc，并且分别绘
制出来，结果如图 4-32、图 4-33 所示。

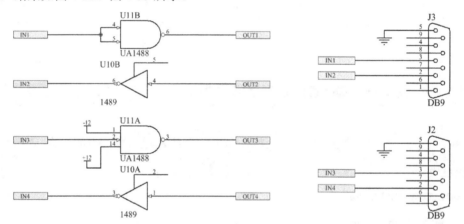

图 4-32　子原理图 Logic.SchDoc　　　　图 4-33　子原理图 Peripheral.SchDoc

这样就采用自上而下的层次电路图设计方法完成了整个单片机多通道电路原理图绘制。

（8）电路编译

选择"工程"→Compile PCB Project（编译电路板工程）菜单命令，将本设计工程编译。
完成多通道电路原理图的设计。

由于原理图中一部分电路被重复使用，因此，如果将这部分电路重复绘制多遍，将是一
项繁重的工作，在 Altium Designer 13 中提供了一种多通道原理图的设计方法，可以大大提高
工作效率。

4.5　上机实验

实验 1．将如图 4-34 所示的波峰检测电路原理图绘制成一个层次原理图。

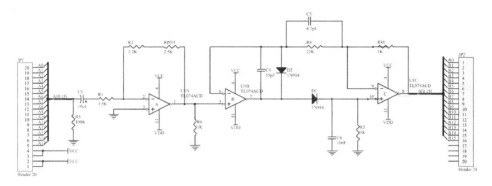

图 4-34　上机操作 1 图示

🔔 操作提示

一共有 16 个通道，每个通道都是相同的波峰检测电路。

实验 2．练习在如图 4-34 所示的层次子电路原理图间切换。

4.6　思考与练习

1．可层次化的原理图有什么特征？

2．自上而下与自下而上的设计方法的关键性步骤结果有什么分别？

3．将图 4-35 所示的视频用转换电路原理图绘制成一个层次图？

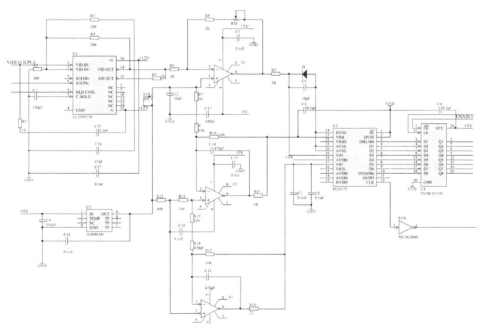

图 4-35　练习 3 图示

第 5 章

原理图的后续处理

☞ **内容指南**

原理图设计不只包括原理图绘制的方法和技巧，还有后续处理。本章将重点介绍原理图的电气规则检查、原理图的查错和编译以及打印报表输出。

☞ **知识重点**

- 原理图的电气规则检查
- 原理图的编译
- 打印报表输出

5.1 在原理图中添加 PCB 设计规则

Altium Designer 13 允许用户在原理图中添加 PCB 设计规则。当然，PCB 设计规则也可以在 PCB 编辑器中定义。不同的是，在 PCB 编辑器中，设计规则的作用范围是在规则中定义的，而在原理图编辑器中，设计规则的作用范围就是添加规则所处的位置。这样，在进行原理图设计时，可以提前将一些 PCB 设计规则定义好，以便进行下一步的 PCB 设计。

5.1.1 在对象属性中添加设计规则

编辑一个对象（可以是元件、管脚、输入输出端口或方块电路图）的属性时，在属性对话框中可以找到 `加规则(R) (R)` 按钮，单击该按钮，即可弹出如图 5-1 所示的"参数属性"对话框。

单击其中的 `编辑规则值(E) (E)...` 按钮，即可弹出如图 5-2 所示的"选择设计规则类型"对话框，在其中可以选择要添加的设计规则。

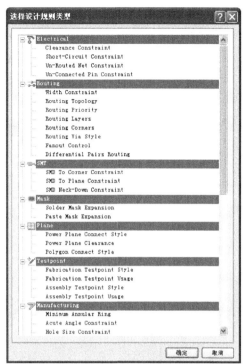

图 5-1　"参数属性"对话框　　　　图 5-2　"选择设计规则类型"对话框

5.1.2　在原理图中放置 PCB 布局标志

对于元件、管脚等对象，可以用前面讲的方法添加设计规则。而对于网络，需要在网络上放置 PCB Layout 标志来设置 PCB 设计规则。

例如，对如图 5-3 所示电路的 VCC 网络和 GND 网络添加一条设计规则，由于没有设置 VCC 和 GND，网络的走线宽度为 30mil。

01　选择"放置"→"指示"→"PCB 布局"菜单命令，即可放置 PCB 布局标志，此时按下 Tab 键，即可打开如图 5-4 所示的"参数"对话框。

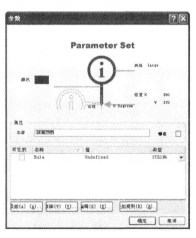

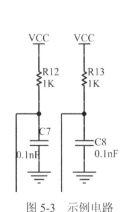

图 5-3　示例电路　　　　　　　图 5-4　"参数"对话框

123

02 单击█████按钮，系统弹出如图 5-1 所示的"参数属性"对话框。单击其中的
█████按钮，即可弹出如图 5-2 所示的"选择设计规则类型"对话框，在其中可
以选择要添加的设计规则。双击 Width Constraint（宽度约束）选项，则会弹出如图
5-5 所示的 Edit PCB Rule(From Schematic)-Max-Min Width Rule(编辑 PCB 规则(从
原理图) —最大—最小宽度原则) 对话框。其中各选项意义如下。

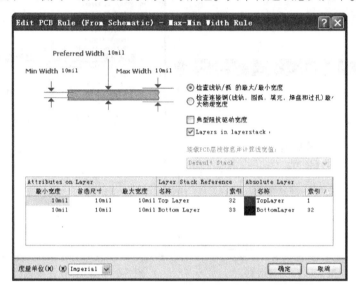

图 5-5　Edit PCB Rule（From Schematic）-Max-Min Width Rule 对话框

- 最小宽度：走线的最小宽度。
- 首选尺寸：走线首选宽度。
- 最大宽度：走线的最大宽度。

03 这里将三项都改成 30mil，单击█████按钮确认。

04 然后将修改完的 PCB 布局标志放置到相应的网络中，完成对 VCC 和 GND 网络走
线宽度的设置，效果如图 5-6 所示。

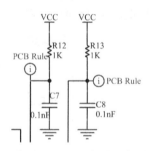

图 5-6　将 PCB Layout 标志添加到网络中

5.2　使用 List 与 Navigator 面板进行快速浏览

1．Navigator（导航）面板

Navigator（导航）面板的作用是快速浏览原理图中的元件、网络以及违反设计规则的内容等。Navigator（导航）面板是 Altium Designer 13 强大的集成功能的体现之一。

如果面板上不显示 Navigator（导航）面板，则如图 5-7（a）所示，调出 Navigator（导航）面板，当单击 Navigator（导航）面板的 交互式导航 按钮后，就会在下面的 Net/Bus 列表框中显示出原理图中的所有网络。单击其中一个网络，立即在下面的列表框中显示出与该网络相连的所有节点，同时工作区的图纸将该网络的所有元件高亮显示出来，并置于选中状态，如图 5-7（b）所示。

图 5-7（a）　调出 Navigator（导航）面板

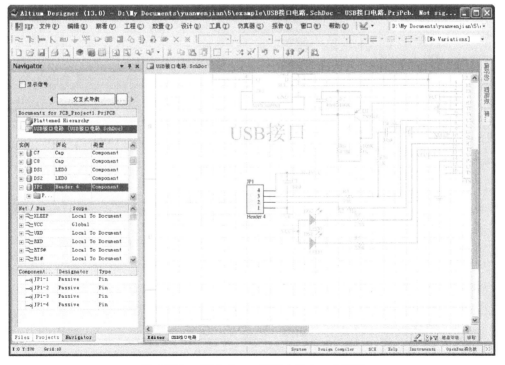

图 5-7(b)　在 Navigator 面板中选中一个网络

2. SCH Filter（SCH 过滤器）面板

SCH Filter（SCH 过滤器）面板的作用是根据所设置的过滤器，快速浏览原理图中的元件、网络以及违反设计规则的内容等，如图 5-8 所示。

下面简要介绍一下 SCH Filter（SCH 过滤器）面板。

- "考虑对象"下拉列表：用于设置查找的范围，总共有三个选项：Current Document（当前文档）、Open Document（打开文档）和 Open Document of the Same Project（打开同一工程文档）。

- Find items matching these criteria（匹配标准）输入框：用于设置过滤器，即输入查找条件，如果用户不熟悉输入语法，可以单击下面的 Helper 按钮，在弹出的 Query Helper（查询帮助）对话框的帮助下输入过滤器逻辑语句，如图 5-9 所示。

图 5-8　SCH Filter 面板

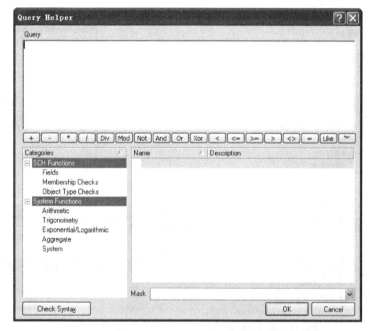

图 5-9　Query Helper 对话框

- Favorites 按钮：用于显示并载入收藏的过滤器，单击此按钮可以弹出收藏过滤器记录窗口。

- History 按钮：用于显示并载入曾经设置过的过滤器，可以大大提高搜索效率。单击此按钮后即弹出如图 5-10 所示的过滤器历史记录窗口，移动鼠标选中其中一个记录后，单击它即可实现过滤器的加载。单击 Add To Favorites 按钮可以将历史记录过滤器添加到收藏夹。

- Select（选择）复选框：用于设置是

图 5-10　过滤器历史记录窗口

否将匹配条件的元件置于选中状态。

- Zoom（放大）复选框：用于设置是否将匹配条件的元件进行放大显示。
- Deselect（取消）复选框：用于设置是否将不匹配条件的元件置于取消选中状态。
- Mask out（屏蔽）复选框：用于设置是否将不匹配条件的元件进行屏蔽。
- ▶ Apply 按钮：用于启动过滤查找。

5.3　元件的过滤

在进行原理图或 PCB 设计时，用户经常希望能够查看并且编辑某些对象，但是在复杂的电路中，尤其是在进行 PCB 设计时，要将某个对象从中区分出来是十分困难的。

因此，Altium Designer 13 提供了一个十分人性化的过滤功能。经过过滤后，被选定的对象将清晰地显示在工作窗口中，而其他未被选定的对象则呈现为半透明状。同时，未被选定的对象也将变成为不可操作状态，用户只能对选定的对象进行操作。

1. 使用 Navigator（导航）面板

在原理图编辑器或 PCB 编辑器的 Navigator（导航）面板中，单击一个项目，即可在工作窗口中启用过滤功能，后面将进行详细的介绍。

2. 使用 List（列表）面板

在原理图编辑器或 PCB 编辑器的 List（列表）面板中使用查询功能时，查询结果将在工作窗口中启用过滤功能，后面将进行详细的介绍。

3. 使用 PCB（PCB 面板）工具条

使用 PCB（PCB 面板）工具条可以对 PCB 工作窗口的过滤功能进行管理。例如，在 PCB 面板中有三个选项栏，第一个选项栏中列出了 PCB 板中所有的网络类，单击"<All Nets>"选项；第二个选项栏中列出了该网络类中包含的所有网络，单击 GND 网络；构成该网络的所有元件显示在第三个选项栏中，选中"选择"复选框，则 GND 网络将以高亮显示，如图 5-11所示。

在 PCB 面板中对于高亮网络有 Normal（正常）、Mask（遮挡）和 Dim（变暗）3 种显示方式，用户可通过面板中的下拉列表框进行选择。

- Normal（正常）：直接高亮显示用户选择的网络或元件，其他网络及元件的显示方式不变。
- Mask（遮挡）：高亮显示用户选择的网络或元件，其他元件和网络以遮挡方式显示（灰色），这种显示方式更为直观。
- Dim（变暗）：高亮显示用户选择的网络或元件，其他元件或网络按色阶变暗显示。

对于显示控制，有三个选项，即 Select（选择）、Zoom（缩放）和 Clear Existing（清除现有的）。

- Select（选择）：选中该复选框，在高亮显示的同时选中用户选定的网络或元件。

- Zoom（缩放）：选中该复选框，系统会自动将网络或元件所在区域完整地显示在用户可视区域内。如果被选网络或元件在图中所占区域较小，则会放大显示。
- Clear Existing（清除现有的）：选中该复选框，在用户选择显示一个新的网络或元件时，上一次高亮显示的网络或元件会消失，与其他网络或元件一起按比例降低亮度显示。不选中该复选框时，上一次高亮显示的网络或元件仍然以较暗的高亮状态显示。

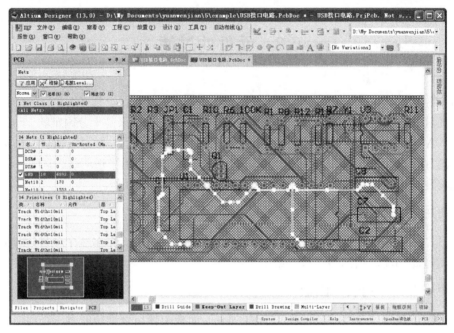

图 5-11　选择 GND 网络

4. 使用"过滤"菜单

在编辑器中按<Y>键，即可弹出 Filter（过滤）菜单，如图 5-12 所示。

图 5-12　"过滤"菜单

"过滤"菜单中列出了 10 种常用的查询关键字，另外也可以选择其他的过滤操作元语，并加上适当的参数，如 InNet(GND)。

5．过滤的调节和清除

单击 PCB 工作窗口右下角的"过滤等级"选项卡，即可对过
滤的透明度进行调解，如图 5-13 所示。

单击 PCB 工作窗口右下角的"清除"选项卡，或用快捷键
<Shift>+<C>，或者单击"PCB 标准"工具栏中的按钮，
即可清除过滤显示。

图 5-13　调节过滤的透明度

5.4　原理图的查错及编译

Altium Designer 13 可以对原理图的电气连接特性进行自动检查，检查后的错误信息将在
Messages（信息）工作面板中列出，同时也在原理图中标注出来。用户可以对检测规则进行
设置，然后根据面板中所列出的错误信息对原理图进行修改。

提　示

原理图的自动检测机制只是按照用户所绘制原理图中的连接进行检测，系统并不知道
原理图到底要设计成什么样子，所以如果检测后的 Messages（信息）工作面板中并无
错误信息出现，并不表示该原理图的设计完全正确。用户还需将网络表中的内容与所
要求的设计反复对照和修改，直到完全正确为止。

5.4.1　原理图的自动检测设置

原理图的自动检测可在"工程选项"中设置。选择"工程"→"工程参数"菜单命令，
系统打开 Options for PCB Project（PCB 工程选项）对话框，如图 5-14 所示。所有与工程有关
的选项都可以在此对话框中设置。

工程选项中包括很多的选项卡。

- Error Reporting（错误报告）选项卡：设置原理图的电气检测法则。当进行文件的编译
  时，系统将根据此选项卡中的设置进行电气法则的检测。

- Connection Matrix（连接检测）选项卡：设置电路连接方面的检测法则。当对文件进
  行编译时，通过此选项卡的设置可以对原理图中的电路连接进行检测。

- Classes Generation（生成分类）选项卡：进行自动生成分类的设置。

- Comparator（比较）选项卡：设置比较器。当两个文档进行比较时，系统将根据此选
  项卡中的设置进行检查。

- ECO Generation（ECO 变更）选项卡：设置工程变更命令。依据比较器发现的不同，在此
  选项卡进行设置来决定是否导入改变后的信息，大多用于原理图与 PCB 间的同步更新。

- Options（选项）选项卡：在该选项卡中可以对文件输出、网络报表和网络标号等相关
  信息进行设置。

- Multi-Channel（多通道）选项卡：进行多通道设计的相关设置。

- Default Prints（默认打印）选项卡：设置默认的打印输出（如网络表、仿真文件、原
  理图文件以及各种报表文件等）。

- Search Paths（搜索路径）选项卡：进行搜索路径的设置。
- Parameters（参数）选项卡：进行工程文件参数的设置。

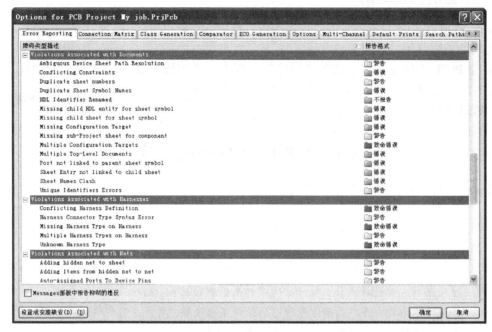

图 5-14 Options for PCB Project 对话框

在该对话框中的各项设置中，与原理图检测有关的主要是指 Error Reporting（错误报告）选项卡、Connection Matrix（连接检测）选项卡和 Comparator（比较）选项卡。当对工程进行编译操作时，系统会根据该对话框中的设置进行原理图的检测，系统检测出的错误信息将在 Messages（信息）工作面板中列出。

1．Error Reporting 选项卡的设置

切换到 Error Reporting（错误报告）选项卡，在该选项卡中可以对各种电气连接错误的等级进行设置。

该选项卡中的电气错误类型检查主要分为以下 6 类。

（1）Violations Associated with Buses——总线指示错误。

- Bus indices out of range：总线分支超出范围错误。总线和总线分支线共同完成电气连接。如果定义总线的网络标号为 D [0…7]，则当存在 D8 以及 D8 以上的总线分支线时将违反该规则。
- Bus range syntax errors：用户可以通过放置网络标号的方式对总线进行命名。当总线命名存在语法错误时将违反该规则。例如，定义总线的网络标号为 D[0…]时将违反该规则。
- Illegal bus definition：非法的总线定义。
- Illegal bus range values：非法的总线排列值。
- Mismatched bus label ordering：总线分支线错误排列。当总线分支线的方向不一致时将违反该规则。
- Mismatched bus widths：总线宽度不匹配。

- Mismatched Bus-Section index ordering: 总线指示错误排序。
- Mismatched Bus/Wire object in Wire/Bus: 总线上放置了与总线不匹配的对象。
- Mismatched electrical types on bus: 总线上电气类型错误。总线上不能定义电气类型，否则将违反该规则。
- Mismatched Generics on bus(First Index): 总线范围值的首位错误。总线首位应与总线分支线的首位对应，如果不满足将违反该规则。
- Mismatched Generics on bus(Second Index): 总线范围值的末位错误。
- Mixed generic and numeric bus labeling: 总线网络名称出现错误，采用了数字和符号的混合编号。

（2）Violations Associated with Components 栏——元件电气连接错误类型。

- Component Implementations with duplicate pins usage: 原理图中元件的管脚被重复使用了。
- Component Implementations with invalid pin mappings: 出现了非法的元件封装管脚。元件的管脚应与管脚的封装一一对应，不匹配时将违反该规则。
- Component Implementations with missing pins in sequence: 元件丢失管脚。
- Components containing duplicate sub-parts: 元件中包含了重复的子元件。
- Components with duplicate Implementations: 在一个原理图中元件被重复使用。
- Components with duplicate pins: 元件中出现了重复的管脚。
- Duplicate Component Models: 一个元件被定义了多种重复模型。
- Duplicate Part Designators: 存在重复的元件标号。
- Errors in Component Model Parameters: 元件模型中出现参数错误。
- Extra pin found in component display mode: 元件显示模型中出现多余的管脚。
- Mismatched hidden pin connections: 隐藏管脚的电气连接存在错误。
- Mismatched pin visibility: 原理图中管脚的可视性与用户的设置不匹配。
- Missing Component Model Parameters: 元件模型参数丢失。
- Missing Component Models: 元件模型丢失。
- Missing Component Models in Model Files: 元件模型在所属库文件中找不到。
- Missing pin found in component display mode: 元件的显示模型中缺少某一管脚。
- Models Found in Different Model Locations: 元件模型在另一路径而不是在指定路径中找到。
- Sheet Symbol with duplicate entries: 方块电路图中出现了重复的端口。为防止该规则被违反，建议用户在进行层次原理图的设计时，在单张原理图上采用网络标号的形式建立电气连接，而不同的原理图间采用端口建立电气连接。
- Un-Designated parts requiring annotation: 未被标号的元件需要分开标号。
- Unused sub-part in component: 集成元件的某一部分在原理图中未被使用。通常对未被使用的部分采用管脚空的方法，即不进行任何的电气连接。

（3）Violations Associated with Documents 栏——文档的关联错误记录。

- Conflicting Constraints: 互相冲突的制约属性。
- Duplicate sheet numbers: 重复的图纸编号。
- Duplicate sheet Symbol names: 层次原理图中出现了重复的方块电路图。
- Missing child sheet for sheet symbol: 方块电路图中缺少对应的子原理图。

- Missing Configuration Target: 缺少任务配置。
- Missing sub-Project sheet for component: 元件丢失子工程。有些元件可以定义子工程，当定义的子工程在固定的路径中找不到时将违反该规则。
- Multiple Configuration Targets: 出现多重任务配置。
- Multiple Top-Level Documents: 多重一级文档。
- Port not linked to parent sheet symbol: 子原理图中电路端口与主方块电路中端口间的电气连接错误。
- Sheet Entry not linked child sheet: 电路端口与子原理图间存在电气连接错误。

（4）Violations Associated with Nets 栏——网络电气连接错误类型。

- Adding hidden net to sheet: 原理图中出现隐藏的网络。
- Adding Items from hidden net to net: 从隐藏网络添加工程到已有网络中。
- Auto-Assigned Ports To Device Pins: 自动分配端口到器件管脚。
- Duplicate Nets: 原理图中出现了重复的网络。
- Floating net labels: 原理图中出现悬空的网络标号。
- Floating power objects: 原理图中出现了悬空的电源符号。
- Global Power-Object scope changes: 全局的电源符号错误。
- Net Parameters with no name: 有未命名的网络参数。
- Net Parameters with no value: 网络属性中缺少赋值。
- Nets containing floating input pins: 网络中包含悬空的输入管脚。
- Nets containing Multiple Similar Objects: 网络中包含多个类似的工程。
- Nets with multiple names: 存在多种网络命名。
- Nets with no driving source: 网络中没有驱动源。
- Nets with only one pin: 一个网络只存在一个管脚。
- Nets with possible connection problems: 网络中存在连接错误。
- Sheets containing duplicate ports: 原理图中包含重复的端口。
- Signals with multiple drivers: 信号存在多个驱动源。
- Signals with no driver: 信号没有驱动源。
- Signals with no load: 信号缺少负载。
- Unconnected objects in net: 网络中的元件出现未连接的工程。
- Unconnected wires: 原理图中存在没有电气连接的导线。

（5）Violations Associated with Others 栏——其他的电气连接错误。

- No Error: 没有连接错误。
- Object not completely within sheet boundaries: 对象超出了原理图的范围将违反此规则，可以通过改变图纸大小的设置来解决。
- Off-grid object(O.O5 grid): 对象没有处在格点的位置上将违反该规则。使元件处在格点的位置有利于元件电气连接特性的完成。

（6）Violations Associated with Parameters 栏——参数错误类型。

- Same parameter containing different types: 相同的参数被设置了不同的类型。

● Same parameter containing different values: 相同的参数被设置了不同的值。

Error Reporting（错误报告）选项卡的设置一般采用系统的默认设置。但针对一些特殊的设计，用户则需对以上各项的含义有一个清楚的了解。如果想改变系统的设置，则应单击每栏右侧的 Report Mode 项进行选择，这里有 4 种选择：No Report（不显示错误）、Warning（警告）、Error（错误）和 Fatal Error（严重的错误）。系统出现错误时是不能导入网络表的，用户可以在这里设置忽略一些检测规则。

2．Connection Matrix（连接检测）选项卡

在该选项卡中，用户可以定义一切与违反电气连接特性有关报告的错误等级，特别是元件管脚、端口和方块电路图上端口的连接特性。当对原理图进行编译时，错误的信息将在原理图中显示出来。要想改变错误等级的设置，单击对话框中的颜色块即可，每单击一次改变一次。与 Error Reporting（错误报告）选项卡一样，这里也有 4 种错误等级：No Report（不显示错误）、Warning（警告）、Error（错误）和 Fatal Error（严重的错误）。在该选项卡的任何空白区域中单击鼠标右键将弹出一个快捷菜单，可以键入各种特殊形式的设置，如图 5-15 所示。当对工程进行编译时，该选项卡的设置与 Error Reporting（错误报告）选项卡中的设置将共同对原理图进行电气特性的检测。所有违反规则的连接将以不同的错误等级在 Messages（信息）面板中显示出来。单击 设置成安装缺省(D) (D) 按钮即可恢复系统的默认设置。对于大多数的原理图设计保持默认的设置即可，但对于特殊原理图的设计用户则需进行必要的改动。

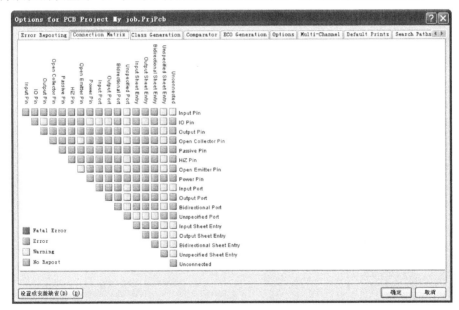

图 5-15　Connection Matrix 选项卡的设置

5.4.2　原理图的编译

对原理图各种电气错误等级设置完毕后，用户便可以对原理图进行编译操作，随即进入原理图的调试阶段。选择"工程"→Compile Document（编译文件）菜单命令即可进行文件的编译。

文件编译后，系统的自动检测结果将出现在 Messages（信息）面板中。

打开 Messages（信息）面板有以下三种方法。

（1）选择"察看"→"工作区面板"→System（系统）→Messages（信息）菜单命令，如图 5-16 所示。

图 5-16　打开 Messages 面板的菜单操作

（2）单击工作窗口右下角的 System（系统）选项卡，然后选择 Messages（信息）菜单选项，如图 5-17 所示。

（3）在工作窗口中单击鼠标右键，在弹出的快捷菜单中选择"工作区面板"→System（系统）→Messages（信息）菜单选项，如图 5-18 所示。

图 5-17　选项卡操作

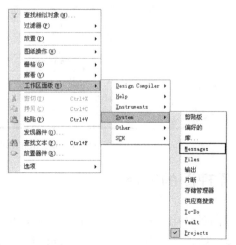

图 5-18　打开 Messages 面板的右键操作

5.4.3　原理图的修正

当原理图绘制无误时，Messages（信息）面板中将为空。当出现错误的等级为 Error（错误）或 Fatal Error（致命错误）时，Messages（信息）面板将自动弹出。错误等级为 Warning（警告）时，用户需自己打开 Messages（信息）面板对错误进行修改。

下面以如图 5-19 所示的"音量控制电路.SchDoc"为例，介绍原理图的修正操作步骤，原理图中 A 点和 B 点应该相连接，在进行电气特性的检测时该错误将在 Messages（信息）面板中出现。

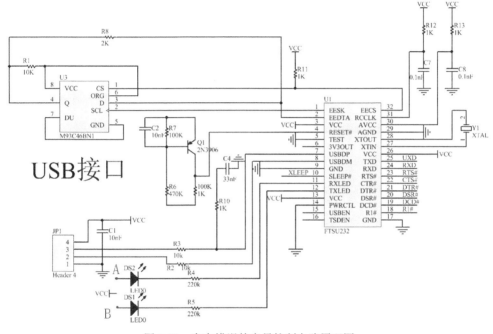

图 5-19　存在错误的音量控制电路原理图

具体的操作步骤如下：

01　单击随书光盘中的"USB 接口电路.PrjPCB"原理图选项卡，使该原理图处于激活状态。

02　在该原理图的自动检测 Connection Matrix（连接检测）选项卡中，将纵向的 Unconnected（未连接）和横向的 Passive Pin（无源管脚）相交颜色块设置为褐色的 Error 错误等级，如图 5-20 所示，然后单击 确定 按钮关闭该对话框。

03　选择"工程"→"Compile Document USB 接口电路.SchDoc"（编译文件 USB 接口电路.SchDoc）菜单命令，对该原理图进行编译。这时 Message（信息）面板将出现在工作窗口的下方，如图 5-21 所示。

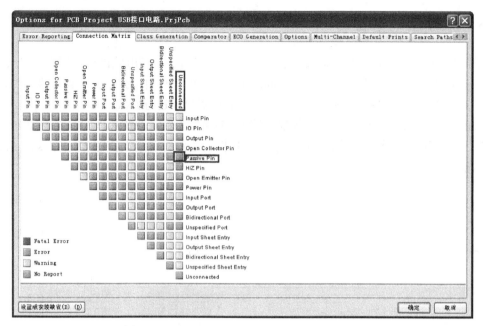

图 5-20　对 Connection Matrix 选项卡进行设置

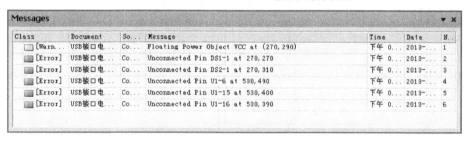

图 5-21　编译后的 Messages 面板

04 在 Message（信息）面板中双击错误选项将弹出 Compile Errors（编译错误）面板，如图 5-22 所示，列出了该项错误的详细信息。同时，工作窗口将弹出条状窗口显示该对象信息。除了该对象外，其他所有对象处于掩盖状态，跳转后只有该对象可以进行编辑。

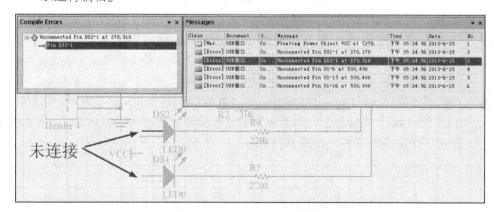

图 5-22　Compile Errors 面板

05 选择"放置"→"线"菜单命令或者单击工具栏中的 （放置线）按钮添加导线。

06 重新对原理图进行编译，检查是否还有别的错误。

07 保存调试成功的原理图。

5.5 打印与报表输出

Altium Designer 13 具有丰富的报表功能，可以方便地生成各种不同类型的报表。

5.5.1 打印输出

为方便原理图的浏览、交流，经常需要将原理图打印到图纸上。Altium Designer 13 提供了直接将原理图打印输出的功能。

在打印之前首先进行页面设置。选择"文件"→"页面设置"菜单命令，即可弹出 Schematic Print Properties（示意图打印性能）对话框，如图 5-23 所示。

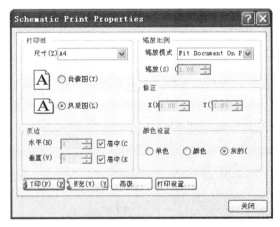

图 5-23　Schematic Print Properties 对话框

其中各项设置说明如下。

1."打印纸"选项组

在该选项组设置纸张，具体包括以下几个选项。

- 尺寸：选择所用打印纸的尺寸。
- 肖像图：选中该单选框，将使图纸竖放。
- 风景图：选中该单选框，将使图纸横放。

2."页边"选项组

设置页边距，共有下面两个选项：

- 水平：设置水平页边距。
- 垂直：设置垂直页边距。

3．"缩放比例"选项组

设置打印比例，有下面两个选项。

- "缩放模式"下拉菜单：选择比例模式，有下面两种选择。选择 Fit Document On Page，系统自动调整比例，以便将整张图纸打印到一张图纸上。选择 Scaled Print，由用户自己定义比例的大小，这时整张图纸将以用户定义的比例打印，有可能是打印在一张图纸上，也有可能打印在多张图纸上。
- "缩放"微调框：当选择 Scaled Print 模式时，用户可以在这里设置打印比例。

4．"修正"选项组

修正打印比例。

5．"颜色设置"选项组

设置打印的颜色，有三种选择：Mono（单色）、Color（彩色）和 Gray（灰度）。

6．"打印"按钮

单击 预览(V) 按钮，可以预览打印效果。

单击 打印设置... 按钮，可以进行打印机设置，如图 5-24 所示。

图 5-24　打印机设置对话框

设置、预览完成后，即可单击 打印(P) 按钮，打印原理图。此外，选择"文件"→"打印"菜单命令，或单击工具栏中的 按钮，也可以实现打印原理图的功能。

5.5.2　网络表

网络表有多种格式，通常为一个 ASCII 码的文本文件，网络表用于记录和描述电路中的各个元件的数据以及各个元件之间的连接关系。

具体来说，网络表包括两种，一种是基于单个原理图文件的网络表，另一种则是基于整个工程的网络报表。

5.5.3　基于整个工程的网络表

下面首先以某"USB 接口电路.PrjPCB"为例，介绍工程网络表的创建及特点。在创建网络表之前，首先应该进行简单的选项设置。

1．网络表选项设置

01 打开随书光盘中的工程文件"USB 接口电路.PrjPCB"，并打开其中的电路原理图文件。

02 选择"工程"→"工程参数"菜单命令，打开工程管理选项对话框。单击 Options 选项卡，打开"选项"选项卡，如图 5-25 所示。在该选项卡内可以进行网络表的有关选项设置。本例中，使用系统默认的设置即可。

图 5-25　Options 选项卡

- "输出路径"文本框：用于设置各种报表（包括网络表）的输出路径，系统会根据当前工程所在的文件夹自动创建默认路径。在图 5-25 中，系统默认路径为："D:\My Documents\yuanwenjian\5\example\Project Outputs for USB 接口电路"。单击右边的 图标，可以对默认路径进行更改。
- "输出选项"：用来设置网络表的输出选项。这里保持默认设置即可。
- "网络表选项"选项组：用于设置创建网络表的条件。
  - ➢ "允许端口命名网络"复选框：该复选框用于设置是否允许用系统产生的网络名代替与电路输入、输出端口相关联的网络名。如果所设计的工程只是普通的原理图文件，不包含层次关系，可选中该复选框。
  - ➢ "允许方块电路入口命名网络"复选框：该复选框用于设置是否允许用系统产生的网络名代替与图纸入口相关联的网络名，系统默认选中。
  - ➢ "允许单独的管脚网络"复选框：用于设置生成网络表时，是否允许系统自动将管脚号添加到各个网络名称中。

> ➢ "附加方块电路数目到本地网络"复选框：该复选框用于在产生网络表时，设置是否允许系统自动将图纸号添加到各个网络名称中。当一个工程中包含多个原理图文档时，选中该复选框，便于查找错误。

> ➢ "高水平名称取得优先权"复选框：该复选框用于在产生网络时，设置以什么样的优先权排序。选中该复选框，系统以命令的等级决定优先权。

> ➢ "电源端口名称取得优先权"复选框：该复选框功能同上。选中该复选框，系统对电源端口给与更高的优先权。

03 创建工程网络表。选择"设计"→"工程的网络表"→Protel（生成原理图网络表）菜单命令，如图 5-26 所示。

图 5-26　创建工程网络表菜单命令

04 系统自动生成了当前工程的网络表文件"USB 接口电路.NET"，并存放在当前工程下的"Generated \Netlist Files"文件夹中。双击打开该工程网络表文件"USB 接口电路.NET"，结果如图 5-27 所示。

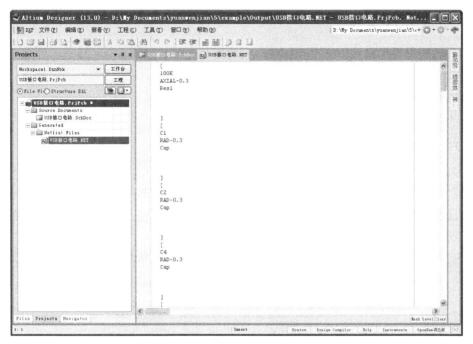

图 5-27　创建工程的网络表文件

该网络表是一个简单的 ASCII 码文本文件，由一行一行的文本组成。内容分成了两大部分，一部分是元件的信息，另一部分则是网络的信息。

元件的信息由若干小段组成，每一元件的信息为一小段，用方括号分隔，由元件的标识、封装形式、型号、数值等组成，空行则是由系统自动生成的。

网络的信息同样由若干小段组成，每一网络的信息为一小段，用圆括号分隔，由网络名称和网络中所有具有电气连接关系的元件管脚所组成。

5.5.4　基于单个原理图文件的网络表

下面以某实例工程"USB 接口电路.PrjPCB"中一个原理图文件"USB 接口电路.SchDoc"为例，介绍基于单个原理图文件网络表的创建。

01 打开随书光盘中的工程"USB 接口电路.PrjPCB"中的原理图文件"USB 接口电路 USB 接口电路.SchDoc"。

02 选择"设计"→"文件的网络表"→Protel（生成原理图网络表）菜单命令。

03 系统自动生成了当前原理图的网络表文件"USB 接口电路.NET"，并存放在当前工程下的"Generated\Netlist Files"文件夹中。双击打开该原理图的网络表文件"USB 接口电路.NET"。

该网络表的组成形式与上述基于整个工程的网络表是一样的，在此不再重复。

由于该工程只有一个原理图文件，因此，基于原理图文件的网络表"USB 接口电路.NET"与基于整个工程的网络表所包含的内容完全相同。

5.5.5 生成元件报表

元器件报表主要用来列出当前工程中用到的所有元件的标识、封装形式、库参考等，相当于一份元器件清单。依据这份报表，用户可以详细查看工程中元件的各类信息，同时，在制作印制电路板时，也可以作为元件采购的参考。

下面仍然以工程"USB 接口电路.PrjPcb"为例，介绍元器件报表的创建过程及功能特点。

1. 元件报表的选项设置

（1）打开随书光盘中的工程"USB 接口电路.PrjPCB"中的原理图文件"音乐闪光灯电路.SchDoc"。

（2）选择"报告"→Bill of Materials（材料清单）菜单命令，系统弹出相应的元件报表对话框，如图 5-28 所示。

图 5-28　元件报表对话框

（3）在该对话框中，可以对要创建的元器件报表进行选项设置。左边有两个列表框，它们的含义不同。

- "聚合的纵队"：用于设置创建网络表的条件。该列表框用于设置元件的归类标准。可以将"全部纵队"中的某一属性信息拖到该列表框中，则系统将以该属性信息为标准，对元件进行归类，显示在元器件报表中。
- "全部纵队"：该列表框列出了系统提供的所有元件属性信息，如 Description（元件描述信息）、Component Kind（元件类型）等。对于需要查看的有用信息，选中右边与之对应的复选框，即可在元器件报表中显示出来。在图 5-28 中，使用了系统的默认设置，即只选中了 Comment（说明）、Description（描述）、Designator（标示）、Footprint（管脚）、LibRef（参照库）和 Quantity（查询）6 项。

例如，选择了"全部纵队"中的 Description（描述）选项，单击将该项拖到 Grouped Columns（归类条件）列表框中。此时，所有描述信息相同的元件被归为一类，显示在右边元器件列表中，如图 5-29 所示。

图 5-29　元件归类显示

另外，在右边元器件列表的各栏中，都有下拉按钮，单击该按钮，同样可以设置元器件列表的显示内容。

例如，单击元件列表中 Description（描述）栏的下拉按钮 ▼，则会弹出如图 5-30 所示的下拉列表。

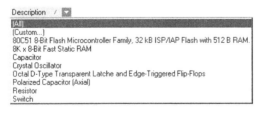

图 5-30　Description 列表

在下拉列表中，可以选择 All（显示全部元件），也可以选择 Custom（以定制方式显示），还可以只显示具有某一具体描述信息的元件。例如，本例选择了 Capacitor，则相应的元件列表如图 5-31 所示。

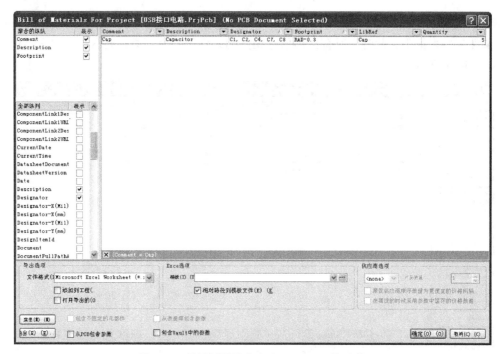

图 5-31 只显示描述信息为 Capacitor 的元件

在列表框的下方，还有若干选项和按钮，功能如下。

- "文件格式"下拉列表：用于为元件报表设置文件输出格式。单击右边的下拉按钮▼，可以选择不同的文件输出格式。有多个选项供用户选择，如 CVS 格式、文本格式、Excel 格式、电子表格等。
- "添加到工程"复选框：若选中该复选框，则系统在创建了元件报表之后会将报表直接添加到工程里面。
- "打开导出的"复选框：若选中该复选框，则系统在创建了元器件报表以后，会自动以相应的应用程序打开。
- "模板"下拉列表：用于为元件报表设置显示模板。单击右边的下拉按钮▼，可以使用曾经用过的模板文件，也可以单击⋯按钮重新选择，选择时，如果模板文件与元件报表在同一目录下，则可以选中下边的"相对路径到模板文件"复选框，使用相对路径搜索，否则应该使用绝对路径搜索。
- "菜单"按钮：单击该按钮，会弹出如图 5-32 所示的环境设置快捷菜单。由于该菜单中的各项命令比较简单，在此不再一一介绍，用户可以自己练习操作。

图 5-32 "菜单"快捷菜单

- "输出"按钮：单击该按钮，可以将元器件报表保存到指定的文件夹中。

设置好元件报表的相应选项后，就可以进行元件报表的创建、显示及输出了。元件报表可以以多种格式输出，但一般选择 Excel 格式。

2．元件报表的创建

01　单击 菜单(D)(M) 按钮，执行弹出菜单中的"报告"菜单命令，则弹出元件"报告预览"对话框，如图 5-33 所示。

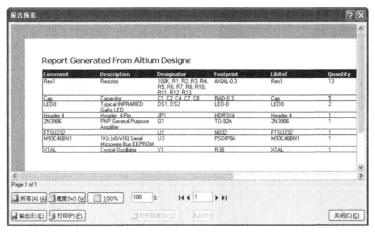

图 5-33　"报告预览"对话框

02　单击 输出(E)(E) 按钮，可以将该报表进行保存，默认文件名为"USB 接口电路.xls"，是一个 Excel 文件。单击 打印(P)(P) 按钮，则可以将该报表进行打印输出。

03　在元件报表对话框中，单击 Template 下拉列表后面的 按钮，在"D:\Program Files\AD13\Template"目录下选择系统自带的元件报表模板文件 BOM Default Template.XLT，如图 5-34 所示。

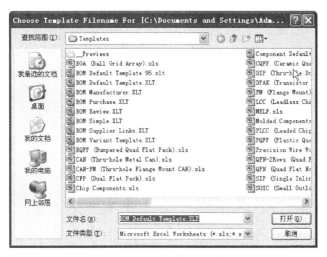

图 5-34　选择元件报表模板

04　单击 打开(O) 按钮后，返回元件报表对话框。单击 关闭(C)(C) 按钮，退出对话框。

此外，Altium Designer 13 还为用户提供了建议的元件报表，不需要进行设置即可产生。

选择"报告"→Simple BOM（简单 BOM 表）菜单命令，则系统同时产生两个文件"USB 接口电路.BOM"和"USB 接口电路.CSV"，并加入到工程中，如图 5-35 所示。

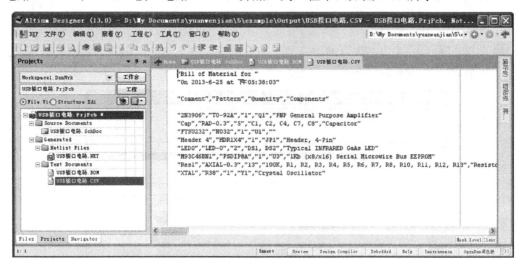

图 5-35　简易元件报表

5.6　操作实例——汽车多功能报警器电路

本例要设计的是汽车多功能报警器电路，如图 5-36 所示。即当系统检测到汽车出现各种故障时进行语音提示报警。其中，前轮视频信号需要进行数字处理，在每个语音组合中加入 200ms 的静音。过程如下：左前轮、右前轮、左后轮、右后轮、胎压过低、胎压过高、请换电池、叮咚。采用并口模式控制电路。

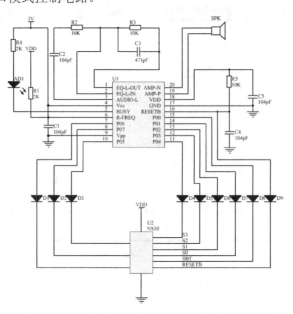

图 5-36　汽车多功能报警器电路

在本例中，主要学习原理图绘制完成后的原理图编译和打印输出。

（1）建立工作环境

01 在 Altium Designer 13 主界面中，选择"文件"→New（新建）→Project（工程）→"PCB 工程"菜单命令，然后单击右键选择"保存工程为"菜单命令将新建的工程文件保存为"汽车多功能报警器电路.PrjPCB"。

02 选择"文件"→New（新建）→"原理图"菜单命令，然后单击右键选择"保存为"菜单命令将新建的原理图文件保存为"汽车多功能报警器电路.SchDoc"。

（2）加载元件库

选择"设计"→"添加/移除库"菜单命令，打开"可用库"对话框，然后在其中加载需要的元件库。本例中需要加载的元件库如图 5-37 所示。

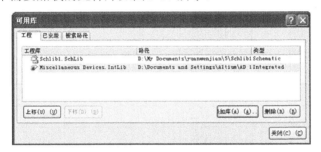

图 5-37　加载需要的元件库

（3）放置元件

在 Schlib1.SchLib 元件库找到 NV020C 芯片、NS10 芯片，在 Miscellaneous Devices.IntLib 元件库找到电阻、电容、二极管等元件，放置在原理图中，如图 5-38 所示。

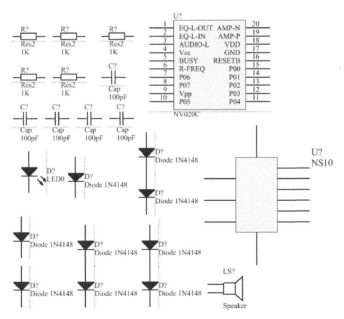

图 5-38　完成放置元件

（4）元件属性清单

元件属性清单包括元件的编号、注释和封装形式等，本例电路图的元件属性清单如表 5-1
所示。

表5-1　元件属性清单

编号	注释/参数值	封装形式
U1	NV020C	DIP20
U2	NS10	HDR1X11
C1	104pF	RAD-0.3
C2	104pF	RAD-0.3
C3	471pF	RAD-0.3
C4	104pF	RAD-0.3
C5	104pF	RAD-0.3
D1	Diode 1N4148	D0-35
D2	Diode 1N4148	D0-35
D3	Diode 1N4148	D0-35
D4	Diode 1N4148	D0-35
D5	Diode 1N4148	D0-35
D6	Diode 1N4148	D0-35
D7	Diode 1N4148	D0-35
D8	Diode 1N4148	D0-35
D9	Diode 1N4148	D0-35
AD1	LED0	LED-0
R1	2KΩ	AXIAL-0.4
R2	10KΩ	AXIAL-0.4
R3	10KΩ	AXIAL-0.4
R4	2KΩ	AXIAL-0.4
R5	10KΩ	AXIAL-0.4
SPK	Speaker	PIN2

（5）元件布局和布线

01 完成元件属性设置后对元件进行布局，将全部元器件合理地布置到原理图上。

02 按照设计要求连接电路原理图中的元件，最后得到完成的电路原理图文件，如图
5-39 所示。

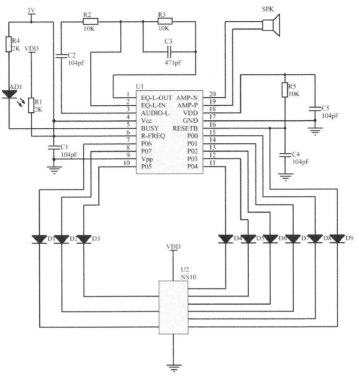

图 5-39　完成原理图布局与连线

（6）编译参数设置

01 选择"工程"→"工程参数"菜单命令，弹出工程属性对话框，如图 5-40 所示。在 Error Reporting（错误报告）选项卡的 Violations Type Description 列表中罗列了网络构成、原理图层次、设计错误类型等报告信息。

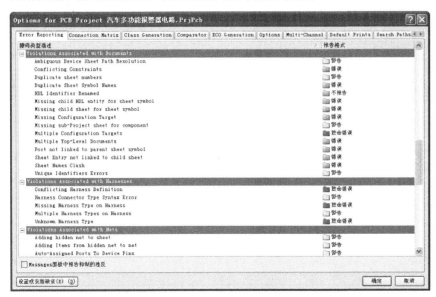

图 5-40　工程属性对话框

02 单击 Connection Matrix 选项，显示 Connection Matrix（连接检测）选项卡。矩阵的上部和右

边所对应的元件管脚或端口等交叉点为元素，单击颜色元素，可以设置错误报告类型。

03 单击 Comparator 选项，显示 Comparator（比较）选项卡。在 Comparison Type Description（比较类型描述）列表中设置元件连接、网络连接和参数连接的差别比较类型。本例选用默认参数。

（7）编译工程

01 选择"工程"→Compile PCB Project 汽车多功能报警电路.PrjPCB（编译的 PCB 工程汽车多功能报警电路.PrjCB）菜单命令，对工程进行编译，弹出如图 5-41 所示的工程编译信息提示框。

图 5-41　工程编译信息提示框

02 检查错误。如有错误，查看错误报告，根据错误报告信息进行原理图的修改，然后重新编译，最终得到图 5-41 的结果。

（8）创建网络表

选择"设计"→"文件的网络表"→Protel（生成原理图网络表）菜单命令，系统自动生成了当前原理图的网络表文件"汽车多功能报警电路.NET"，并存放在当前工程下的"Generated\Netlist Files"文件夹中。双击打开该原理图的网络表文件"汽车多功能报警电路.NET"，如图 5-42 所示。该网络表的组成形式与上述基于整个工程的网络表是一样的，在此不再重复。

图 5-42　原理图网络表

（9）元器件报表的创建

01 关闭网络表文件，返回原理图窗口。选择"报告"→Bill of Materials（材料清单）菜单命令，系统弹出相应的元件报表对话框，如图 5-43 所示。

图 5-43　元件报表对话框

02 单击 执行菜单下的"报告"菜单命令，则弹出元件报表预览对话框，如图 5-44 所示。

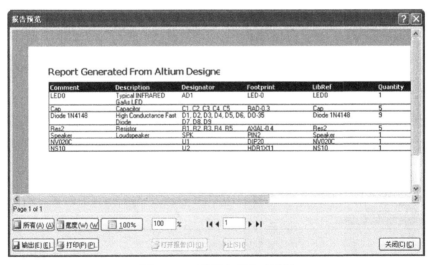

图 5-44　元件报表预览对话框

03 单击 按钮，可以将该报表进行保存，默认文件名为"音乐闪光灯电路.xls"，是一个 Excel 文件。单击 按钮，则可以将该报表进行打印输出。单击 按钮，退出对话框。

04 在元件报表对话框中，单击"模板"后面的 按钮，在"D:\Program Files\AD13\Template"目录下，选择系统自带的元件报表模板文件 BOM Default

Template.XLT，如图 5-45 所示。

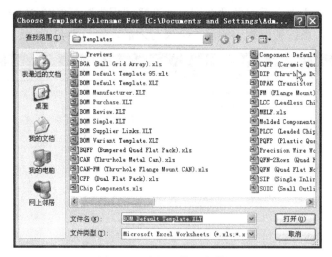

图 5-45　选择元件报表模板

05 单击 打开⑩ 按钮后，返回元件报表对话框，完成模板添加。单击 确定(O) ⑩ 按钮，退出对话框。

此外，Altium Designer 13 还为用户提供了简易的元件报表，不需要进行设置即可产生。

（10）创建简易元件报表

选择"报告"→Simple BOM（简单 BOM 表）菜单命令，则系统同时产生两个文件"汽车多功能报警器电路.BOM"和"汽车多功能报警器电路.CSV"，并加入到工程中，如图 5-46 所示。

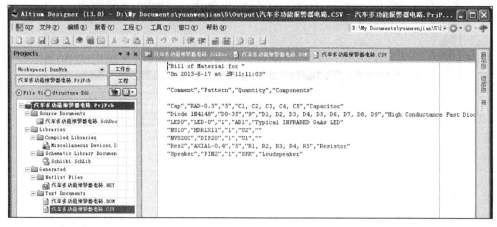

图 5-46　简易元件报表

本章介绍了如何设计一个汽车多功能报警器电路，涉及到的知识点有原理图绘制、对原理图编译，对原理图进行查错、修改以及生成各种报表文件。

5.7 上机实验

实验 1. 设计如图 5-47 所示的 IC 卡读卡器电路原理图并查错和编译。

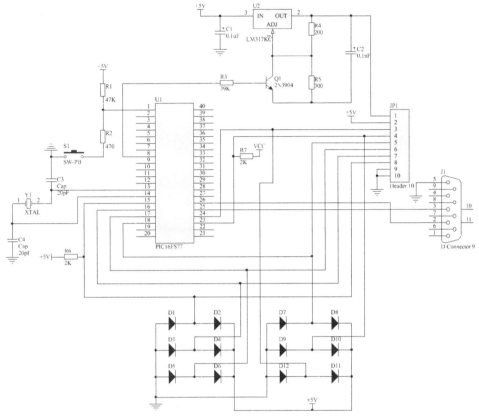

图 5-47 IC 卡读卡器原理图

💡 操作提示

（1）创建一个名为"IC 卡读卡器.PrjPcb"工程文件。

（2）在工程文件中创建一个名为"IC 卡读卡器.SchDoc"的原理图文件，再使用"文档属性"命令设置图纸的属性。

（3）使用"库"面板依次放置各个元件并设置其属性。

（4）元件布局。

（5）使用布线工具连接各个元件。

（6）设置并放置电源和接地。

（7）进行 ERC 检查。

（8）查错和编译原理图文件。

（9）保存设计文档和工程文件。

实验 2．设计如图 5-48 所示的光电枪电路原理图并报表输出。

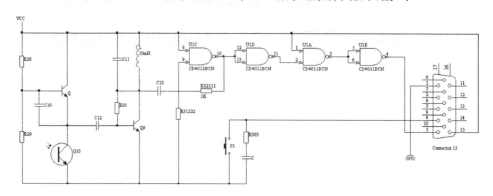

图 5-48　光电枪电路原理图

👇 操作提示

（1）创建一个名为"光电枪电路.PrjPcb"的工程文件。

（2）在工程文件中创建名为"光电枪电路.SchDoc"的原理图文件，再使用"文档选项"命令设置图纸的属性。

（3）使用"库"面板依次放置各个元件并设置其属性。

（4）元件布局。

（5）使用布线工具连接各个元件。

（6）设置并放置电源和接地。

（7）进行 ERC 检查。

（8）报表输出。

（9）保存设计文档和工程文件。

5.8　思考与练习

1．工程文件与原理图文件的编译有何区别？

2．如何在原理图中放置 PCB Layout 标志？

3．绘制如图 5-49 所示时钟电路，并在原理图中合适位置放置 PCB Layout 标志。

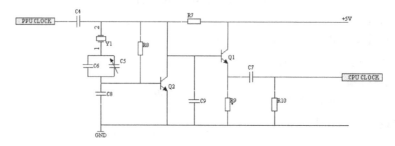

图 5-49　练习 3 图示

4．绘制如图 5-50 所示制式转换电路，对其进行编译和修改。

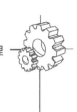

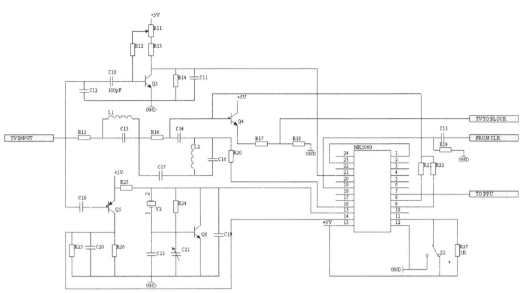

图 5-50 练习 4 图示

第 6 章

印刷电路板设计

☞ **内容指南**

设计印制电路板（PCB）是整个工程设计的目的。原理图设计得再完美，如果电路板设计的不合理则性能将大打折扣，严重时甚至不能正常工作。制板商要参照用户所设计的 PCB 图来进行电路板的生产。由于要满足功能上的需要，电路板设计往往有很多的规则要求，如要考虑到实际的散热和干扰等问题，因此相对于原理图的设计来说，对 PCB 图的设计则要求设计者更细心和耐心。

☞ **知识重点**

- PCB 环境参数
- PCB 板的布局
- PCB 板的布线

6.1 在 PCB 文件中导入原理图网络表信息

网络表是原理图与 PCB 图之间的联系纽带，原理图的信息可以通过导入网络表的形式完成与 PCB 之间的同步。在进行网络表的导入之前，需要装载元件的封装库及对同步比较器的比较规则进行设置。

6.1.1 设置同步比较规则

同步设计是 Protel 系列软件绘图最基本的方法，这是一个非常重要的概念。对同步设计概念的最简单的理解就是原理图文件和 PCB 文件在任何情况下都保持同步。也就是说，不管是先绘制原理图再绘制 PCB，还是原理图和 PCB 同时绘制，最终要保证原理图上元件的电气连接意义必须和 PCB 上的电气连接意义完全相同，这就是同步。同步并不是单纯地同时进行，而是原理图和 PCB 两者之间电气连接意义的完全相同。实现这个目地的最终方法是用同步器来实现，这个概念就称之为同步设计。

要完成原理图与 PCB 图的同步更新，同步比较规则的设置是至关重要的。

单击"工程"→"工程选项"菜单选项进入 Options for PCB Project（可供选择的线路板工程）对话框，然后单击 Comparator（比较）选项栏，在该选项卡中可以对同步比较规则进行设置，如图 6-1 所示。

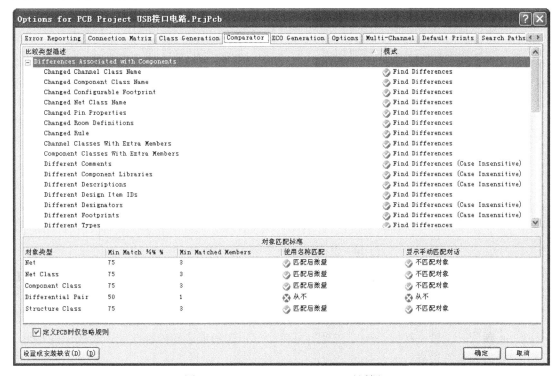

图 6-1　Options For PCB Project 对话框

单击 收置成安装缺省(D)(D) 按钮将恢复该对话框中原来的设置。

单击 确定 按钮即可完成同步比较规则的设置。

同步器的主要作用是完成原理图与 PCB 图之间的同步更新，但这只是对同步器狭义上的理解。广义上的同步器可以完成任何两个文档之间的同步更新，可以是两个 PCB 文档之间，网络表文件和 PCB 文件之间，也可以是两个网络表文件之间的同步更新。用户可以在 Differences（区别）面板中查看两个文件之间的不同之处。

6.1.2　导入网络报表

完成比较规则的同步设置后即可进行网络表的导入工作了。这里打开光盘目录文件"USB 接口电路.PrjPcb"，将如图 6-2 所示的原理图的网络表导入到 PCB 文件中，步骤如下。

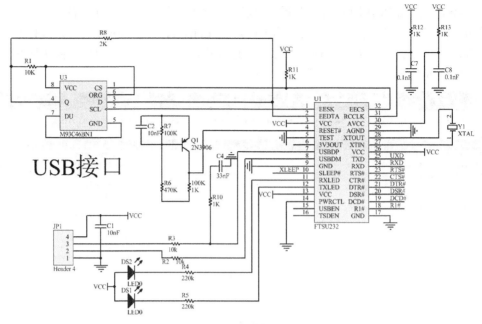

图 6-2　要导入网络表的原理图

01 打开"USB 接口电路.SchDoc"文件，使之处于当前的工作窗口中，同时新建 PCB 1 文件也处于打开状态，同时将文件命名为"USB 接口电路.PcbDoc"。

02 绘制电气边框。单击编辑区下方的 KeepOutLayer（禁止布线层）选项卡，选择"放置"→"禁止布线"→"线径"菜单命令，在物理边界内部绘制适当大小的矩形，作为电气边界。

03 选择"设计"→"Import PCB Document USB 接口电路.PcbDoc"（输入 PCB 文件 USB 接口电路.PcbDoc）菜单命令，系统将对原理图和 PCB 图的网络报表进行比较并弹出"工程更改顺序"对话框，如图 6-3 所示。

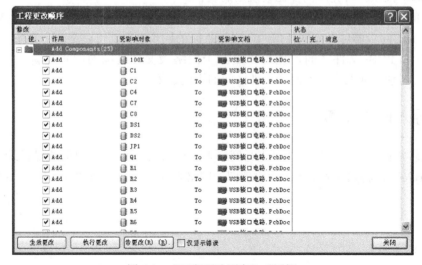

图 6-3　"工程更改顺序"对话框

04 单击 [生效更改] 按钮，系统将扫描所有的改变，看能否在 PCB 上执行所有的改变。随后在每项所对应的"检查"栏中将显示●标记。●标记说明这些改变都是合法的。⊗标记说明此改变是不可执行的，需要回到以前的步骤中进行修改，然后重新进行更新。

05 进行合法性校验后单击 执行更改 按钮，系统将完成网络表的导入，同时在每一项的"完成"栏中显示●标记提示导入成功，如图 6-4 所示。

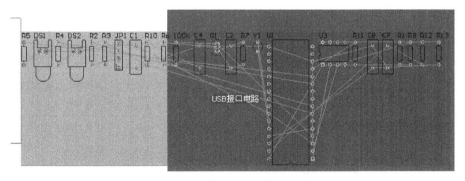

图 6-4　执行变更命令

06 单击 关闭 按钮关闭该对话框，这时可以看到在 PCB 图布线框的右侧出现了导入的所有元件的封装模型，如图 6-5 所示。

图 6-5　导入网络表后的 PCB 图

提示　用户需要注意的是，导入网络表时，原理图中的元件并不直接导入到用户绘制的布线框中，而是位于布线框的外面。通过之后的布局操作，将元件放置在布线框内。

6.1.3　原理图与 PCB 图的同步更新

当第一次进行网络报表的导入时，进行以上的操作即可完成原理图与 PCB 图之间的同步更新。如果导入网络表后又对原理图或者 PCB 图进行了修改，那么要快速完成原理图与 PCB 图设计之间的双向同步更新则可以采用以下的方法实现。

01 打开"USB 接口电路.PcbDoc"文件，使之处于当前的工作窗口中。

02 选择"设计"→"Update Schematic in USB 接口电路.PrjPcb（更新原理图）"菜单命令，系统将对原理图和 PCB 图的网络报表进行比较，并弹出一个对话框，比较结果并提示用户确认是否查看二者之间的不同之处，如图 6-6 所示。

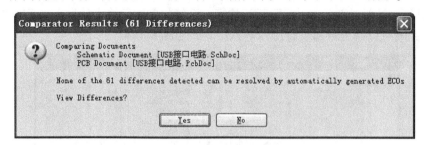

图 6-6　比较结果提示

03 单击 Yes 按钮，进入查看比较结果信息对话框，如图 6-7 所示。在该对话框中可以查看详细的比较结果，了解二者之间的不同之处。

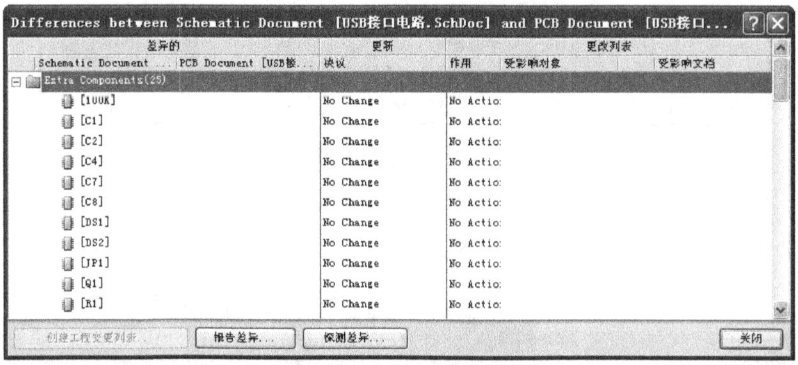

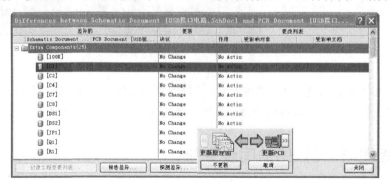

图 6-7　查看比较结果信息

04 单击某一项信息的"更新"选项，系统将弹出一个小的对话框，如图 6-8 所示。用户可以选择更新原理图或者更新 PCB 图，也可以进行双向的同步更新。单击"不更新"按钮或"取消"按钮，可以关闭该对话框而不进行任何更新操作。

图 6-8　执行同步更新操作

05 单击"差异的"按钮，系统将生成一个表格，如图 6-9 所示，从中可以预览原理图与 PCB 图之间的不同之处，同时可以对此表格进行导出或打印等操作。

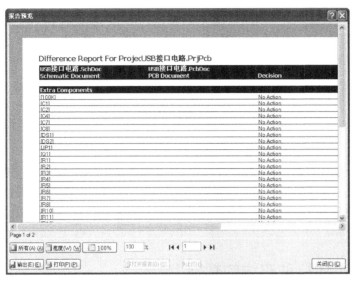

图 6-9　预览原理图

06　单击"探测差异"按钮，弹出 Differences（不同）面板，从中可查看原理图与 PCB 图之间的不同之处，如图 6-10 所示。

图 6-10　Differences 面板

07　选择"更新原理图"进行原理图的更新，更新后对话框中将显示更新信息，如图 6-11 所示。

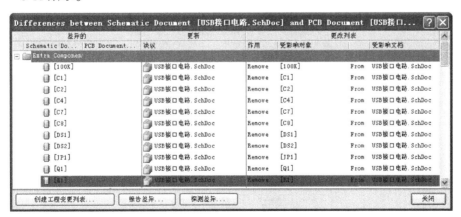

图 6-11　更新信息的显示

08　单击"创建工程更改规则"按钮，系统将弹出"工程更改规则"对话框，显示工程更新操作信息，完成原理图与 PCB 图之间的同步设计。与网络表的导入操作相同，单击 生成更改 按钮和 执行更改 按钮，即可完成原理图的更新。

除了通过选择"设计"→"Update Schematic in USB 接口电路.PrjPcb"菜单命令来完成原理图与 PCB 图之间的同步更新之外，选择"工程"→"显示差异"菜单命令也可以完成同步更新，这里不再赘述。

6.2　电路板的布线

自动布线是一个优秀的电路设计辅助软件所必须的功能之一。对于散热、电磁干扰及高频等要求较低的大型电路设计来说，采用自动布线操作可以大大地降低布线的工作量，同时，还能减少布线时的漏洞。如果自动布线不能够满足实际工程设计的要求，可以通过手动进行调整。

6.2.1　设置 PCB 自动布线的规则

Altium Designer 13 在 PCB 电路板编辑器为用户提供了十大类 49 种设计法则，覆盖了元件的电气特性、走线宽度、走线拓扑布局、表贴焊盘、阻焊层、电源层、测试点、电路板制作、元件布局、信号完整性等设计过程中的方方面面。在进行自动布线之前，用户首先应对自动布线规则进行详细的设置。选择"设计"→"规则"菜单命令，即可打开"PCB 规则及约束编辑器"对话框，如图 6-12 所示。

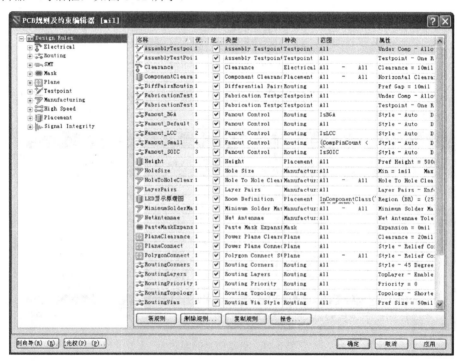

图 6-12　"PCB 规则及约束编辑器"对话框

1. Electrical（电气）类

具有电气特性对象的布线规则。该项规则主要用于 DRC 电气校验。当布线过程中违反电气特性规则时，DRC 校验器将自动报警提示用户。该类规则包括 4 种设计规则。单击 Electrical（电气）选项，对话框右侧将只显示该类的设计规则，如图 6-13 所示。

图 6-13　Electrical 类选项

- Clearance（安全间距规则）：选中左侧的该项规则后，对话框右侧将列出该项规则的详细信息，如图 6-14 所示。

图 6-14　Clearance 规则设置对话框

- Short-Circuit（短路规则）：设置在 PCB 板上是否可以出现短路，如图 6-15 所示为该项设置示意图。在设置规则时可以选择在 PCB 板上是否允许短路，通常情况下是不允许的。设置该规则后，拥有不同网络标号的对象相交时将违反该规则，系统将报警并拒绝执行该布线操作。

- Un-RoutedNet（未布线网络规则）：设置 PCB 板上是否可以出现未连通的网络，如图 6-16 所示为该项设置示意图。在设置规则时可以选择在 PCB 板上是否允许未连接网络。

图 6-15　设置短路许可　　　　　　　　　　　　图 6-16　设置未连接网络

- Un-connected Pin（未连接管脚规则）：电路板中存在未布线的管脚时将违反该规则，系统在默认状态下无此规则。

设置具有电气特性对象之间的间距规则，在 PCB 板上具有电气特性的对象包括导线、焊盘、过孔和铜箔填充区等，在间距设置中可以设置导线与导线之间、导线与焊盘之间、焊盘与焊盘之间的间距规则，在规则设置时可以选择规则的对象和具体的间距值。

通常情况下安全间距越大越好，但是太大的安全间距会造成电路不够紧凑，同时也意味着制板成本的提高。因此，安全间距通常设置在 10mil～20mil，根据不同的电路结构可以设置为不同的安全间距。用户可以对整个 PCB 板的所有网络设置相同的布线安全间距，也可以对某一个或多个网络进行单独的布线安全间距设置。

（1）Where The First Objects Matches（优先应用对象）选项组：设置该规则优先应用的对象。应用的对象范围为"所有"、"网络"、"网络类"、"层"、"网络和层"和"高级的（查询）"。选中某一范围后，可以在该栏中的下拉列表中选择相应的对象，也可以在右侧的"全部查询语句"框中填写相应的对象。通常默认的是"所有"对象应用范围。

（2）Where The Second Objects Matches（其次应用对象）选项组：设置该规则其次应用的对象。通常采用系统的默认设置"所有"。

（3）"最小间隔"选项组：进行布线最小间距的设置，这里采用系统的默认设置。

2. Routing（线路）类

该项规则主要设置自动布线过程中的布线规则，如布线宽度、布线优先级、布线拓扑结构等。该类中包括 8 种设计规则，如图 6-17 所示。

图 6-17　Routing 类选项

- Width（走线宽度规则）：设置走线宽度。如图 6-18 所示为该项设置的示意图。走线宽度是指 PCB 铜膜走线（即俗称的导线）的实际宽度值，分为最大允许值、最小允许值和首选值三种。与安全间距一样，太大的走线宽度也会造成电路不够紧凑，并使制板成本提高。因此，走线宽度通常设置在 10mil ~ 20mil 之间，应该根据不同的电路结构设置不同的走线宽度。用户可以对整个 PCB 板的所有走线设置相同的走线宽度，也可以对某一个或多个网络单独进行走线宽度的设置。

图 6-18　Routing Width 规则设置对话框

> Where The First Objects Matches（优先应用对象）栏：设置布线宽度使用的范围。其范围为所有"、"网络"、"网络类"、"层"、"网络和层"和"高级的（查询）"6 种。选中某一范围后，可以在该栏中的下拉列表中选择相应的对象，也可以在右侧的"全部查询语句"框中填写相应的对象。通常默认的是"所有"对象应用范围。

> "约束"选项组：选中 Layers in layerstack（当前层栈中使用层）复选框将列出当前层栈中使用层的布线宽度规则设置，取消对该复选框的选中状态时，将显示所有层的布线宽度规则设置。布线宽度设置分为最大宽度、最小宽度和首选尺寸三种，主要是为了方便在线修改布线宽度。选中"典型阻抗驱动宽度"复选框时，将显示其阻抗驱动属性，这是高频高速布线过程中很重要的一个布线属性设置。阻抗驱动属性分为三种：Maximum Impedance（最大阻抗）、Minimum Impedance（最小阻抗）和 Preferred Impedance（首选阻抗）。

- Routing Topology（走线拓扑布局规则）：选择走线的拓扑，如图 6-19 所示为该项设置的示意图。在设置该项规则时可以设置一个网络中走线采用的拓扑，各种拓扑如图 6-20 所示。

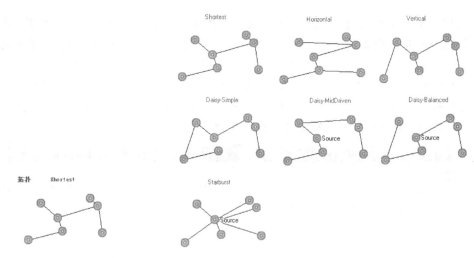

图 6-19　走线拓扑设置示意图　　　　　　　图 6-20　PCB 中各种走线拓扑

- Routing Priority（走线优先级规则）：设置布线优先级，如图 6-21 所示为该项设置的对话框，在该对话框中可以设置每一个网络走线优先级。在 PCB 板上空间有限，可能有若干根导线需要在同一块空间内走线才能得到最佳的走线效果，通过设置走线的优先级可以决定导线占用空间的先后。设置规则时可以针对单个网络设置优先级。Altium Designer 13 提供了 0~100 共 101 种优先级选择，0 表示优先级最低，100 表示优先级最高，默认的布线优先级规则为应用与所有网络的优先级为 0 的布线规则。

图 6-21　Routing Priority 规则设置对话框

- Routing Layers（板层布线规则）：设置允许该布线规则的层，如图 6-22 所示。

图 6-22 Routing Layers 规则设置对话框

- Routing Corners（导线拐角规则）：设置导线拐角形式，如图 6-23 所示为该项设置的示意图，在该示意图中可以选择各种拐角方式。PCB 上有三种拐角方式，它们如图 6-24 所示，通常情况下会采用 45° 的拐角形式。设置规则时可以针对每个连接、每个网络直到整个 PCB 板定义拐角形式。

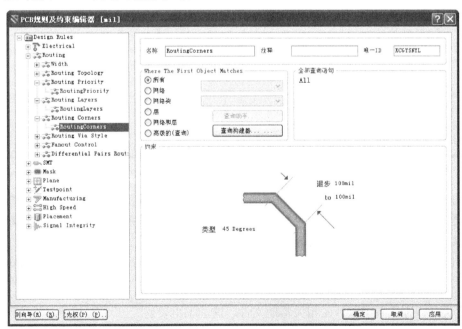

图 6-23 Routing Corners 规则设置对话框

图 6-24　PCB 上的三种走线拐角

- Routing Via Style（布线过孔形式规则）：设置走线时采用的过孔，如图 6-25 所示为该项设置的示意图，在示意图中可以设置过孔的各种尺寸参数。过孔直径和过孔孔径都有三种定义方式： "最小的"、"最大的" 和 "首选的"。默认的过孔直径为 50mil，过孔孔径为 28mil。在 PCB 的编辑过程中，可以根据不同的元件设置不同的过孔大小，过孔尺寸应该参考实际元件管脚的粗细进行设置。

图 6-25　Routing Via Style 规则设置对话框

- Fanout Control（布线扇出控制规则）：设置走线时扇出输出形式，如图 6-26 所示为该项设置的对话框，在对话框中可以设置 PCB 中使用的扇出输出形式。在设置规则时可以针对每一个管脚、每一个元件直到整个 PCB 板设置扇出输出形式。

- Differential Pairs Routing（布线对设计规则）：设置走线对形式，如图 6-27 所示为该项设置的对话框。

其他类的规则读者可以查阅相关帮助文件，这里不再赘述。

图 6-26　Fanout Control 规则设置对话框

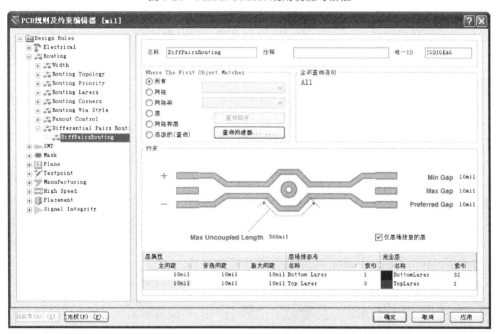

图 6-27　Differential Pairs Routing 规则设置对话框

6.2.2　设置 PCB 自动布线的策略

设置 PCB 自动布线策略的主要步骤如下。

01　选择"自动布线"→"设置"菜单命令，即可打开如图 6-28 所示的"Situs 布线策略（布线位置策略）"对话框，在该对话框中可以设置自动布线策略。布线策略是指在进行板的自动布线时所采取的策略，如探索式布线、迷宫式布线、推挤式拓扑布线等，自动布线的布通率依赖于良好的布局。对话框中列出了默认的 5 种自动布线策略，对默认的布线策略不可以进行编辑和删除操作。

图 6-28 "Situs 布线策略"对话框

- Cleanup: 清除策略。
- Default 2 Layer Board: 默认的双面板布线策略。
- Default 2 Layer With Edge Connectors: 默认的具有边缘连接器的双面板布线策略。
- Default Multi Layer Board: 默认的多层板布线策略。
- Via Miser: 在多层板中尽量减少过孔使用的策略。

02 选中"锁定已有布线"复选框后，所有先前的布线将被锁定，重新自动布线时将不改变这部分的布线。

03 单击 添加(A) (A) 按钮，系统将弹出如图 6-29 所示的对话框，在该对话框中可以添加新的布线策略。在"策略名称"框中填写添加的新建布线策略的名称，在"策略描述"框中填写对该布线策略的描述。在这两个文本框的下面可以拖动滑块改变此布线策略允许的过孔数目，过孔数目越多自动布线越快。选中左边的 PCB 布线策略列表中的一项，然后单击 (A)>> 按钮，此布线策略将被添加到右侧当前的 PCB 布线策略列表中，被作为新创建的布线策略中的一项。如果想要删除右栏中的某一项，则选

中该项后单击 除(R) 按钮即可删除。单击 上移(U) (U) 按钮或 下移(D) (D) 按钮可以改变各个布线策略的优先级，位于最上方的布线策略优先级最高。Altium Designer 13 布线策略列表中主要有以下几种布线方式。

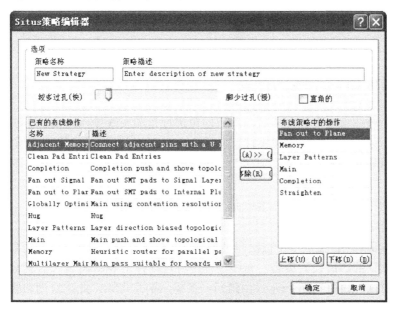

图 6-29　"Situs 策略编辑器"设置对话框

- Adjacent Memory 布线方式：U 型走线的布线方式。采用这种布线方式时，自动布线器对相邻的元器件管脚采用 U 型走线方式。
- Clean Pad Entries 布线方式：采用这种布线方式可以优化 PCB 的自动布线，清除焊盘上多余的走线。
- Completion 布线方式：竞争的推挤式拓扑布线。采用该布线方式时，布线器对布线完全进行推挤操作，以避开不在同一网络中的过孔和焊盘。
- Fan Out Signal 布线方式：表贴型元件焊盘采用扇出形式连接到信号层。当表贴型元件焊盘布线跨越不同的工作层面时，采用该布线方式可以先从该焊盘引出一段导线，然后通过过孔与其他的工作层面连接。
- Fan Out to Plane 布线方式：表贴型元件焊盘采用扇出形式连接到电源层和接地网络中。
- Globally Optimized Main 布线方式：全局最优化拓扑布线方式。
- Hug 布线方式：包围式布线方式。采用该布线方式时，自动布线器将采取环绕的布线方式。
- Layer Patterns 布线方式：采用该布线方式将决定同一工作层面中的布线是否采用布线拓扑结构进行自动布线。
- Main 布线方式：主推挤式拓扑驱动布线。采用该布线方式时，自动布线器对布线主要进行推挤操作，以避开不在同一网络中的过孔和焊盘。
- Memory 布线方式：启发式并行模式布线。采用该布线方式将对存储器元件上的走线方式进行最佳的评估。对地址线和数据线一般采用有规律的并行走线方式。
- Multilayer Main 布线方式：多层板拓扑驱动布线方式。

- Spread 布线方式：采用这种布线方式时，自动布线器自动使位于两个焊盘之间的走线处于正中间的位置。
- Straighten 布线方式：采用这种布线方式时，自动布线器在布线时将尽量走直线。

04 单击 [编辑规则......] 按钮，可以进行布线规则的设置。

05 单击 [OK] 按钮，即可完成布线策略的设置。

6.2.3 电路板自动布线的操作

布线规则和布线策略设置完毕后，用户即可进行自动布线操作。自动布线操作主要是通过"自动布线"菜单进行的。用户不仅可以进行全局型的布局，也可以对指定的区域、网络以及元件进行单独的布线。其中"全部"命令用于进行全局型的自动布线。下面介绍其操作方法：

选择"自动布线"→"全部"菜单命令，即可打开布线策略对话框，在该对话框中可以设置自动布线策略。

选择一项布线策略，然后单击按钮即可进入自动布线状态。这里选择系统默认的 Default 2 Layer Board（默认的 2 层板）策略。布线过程中将自动弹出 Messages（信息）面板，提供自动布线的状态信息，如图 6-30 所示。由最后一条提示信息可知，此次自动布线全部布通。

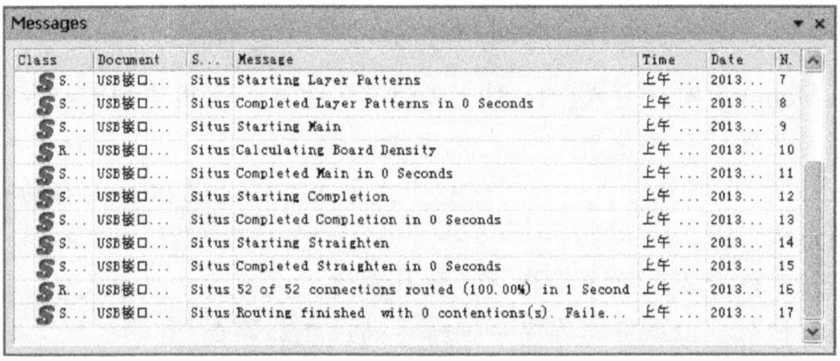

图 6-30 自动布线的信息

全局布线后的 PCB 如图 6-31 所示。

当器件排列比较密集或者布线规则设置过于严格时，自动布线可能不能全部布通。即使完全布通的 PCB 电路板仍有部分网络走线不合理，如果绕线过多、走线过长等，这就需要进行手工调整了。

其他的命令功能如下：

"网络"命令为指定的网络自动布线。"网络类"命令为指定的自动布线。Connection（连接）命令为两个相互连接的焊盘进行自动布线。"区域"命令为完整包含在选定区域内的连接自动布线。Room（空间）命令为指定空间内的连接自动布线。"器件"命令为指定元件的所有连接自动布线。"器件类"命令为指定元件类内所有元件的连接自动布线。"选中对象的连接"命令为所选元件的所有连接自动布线。"选择对象之间的连接"命令为所选元件之间的连接自动布线。"扇出"命令采用扇出布线方式可将焊盘连接到其他的网络中。

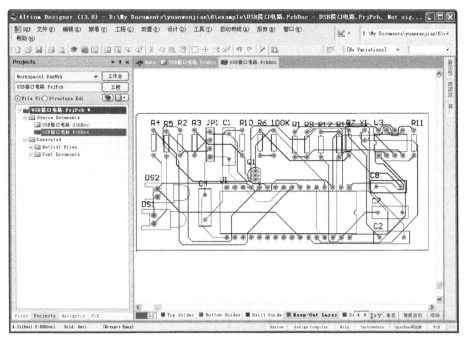

图 6-31　全局布线后的 PCB 图

6.2.4　电路板手动布线

自动布线会出现一些不合理的布线情况，例如有较多的绕线、走线不美观，等等。此时，可以通过手工布线进行一定的修正，对于元件网络较少的 PCB 板也可以完全采用手工布线。下面就介绍手工布线的一些技巧。

1.手动布线的步骤

手动布线也将遵循自动布线时设置的规则。具体的手动布线步骤如下：

01　选择"放置"→"交互式布线"菜单命令，鼠标将变成十字形状。

02　移动鼠标到元件的一个焊盘上，然后单击放置布线的起点。手工布线模式主要有 5 种：任意角度、90° 拐角、90° 弧形拐角、45° 拐角和 45° 弧形拐角。按快捷键 "Shift+空格" 即可在 5 种模式间切换，按"空格"键可以在每一种的开始和结束两种模式间切换。

03　多次单击确定多个不同的控点，完成两个焊盘之间的布线。

2.手动布线中层的切换

在进行交互式布线时，按"*"快捷键可以在不同的信号层之间切换，这样可以完成不同层之间的走线。在不同的层间进行走线时，系统将自动地为其添加一个过孔。

6.3 覆铜和补泪滴

覆铜是由一系列的导线组成，可以完成板的不规则区域内的填充。在绘制 PCB 图时，覆铜主要是指把空余没有走线的部分用线全部铺满。铺满部分的铜箔和电路的一个网络相连，多数情况是和 GND 网络相连。单面电路板覆铜可以提高电路的抗干扰能力，经过覆铜处理后制作的印制板会显得十分美观，同时，过大电流的地方也可以采用覆铜的方法来加大过电流的能力。覆铜通常的安全间距应该在一般导线安全间距的两倍以上。

6.3.1 执行覆铜命令

选择"放置"→"多边形覆铜"菜单命令，或者单击"布线"工具条中的 ▦ （放置多边形覆铜）按钮，还可以使用快捷键 P+G，即可执行放置覆铜命令，如图 6-32 所示。

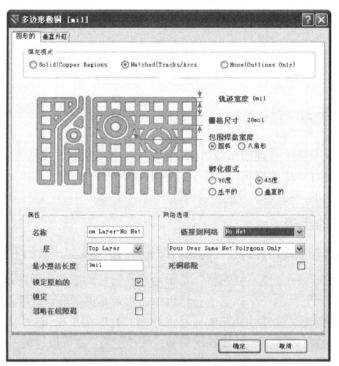

图 6-32　覆铜设置对话框

6.3.2 设置覆铜属性

执行覆铜命令之后，或者双击已放置的覆铜，系统会弹出"多边形覆铜"对话框。在覆铜属性设置对话框中，各项参数含义如下。

1. "填充模式"

选择覆铜的填充模式。有三种选择项：Solid（Copper Regions），即覆铜区域内为全铜敷设；Hatched（tracks/Arcs），即向覆铜区域内填入网络状的覆铜；None（Outlines Only），即只保留覆铜边界，内部无填充。

对话框的中间区域内可以设置覆铜的具体参数，针对不同的填充模式，具有不同的设置参数选项。

- Solid（Copper Regions）选项：需要设置删除岛的面积限制值，以及删除凹槽的宽度限制值。
- Hatched（Tracks/Arcs）选项：需要设置网格线的宽度、网络的大小、围绕焊盘的形状及网格的类型。
- None（Outlines Only）选项：需要设置覆铜边界导线宽度及围绕焊盘的形状等。

2．属性

- "层"下拉列表：设定覆铜所在的层面。
- "最小整洁长度"文本栏：设置最小图元的长度。
- "锁定原始的"复选框：选择是否锁定覆铜。

3．网络选项

- "链接到网络"下拉列表：选择覆铜连接到的网络。
- Don't Pour Over Same Net Objects（不与同网络的图元覆铜）列表项：覆铜的内部填充不与同网络的图元及覆铜边界相连，形成独立的岛。
- Pour Over Same Net Polygons Only（覆铜只与同网络的边界相连）列表项：覆铜的内部填充只与覆铜边界线及同网络的焊盘相连。
- Pour Over All Same Net Objects（覆铜与同网络的任何图元相连）列表项：覆铜的内部填充与覆铜边界线，并与同网络的任何图元相连，如焊盘、过孔、导线等。
- "死铜移除"复选框：是否删除死铜。死铜即指没有连接到指定网络元上的封闭区域内的覆铜，若选中该复选框，则可以将这些区域的覆铜去除。

6.3.3 放置覆铜

下面就以 PCB1.PcbDoc 为例简单介绍放置覆铜的具体步骤。

01 选择"放置"→"多边形覆铜"菜单命令，或者单击"布线"工具条中的▦按钮，还可以使用快捷键 P+G，即可执行放置覆铜命令，系统弹出"多边形覆铜"对话框。

02 在覆铜对话框内进行设置，选择 Hatched（tracks/Arcs）（填充（轨迹/圆弧）），45°填充模式，连接到网络 GND，层面设置为 Top Layer（顶层），选中"死铜移除"复选框，如图 6-33 所示。

03 单击 确定 按钮，退出对话框，鼠标变成十字形状，准备开始覆铜操作。

04 用鼠标沿着 PCB 的"Keep-Out（禁止布线）"边界线，画出一个闭合的矩形框。单击确定起点，移动至拐点处在此单击鼠标，直至取完矩形框的第四个顶点，单击鼠标右键退出。用户不必费力将矩形框线闭合，系统会自动将起点和终点连接起来构成闭合框线。

05 系统在框线内部自动生成了 Top Layer（顶层）的覆铜。

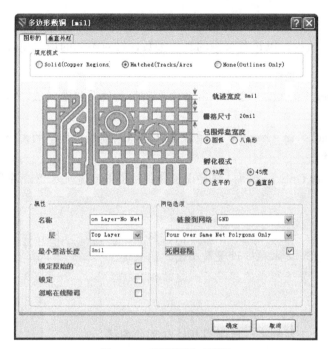

图 6-33　覆铜设置对话框

06　再次执行覆铜命令，选择层面为 Bottom Layer（底层），其他设置相同，为底层覆铜。

覆铜后，PCB 效果如图 6-34 所示。

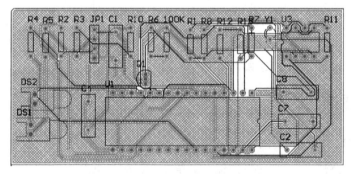

图 6-34　PCB 覆铜效果图

6.3.4　补泪滴

在导线和焊盘或者孔的连接处，通常需要补泪滴，以去除连接处的直角，加大连接面。这样做有两个好处，一是在 PCB 制作过程中，避免以钻孔定位偏差导致焊盘与导线断裂。二是在安装和使用中，可以避免因用力集中导致连接处断裂。

具体的操作步骤如下。

01　选择"工具"→"滴泪"菜单命令，即可执行补泪滴命令，系统弹出"泪滴选项"对话框，如图 6-35 所示。

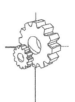

图 6-35　"泪滴选项"对话框

- "通用"选项组
  - "焊盘"复选框：选中该复选框，将对所有的焊盘添加泪滴。
  - "过孔"复选框：选中该复选框，将对所有的过孔添加泪滴。
  - "仅选择对象"复选框：选中该复选框，将对选中的对象添加泪滴。
  - "强迫泪滴"复选框：选中该复选框，将强制对所有焊盘或过孔添加泪滴，这样可能导致在 DRC 检测时出现错误信息。取消对此复选框的选择，则对安全间距太小的焊盘不添加泪滴。
  - "创建报告"复选框：选中该复选框，进行添加泪滴的操作后将自动生成有关泪滴添加的报表文件，同时，也将在工作窗口显示出来。
- "行为"栏
  - "添加"选项：添加泪滴。
  - "删除"选项：删除泪滴。
- "泪滴类型"栏
  - Arc（圆弧）选项：用弧添加泪滴。
  - "线"选项：用线添加泪滴。

02 单击 确定 按钮即可完成设置对象的泪滴添加操作。补泪滴前后焊盘与导线连接的变化如图 6-36 所示。

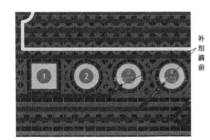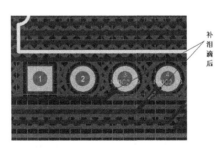

图 6-36　补泪滴前后的焊盘导线

03 按照此种方法，用户还可以对某一个元件的所有焊盘和过孔，或者某一个特定网络的焊盘和过孔进行添加泪滴操作。

6.4 操作实例

本节以实例来介绍 PCB 印刷电路板设计。原理图及设计结果保存在光盘文件夹"..\ch_06"中，用户可以直接使用，也可以自己设计创建。

6.4.1 电话机自动录音电路图

完成如图 6-37 所示电话机自动录音电路，本例介绍的装置，可利用家中闲置的录音机与电话机相连接，在通电话时可自动录通话内容，平时仍可使用录音机原有功能。本例主要学习多层电路板的设计过程。多层板的设计和双层板的设计过程大体上是一样的，只是在工作层的管理和内部电源层的使用上有些不同。

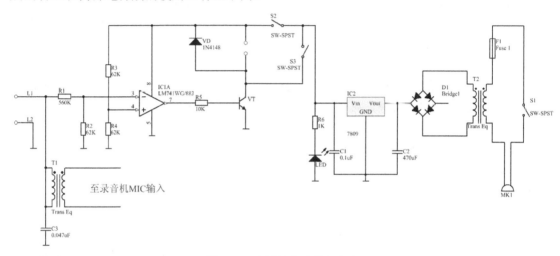

图 6-37 电话机自动录音电路

（1）新建工程并创建原理图文件

01 首先需要为电路创建一个工程，以便维护和管理该电路的所有设计文档。启动 Altium Designer 13，在 Files（文件）工作面板中选择"新的"→Blank Project（PCB）（空白工程）菜单命令，创建一个 PCB 工程文件。

02 选择"文件"→"保存工程为"菜单命令，将新建的工程文件保存为"电话机自动录音电路.PrjPCB"。

03 在 Projects（工程）面板的工程文件上单击鼠标右键，在弹出的右键快捷菜单中选择"给工程添加新的"→Schematic（原理图）命令，新建一个原理图文件，并自动切换到原理图编辑环境。

04 用保存工程文件同样的方法，将该原理图文件另存为"电话机自动录音电路.SchDoc"。

05 按照前面所学，设计完成如图 6-37 所示的原理图。

（2）创建电路板模型

01 在 Files（文件）工作面板中的"从模板新建文件"栏中，单击 PCB Board Wizard

（印制电路板向导）对话框，再在其中单击 一步(N)>> (N) 按钮进入到单位选取步骤，选择
"英制的"单位模式，如图 6-38 所示。然后单击 一步(N)>> (N) 按钮进入到电路板类型选择
步骤，在这一步选择自定义电路板，即 Custom 类型，如图 6-39 所示。

图 6-38　选择单位

图 6-39　选择自定义电路板类型

02　单击 一步(N)>> (N) 按钮进入到下一步骤，对电路板的一些详细参数作一些设定，如图 6-40
所示。再次单击 一步(N)>> (N) 按钮进入到电路板层选择步骤，在这一步中，将"信号层"
和"电源平面"的数目都设置为 2，如图 6-41 所示。

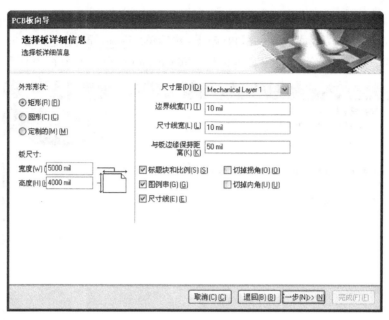

图 6-40　设置电路板参数

图 6-41　设置电路板的工作层

03　单击 一步(N)>> (N) 按钮进入到孔样式设置步骤，在这一步选择通孔，如图 6-42 所示。继续单击 一步(N)>> (N) 按钮进入到元件安装样式设置步骤，在这一步选择元件表贴安装，如图 6-43 所示。

图 6-42 设置通孔样式

图 6-43 设置元件安装样式

04 单击 一步(N)>> (N) 按钮进入到导线和焊盘设置步骤，在这一步选择默认设置，如图 6-44 所示。继续单击 一步(N)>> (N) 按钮进入结束步骤，单击 完成(F)(E) 按钮完成 PCB 文件的创建，得到如图 6-45 所示的 PCB 模型。

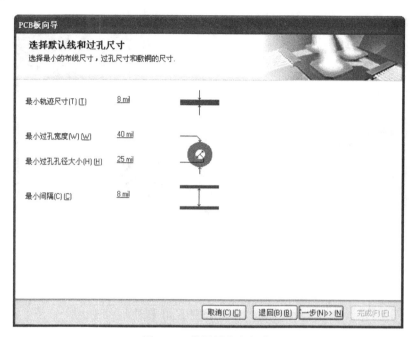

图 6-44　设置导线和焊盘

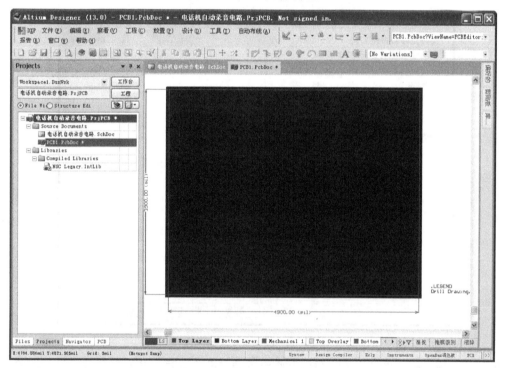

图 6-45　得到的 PCB 模型

05　选择"文件"→"保存为"菜单命令，将新建的 PCB 文件保存为"电话机自动录音电路.PcbDoc"。

（3）设置电路板参数

01　选择"设计"→"层叠管理"菜单命令，打开"层堆栈管理器"对话框，如图 6-46

所示。在该对话框中，双击 Internal Plane 1（No Net）（内部电源接地 1（无网络））
项，打开 Internal Plane 1 properties（内部电源接地属性）对话框，如图 6-47 所示，
然后在其中将该工作层的名称设置为 Power，其他的可以保持默认设置。用同样的
方法将 Internal Plane 2（No Net）（内部电源接地 1（无网络））层改为 GND，如图
6-48 所示。

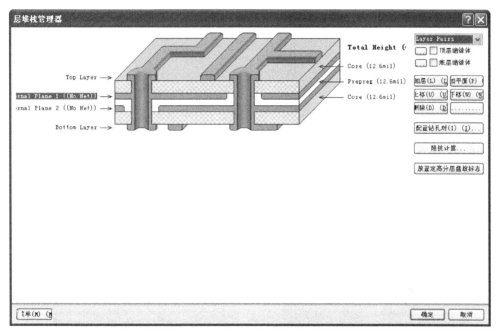

图 6-46　层堆栈管理器

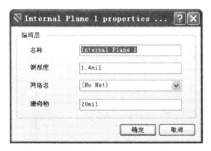

图 6-47　添加电源层

图 6-48　添加接地层

提示

根据具体设计的需要，可以添加更多的工作层，可以是电源平面，也可以是信号层。
常用的多层板层叠设计有一定的设计原则。PCB 的板层一般都是偶数层，所谓的原则
就是在实际应用中经过考验，并且用得最多的层叠设计原则，但是在应用的时候也不
能生搬硬套，而要根据具体的情况作出选择。

02 从"层栈管理器"对话框中可以看到，现在的电路板一共有 4 层，即顶层、电源层、
接地层和底层，如图 6-49 所示。

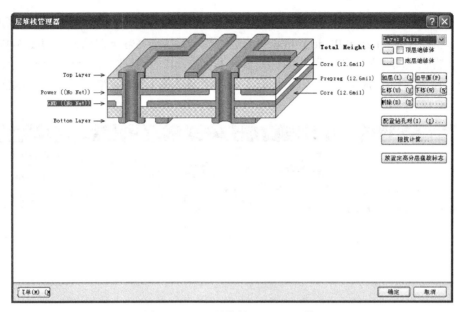

图 6-49　"层堆栈管理器"对话框

（4）元件布局

01 在 PCB 编辑环境中，选择"设计"→"Import Changes From USB 鼠标电路.PrjPcb"（从 USB 鼠标电路.PrjPcb 输入改变）菜单命令，弹出"工程更改顺序"对话框，如图 6-50 所示。

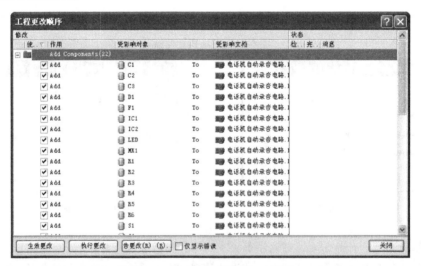

图 6-50　"工程更改顺序"对话框 1

02 单击 执行更改 按钮，在"状态"栏的"检测"、"完成"列表框中显示✅，如图 6-51 所示。单击 关闭 按钮关闭该对话框，这时可以看到在 PCB 图布线框的右侧出现了导入的所有元件的封装模型，如图 6-52 所示。

图 6-51　"工程更改顺序"对话框 2

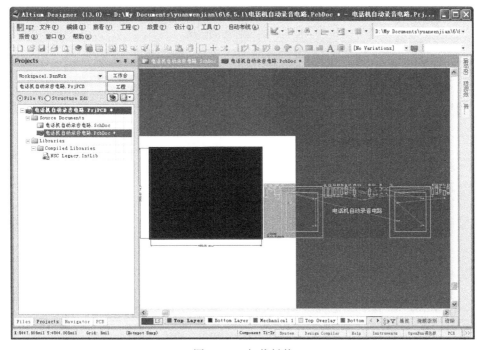

图 6-52　加载封装

03 采用手动布局的方式完成元件的布局，布局完成后的效果如图 6-53 所示。

（5）元件布线

01 选择"自动布线"→"全部"菜单命令，打开"Situs 布线策略（位置布线策略）"对话框，在其中选择 Default Muti Layer Board（默认的多层板）布线策略，如图 6-54 所示。

02 单击 Route All 按钮开始布线，显示 Message（信息）面板，如图 6-55 所示。最后得

到的布线结果如图 6-56 所示。

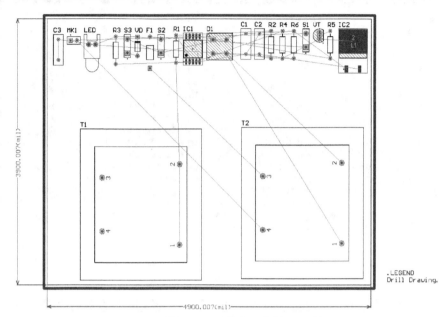

图 6-53　元件布局结果

图 6-54　选择布线策略

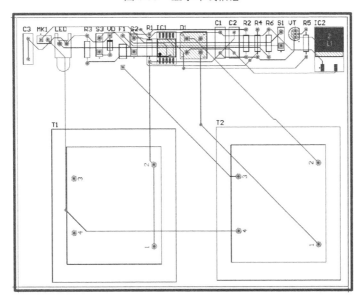

图 6-55　显示布线信息

图 6-56　元件布线结果

如果所设计的电路为高速电路，则应该遵循以下原则：

- 尽可能缩短高频元器件之间的连线，设法减少它们的分布参数和相互之间的电磁干扰。易受干扰的元器件不能相互距离太近，输入和输出元件应该尽量远离。
- 某些元器件或者导线之间可能有较高的电位差，应加大它们之间的距离，以免放电引起意外短路。带高电压的元器件应尽量布置在调试时手不易触及的地方。
- 按照电路的流程安排各个功能电路单元的位置，使布局便于信号流通，并使信号尽可能保持一致的方向。
- 以每个功能电路的核心元件为中心，围绕它来进行布局。元器件应均匀、整齐、紧凑地排列在 PCB 板上。尽量减少和缩短各元器件之间的引线和连接。
- 在高频下工作的电路，要考虑元器件之间的分布参数。一般电路应尽可能使元器件平行排列。
- 位于电路板边缘的元器件，离电路板边缘一般不小于 2mm。

（6）添加覆铜

01 选择"放置"→"多边形覆铜"菜单命令，或者单击"布线"工具条中的 （放置多边形覆铜）按钮，执行顶层放置覆铜命令，弹出如图 6-57 所示，选择 Hatched（Tracks/Arcs）（网络状覆铜）。单击 确定 按钮，在电路板中设置覆铜区域，结果如图 6-58 所示。

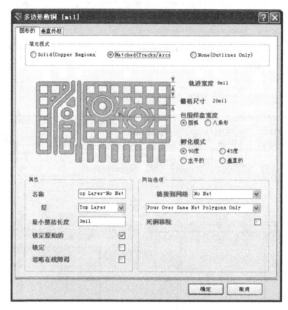

图 6-57　覆铜设置对话框

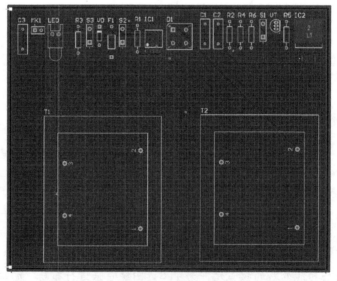

图 6-58　顶层覆铜结果

02 用同样的方法，打开"多边形敷铜"对话框。在"属性"选项组的"层"列表框中选择 Bottom Layer（底层），执行覆铜命令，结果如图 6-59 所示。

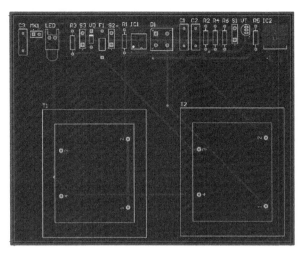

图 6-59 底层覆铜结果

6.4.2 装饰彩灯控制电路设计

完成如图 6-60 所示装饰彩灯电路的一部分,可按要求编制出有多种连续流水状态的彩灯。本例主要练习原理图设计及网络表生成,电路板外形尺寸规划,及实现元件的布局和布线。

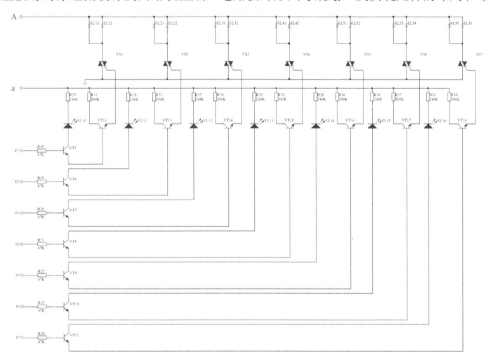

图 6-60 装饰彩灯控制电路图设计

（1）新建工程并创建原理图文件

01 首先需要为电路创建一个工程,以便维护和管理该电路的所有设计文档。启动 Altium Designer 13,选择"文件"→New（新建）→Project（工程）→"PCB 工程"（印制电路板工程）菜单命令,创建一个 PCB 工程文件。

02 选择"文件"→"保存工程为"菜单命令，将新建的工程文件保存为"装饰彩灯控制电路.PrjPCB"。

03 选择"文件"→New（新建）→"原理图"菜单命令，新建一个原理图文件，并自动切换到原理图编辑环境。

04 选择"文件"→"保存为"菜单命令，将该原理图文件另存为"装饰彩灯控制电路.SchDoc"。

05 选择"设计"→"文档选项"菜单命令，弹出"文档选项"对话框，在"标准风格"下拉列表中选择 A3，调整原理图图纸大小，如图 6-61 所示。

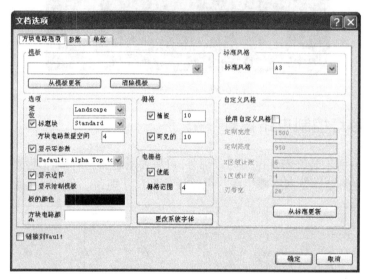

图 6-61 "文档选项"对话框

06 接下来，设计完成如图 6-60 所示的原理图。

（2）创建电路板

选择"文件"→"新建"→PCB（印刷电路板）菜单命令，新建 PCB 文件。选择"文件"→"保存为"菜单命令，将新建的 PCB 文件保存为"装饰彩灯控制电路.PcbDoc"。

（3）绘制电路板参数

01 绘制物理边框。单击编辑区下方 Mechanical 1（机械层）选项卡，选择"放置"→"走线"菜单命令，绘制的线组成了一个封闭的边框时，即可结束边框的绘制。单击鼠标右键或者按下 Esc 键即可退出该操作，完成物理边界绘制。

02 绘制电气边框。单击编辑区下方 KeepOutLayer（禁止布线层）选项卡，选择"放置"→"禁止布线"→"线径"菜单命令，在物理边界内部绘制适当大小矩形，作为电气边界，结果如图 6-62 所示（绘制方法同物理边界）。

03 定义电路板形状。选择"设计"→"板子形状"→"重新定义板形状"菜单命令，显示浮动十字标记，沿最外侧物理边界绘制封闭矩形，最后单击右键，修剪边界外侧电路板，显示电路板边界重定义，结果如图 6-62 所示。

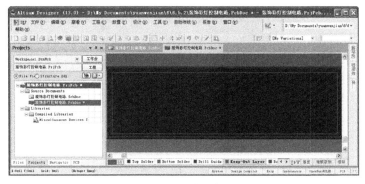

图 6-62 定义电路板形状

（4）元件布局

01 在 PCB 编辑环境中，选择"Import Changes From 装饰彩灯控制电路.PrjPcb"（从装饰彩灯控制电路.PrjPcb 输入改变）菜单命令，弹出"工程更改顺序"对话框，如图 6-63 所示。

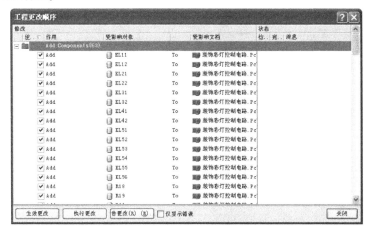

图 6-63 "工程更改顺序"对话框 3

02 单击 生效更改 按钮，封装模型通过检测无误后，如图 6-64 所示；单击 执行更改 按钮，完成封装添加，如图 6-65 所示。将元件的封装载入到 PCB 文件中。

图 6-64 "工程更改顺序"对话框 4

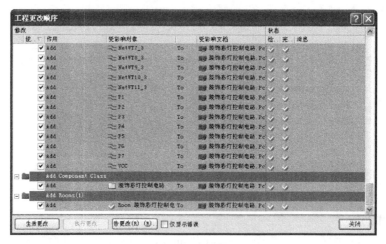

图 6-65 "工程更改顺序"对话框 5

03 采用手动布局的方式完成元件的布局，布局完成后的效果如图 6-66 所示。

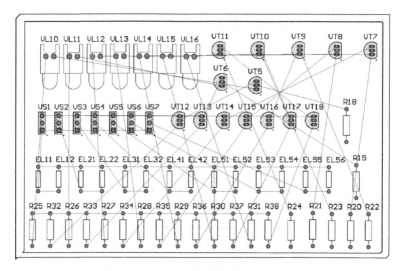

图 6-66 元件布局结果

（5）元件布线

01 选择"自动布线"→"全部"菜单命令，打开"Routing Strategy 布线策略"（位置布线策略）对话框，在其中选择 Default Muti Layer Board（默认的多层板）布线策略，如图6-67 所示。

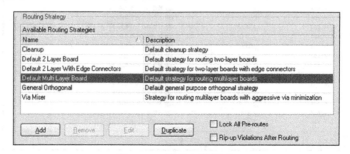

图 6-67 选择布线策略

02 单击 Route All 按钮开始布线，同时弹出 Message（信息）对话框，如图 6-68 所示。完成布线后，最后得到的布线结果如图 6-69 所示。

Messages

Class	Document	Source	Message	Time	Date	No.
Situ...	装饰彩灯控制...	Situs	Completed Fan out to Plane in 0 Seconds	下午 03:...	2013-6-18	4
Situ...	装饰彩灯控制...	Situs	Starting Memory	下午 03:...	2013-6-18	5
Situ...	装饰彩灯控制...	Situs	Completed Memory in 0 Seconds	下午 03:...	2013-6-18	6
Situ...	装饰彩灯控制...	Situs	Starting Layer Patterns	下午 03:...	2013-6-18	7
Rout...	装饰彩灯控制...	Situs	Calculating Board Density	下午 03:...	2013-6-18	8
Situ...	装饰彩灯控制...	Situs	Completed Layer Patterns in 0 Seconds	下午 03:...	2013-6-18	9
Situ...	装饰彩灯控制...	Situs	Starting Main	下午 03:...	2013-6-18	10
Rout...	装饰彩灯控制...	Situs	83 of 89 connections routed (93.26%) in 4 Seconds	下午 03:...	2013-6-18	11
Situ...	装饰彩灯控制...	Situs	Completed Main in 4 Seconds	下午 03:...	2013-6-18	12
Situ...	装饰彩灯控制...	Situs	Starting Completion	下午 03:...	2013-6-18	13
Situ...	装饰彩灯控制...	Situs	Completed Completion in 0 Seconds	下午 03:...	2013-6-18	14
Situ...	装饰彩灯控制...	Situs	Starting Straighten	下午 03:...	2013-6-18	15
Rout...	装饰彩灯控制...	Situs	89 of 89 connections routed (100.00%) in 5 Seconds	下午 03:...	2013-6-18	16
Situ...	装饰彩灯控制...	Situs	Completed Straighten in 0 Seconds	下午 03:...	2013-6-18	17
Rout...	装饰彩灯控制...	Situs	89 of 89 connections routed (100.00%) in 6 Seconds	下午 03:...	2013-6-18	18
Situ...	装饰彩灯控制...	Situs	Routing finished with 0 contentions(s). Failed to complete 0 co...	下午 03:...	2013-6-18	19

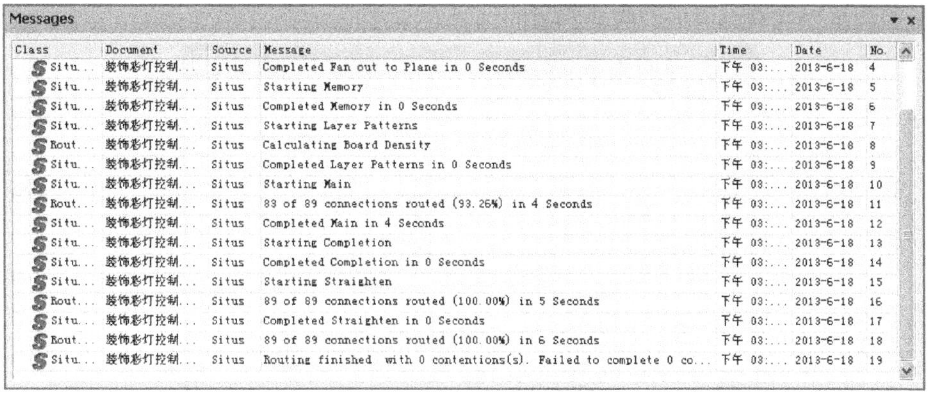

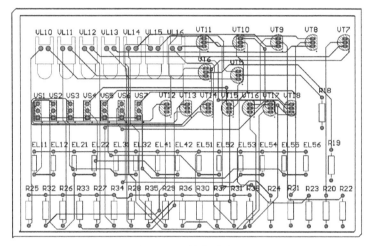

图 6-68　元件布线信息

图 6-69　元件布线结果

PCB 布线时应该遵循以下原则：

- 输入输出端用的导线应尽量避免相邻平行，最好增加线间地线，以免发生反馈耦合。
- 印制电路板导线的最小宽度主要由导线和绝缘基板间的粘附强度和流过它们的电流值决定。当在铜箔厚度为 0.05mm、宽度为 1～15mm 时通过 2A 的电流，温度不会高于 3℃，因此，导线宽度为 1.5mm 即可满足要求。对于集成电路，尤其是数字电路，通常选择 0.02～0.3mm 的导线宽度。当然，只要允许，还是尽可能用宽线，尤其是电源线和地线。导线的最小间距主要由最坏情况小的线间绝缘电阻和击穿电压决定。对于集成电路，尤其是数字电路，只要工艺允许，可使间距小至 5～8mm。
- 印制导线拐弯处一般取圆弧形，而直角或者夹角在高频电路中会影响电气性能。此外，尽量避免使用大面积铜箔，否则长时间受热时，易发生铜箔膨胀和脱落现象。必须用大面积铜箔时，最好用栅格状。

（6）添加覆铜

选择“放置”→“多边形覆铜”菜单命令，或者单击“布线”工具条中的 （放置多边形覆铜）按钮，执行顶层放置覆铜命令，弹出如图 6-70 所示对话框，选择 Hatched（Tracks/Arcs）（网络状覆铜），设置"孵化模式"为 45°，选中"死铜移除"复选框。单击 确定 按钮，在电路板中设置覆铜区域，结果如图 6-71 所示。

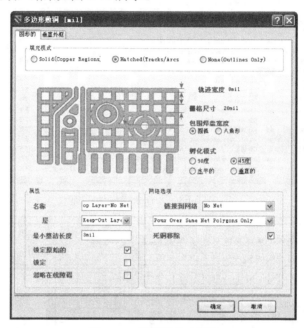

图 6-70　覆铜设置对话框

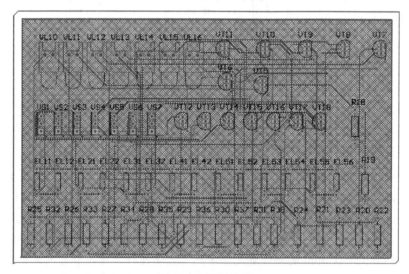

图 6-71　覆铜结果

（7）补泪滴

选择"工具"→"滴泪"菜单命令，系统弹出"泪滴选项"对话框，如图 6-72 所示，执行补泪滴命令，单击"确定"按钮，对电路中线路进行补泪滴操作。

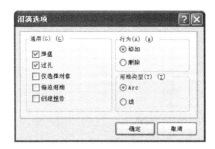

图 6-72 "泪滴选项"对话框

6.5 上机实验

实验 1. 进行如图 6-73 所示的 PS7219 及单片机的 SPI 接口电路布局设计。

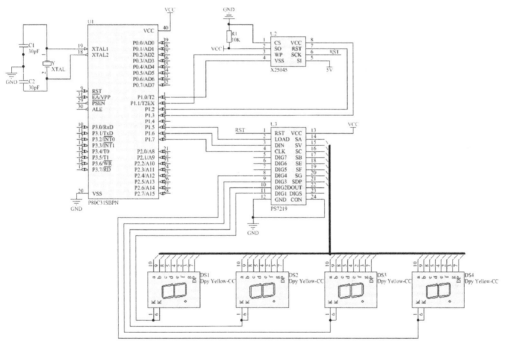

图 6-73 电路原理图

💡 操作提示

（1）打开工程与原理图文件。

（2）新建 PCB 文件并规划电路板。

（3）导入元件。

（4）手工调整元件布局。

（5）调整禁止布线层和机械层边界。

（6）布线操作。

（7）覆铜操作。

实验 2．进行如图 6-74 所示的看门狗电路 PCB 板元件的布局设计。

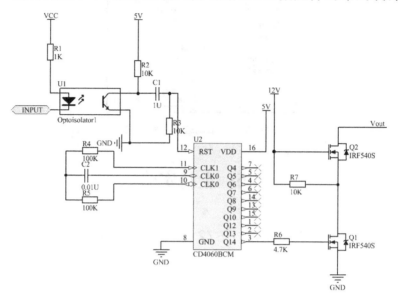

图 6-74　看门狗电路原理图

☝ 操作提示

同实验 1。

补充操作：补泪滴操作。

6.6　思考与练习

1．如何调整PCB元件放置？

2．对比区别物理边界与电气边界的操作方法。

3．练习在电路板上放置覆铜和增加泪滴。

第 7 章

电路板的后期处理

内容指南

与原理图设计类似，PCB 设计过程布置导入元件操作而已，还可以进行各种文件的整理和汇总。本章将介绍不同类型文件的生成和输出操作方法，包括报表文件、PCB 文件和 PCB 制造文件等。用户通过本章内容的学习，会对 Altium Designer 13 形成更加系统的认识。

知识重点

- 电路板的测量
- 电路板的报表输出
- PCB 文件输出

7.1　电路板的测量

Altium Designer 13 提供了电路板上的测量工具，方便设计电路时检查。测量功能在"报告"菜单中，该菜单如图 7-1 所示。

7.1.1　测量电路板上两点间的距离

电路板上两点之间的距离是通过"报告"菜单下的"测量距离"选项执行的，它测量的是 PCB 板上任意两点的距离。具体操作步骤如下：

01 选择"报告"→"测量距离"菜单命令，此时鼠标变成十字形状出现在工作窗口中。

02 移动鼠标到某个坐标点上，单击确定测量起点。如果将鼠标移动到了某个对象上，则系统将自动捕捉该对象的中心点。

03 此时鼠标仍为十字形状，重复第二步确定测量终点。此时将弹出如图 7-2 所示的对话框，在对话框中给出了测量的结果。测量结果包含总距离、X 方向上的距离和 Y 方向上的距离三项。

图 7-1 "报告"菜单

图 7-2 测量结果

04 此时鼠标仍为十字状态，重复步骤 2 和步骤 3 可以继续其他测量。

05 完成测量后，单击鼠标右键或按 Esc 键即可退出该操作。

7.1.2 测量电路板上对象间的距离

这里的测量是专门针对电路板上的对象进行的，在测量过程中，鼠标将自动捕捉对象的中心位置。具体操作步骤如下：

01 选择"报告"→"测量"菜单命令，此时鼠标变成十字形状出现在工作窗口中。

02 移动鼠标到某个对象（如焊盘、元件、导线、过孔等）上，单击确定测量的起点。

03 此时鼠标仍为十字形状，重复步骤 2 确定测量终点。此时将弹出如图 7-3 所示的对话框，在对话框中给出了对象的层属性、坐标和整个测量结果。

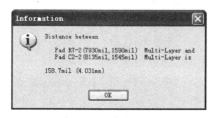

图 7-3 测量结果

04 此时鼠标仍为十字状态，重复步骤 2 和步骤 3 可以继续其他测量。

05 完成测量后，单击鼠标右键或按 Esc 键即可退出该操作。

7.1.3 测量电路板上导线的长度

这里的测量是专门针对电路板上的导线进行的，在测量过程中将给出选中导线的总长度。具体操作步骤如下：

01 在工作窗口中选择想要测量的导线。

02 选择"报告"→"测量所选对象"菜单命令，即可弹出如图 7-4 所示的对话框，在该对话框中给出了测量结果。

图 7-4 测量结果

在 PCB 板上测量导线长度是一项相当实用的功能，在高速设计中通常会用到它。

7.2　电路板的打印输出

PCB 设计完毕，就可以将其源文件、制作文件和各种报表文件按需要进行存档、打印、输出等。例如，将 PCB 文件打印作为焊接装配指导，将元器件报表打印作为采购清单，生成胶片文件送交加工单位进行 PCB 加工，当然也可直接将 PCB 文件交给加工单位用以加工 PCB。

7.2.1　打印 PCB 文件

利用 PCB 编辑器的文件打印功能，可以将 PCB 文件不同层面上的图元按一定比例打印输出，用以校验和存档。

1．页面设置

PCB 文件在打印之前，要根据需要进行页面设定，其操作方式与 Word 文档中的页面设置非常相似。

在主菜单中选择"文件"→"页面设置"菜单命令，弹出 Composite Properties（综合性能）对话框，如图 7-5 所示。

图 7-5　页面设置

该对话框内各个选项作用如下。

- "打印纸"选项组：选择打印纸大小、打印方向。
- "缩放比例"选项组：设定打印内容与实际尺寸的大小比例。系统提供了两种刻度模式：Fit Document On Page（缩放到适合图纸大小）和 Select Print（选择比例），前者将打印内容缩放到适合图纸大小，后者由用户设定打印缩放的比例因子。如果选择了 Selects Print 选项，则 Scale（比例）栏和 Corrections（调整）栏都将变实可用，在 Scale 栏填写比例因子设定图形的缩放比例，填写 1.0 时，即按实际大小打印 PCB 图形。Corrections（调整）栏可以在 Scale（比例）栏参数的基础上再进行 X、Y 方向上的比例调整。

- "页边"选项组：即页边距的设置，选中"居中"复选框时，打印图形将位于图纸中心，上下边距和左右边距分别对称。取消"居中"选项后，"水平"和"垂直"栏内将可以进行参数设置，改变页边距，即改变图形在图纸上的相对位置。选用不同的缩放比例因子和页边距参数的效果，可以通过打印预览来观察。

- 单击 高级… 按钮，进入 PCB 图层打印输出属性设置对话框，如图 7-6 所示，在该对话框内设置要打印的图层属性。

2．打印输出属性

（1）在图 7-6 所示的对话框中，双击 Multilayer Composite Print（多层复合打印）前的页面图标，进入"打印输出属性"对话框，如图 7-7 所示。在该对话框内"层"列表中列出的层即为将要打印的层面，系统默认列出所有图元的层面。通过底部的编辑按钮对打印层面进行添加、删除操作。

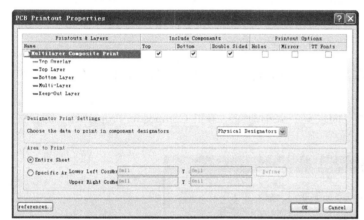

图 7-6　PCB Printout Properties 对话框　　　图 7-7　"打印输出特性"对话框

（2）单击"打印输出特性"对话框中的 ⊞(A) (A) 按钮或 ⊞(E) (E) 按钮，系统将弹出"板层属性"对话框，如图 7-8 所示，在对话框中进行图层属性的设置。在各个图元的选择框内，提供了 3 种类型的打印方案：最终的、草案和隐藏。"最终的"即打印该类图元全部图形画面，"草案"只打印该类图元的外形轮廓，"隐藏"则隐藏该类图元，不打印。

（3）设置好"打印输出特性"和"板层属性"对话框的内容后，单击 OK 按钮，回到 PCB Printout Properties（PCB 打印输出特性）对话框。单击 references… 按钮，进入"PCB 打印设置"对话框，如图 7-9 所示。在这里，用户可以分别设定黑白打印和彩色打印时各个图层的打印灰度和色彩。单击图层列表中各个图层的灰度条或彩色条，即可调整灰度和色彩。

（4）设置好"PCB 打印设置"对话框内容后，PCB 打印的页面设置就完成了。单击 OK 按钮，回到 PCB 工作区画面。

3．打印

单击工具栏上的 🖨 按钮或者在主菜单中选择"文件"→"打印"菜单命令，即可打印设置好的 PCB 文件。

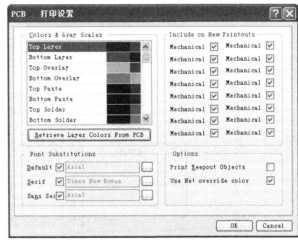

图 7-8 "板层属性"对话框　　　　图 7-9 "PCB 打印设置"对话框

7.2.2 打印报表文件

打印报表文件的操作更加简单一些。进入各个报表文件之后，同样先进行页面设定，且报表文件的 高级... 属性设置也相对简单。"高级文本打印工具"对话框如图 7-10 所示。

在"使用特殊字体"内，选中该复选框时，即可单击 改变... 按钮重新设置使用的字体和大小，如图 7-11 所示。设置好页面后，就可以进行预览和打印了。其操作与 PCB 文件打印相同，这里就不再赘述。

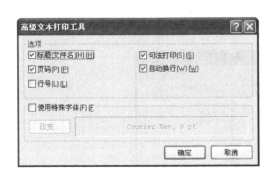

图 7-10 "高级文本打印工具"对话框　　　　图 7-11 重新设置字体

7.2.3 生成 Gerber 文件

Gerber 文件是一种符合 EIA 标准，用来把 PCB 电路板图中的布线数据转换为胶片的光绘数据，可以被光绘图机处理的文件格式。PCB 生产厂商用这种文件来进行 PCB 制作。各种 PCB 设计软件都支持生成 Gerber 文件的功能，一般可以把 PCB 文件直接交给 PCB 生产厂商，厂商会将其转换成 Gerber 格式。而有经验的 PCB 设计者通常会将 PCB 文件按自己的要求生成 Gerber 文件，交给 PCB 厂商制作，确保 PCB 的效果符合个人定制的设计需要。

在 PCB 编辑器中选择"文件"→"制造输出"→Gerber Files（Gerber 文件）菜单命令，系统弹出"Gerber 设置"对话框，如图 7-12 所示。该对话框包含了如下选项卡。

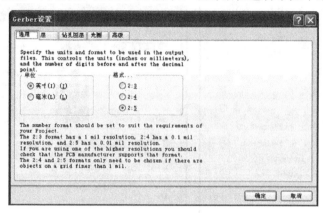

图 7-12   "Gerber 设置"对话框

1. "通用"选项卡

用于指定在输出 Gerber 文件中使用的单位和格式。如图 7-12 所示，"格式"栏中 2:3，2:4，2:5 代表了文件中使用的不同数据精度，其中 2:3 表示数据含 2 位整数、3 位小数。相应的，另外两个分别表示数据中含有 4 位和 5 位小数。设计者根据自己在设计中用到的单位精度进行选择。精度越高，对 PCB 制造设备的要求也就越高。

2. "层"选项卡

用于设定需要生成 Gerber 文件的层面，如图 7-13 所示。在左侧列表内选择要生成 Gerber 文件的层面，如果要对某一层进行镜像，选中相应的 Mirror（镜像）选项，在右侧列表中选择要加载到各个 Gerber 层的机械层尺寸信息。"包含未连接的中间层焊盘"项被选中时，则在 Gerber 中绘出未连接的中间层的焊盘。

图 7-13   "层"选项卡

3．"钻孔图层"选项卡

该选项卡内对钻孔统计图和钻孔导向图绘制的层对进行设置，并选择是否进行 Mirror plots（镜像绘制），选择采用的钻孔统计图标注符号的类型，如图 7-14 所示。

图 7-14　"钻孔图层"选项卡

4．"光圈"选项卡

该页用于设置生成 Gerber 文件时建立光圈的选项，如图 7-15 所示。系统默认选中"嵌入式光圈（RS274X）"选项，即生成 Gerber 文件时自动建立光圈。如果禁止该选项，则右侧的光圈表将可以使用，设计者可以自行加载合适的光圈表。

图 7-15　"光圈"选项卡

"光圈"的设定决定了 Gerber 文件的不同格式，一般有两种：RS274D 和 RX274X，其主要区别在于：

- RS274D 包含 XY 坐标数据，但不包含 D 码文件，需要用户给出相应的 D 码文件。
- RS274X 包含 XY 坐标数据，也包含 D 码文件，不需要用户给出 D 码文件。

D 码文件为 ASCII 文本格式文件，文件的内容包含了 D 码的尺寸、形状和曝光方式。建议用户选择使用 RS274X 方式，除非有特殊的要求。

5."高级"选项卡

该页设置与光绘胶片相关的各个选项，如图 7-16 所示。在该选项卡中设置胶片尺寸及边框大小、零字符格式、光圈匹配容许误差、板层在胶片上的位置、制造文件的生成模式和绘图器类型等。

在"Gerber 设置"对话框中设置好各参数后，单击 确定 按钮，系统将按照设置自动生成各个图层的 Gerber 文件，并加入到 Projects（工程）面板的该工程的

图 7-16 "高级"选项卡

生成（Generated）文件夹中。同时，系统启动 CAMtastic 编辑器，将所有生成的 Gerber 文件集成为"CAMtasticl.CAM"文件，并自动打开。在这里，可以进行 PCB 制作版图的校验、修正、编辑等工作。

Altium Designer 13 系统针对不同 PCB 层生成的 Gerber 文件对应着不同的扩展名，如表7-1 所示。

表7-1 Gerber文件的扩展名

PCB 层面	Gerber 文件扩展名	PCB 层面	Gerber 文件扩展名
Top Overlay	.GTO	Top Paste Mask	.GTP
Bottom Overlay	.GBO	Bottom Paste Mask	.GBP
Top Layer	.GTL	Drill Drawing	.GDD
Bottom Layer	.GBL	Drill Drawing Top to Mid1、Mid2 to Mid3 etc	.GD1、.GD2 etc
Mid Layer1、2 etc	.G1、.G2 etc	Drill Guide	.GDG
PowerPlane1、2 etc	.GP1、.GP2 etc	Drill Guide Top to Mid1、Mid2 to Mid3 etc	.GG1、.GG2 etc
Mechanical Layer1、2 etc	.GM1、.GM2 etc	Pad Master Top	.GPT
Top Solder Mask	.GTS	Pad Master Bottom	.GPB
Bottom Solder Mask	.GBS	Keep-out Layer	.GKO

7.3　电路板的报表输出

PCB 绘制完毕，可以利用 Altium Designer 13 提供丰富的报表功能，生成一系列的报表文件。这些报表文件有着不同的功能和用途，为 PCB 设计的后期制作、元件采购、文件交流等提供了方便。在生成各种报表之前，首先确保要生成报表的文件已经被打开并置为当前文件。

7.3.1　PCB 图的网络表文件

前面介绍的 PCB 设计，采用的是从原理图生成网络表的方式，这也是大多数 PCB 设计的方法。但是，有些时候，设计者直接调入元件封装绘制 PCB 图，没有采用网络表，或者在 PCB 图绘制过程中，连接关系有所调整，这时 PCB 的真正网络逻辑和原理图的网络表有所差异。可以从 PCB 图中生成一份网络表文件。

下面通过从 PCB 文件"USB 接口电路.PcbDoc"中生成网络表来详细介绍 PCB 图网络表文件生成的具体步骤：

01　在 PCB 编辑器主菜单中选择"设计"→"网络表"→"从 PCB 输出网络表"菜单命令，系统弹出确认对话框，如图 7-17 所示。

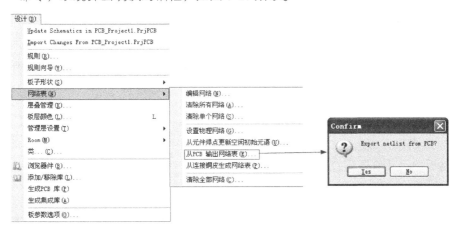

图 7-17　从 PCB 生成网络表文件

02　单击 Yes 按钮确认，系统生成 PCB 网络表文件"Exported USB 接口电路.Net"，并自动打开。

03　该网络表文件作为自由文档加入 Projects（工程）面板中，如图 7-18 所示。

另外，还可以根据 PCB 图内的物理连接关系建立网络表。方法是在 PCB 编辑器中选择"设计"→"网络表"→"从连接铜皮生成网络表"菜单命令，系统生成名为"GeneratedUSB 接口电路.Net"的网络表文件。

网络表可以根据需要进行修改，修改后的网络表可再次载入，以验证 PCB 板的正确性。

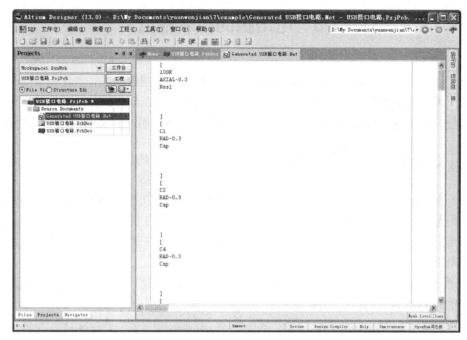

图 7-18　由 PCB 文件生成网络表

7.3.2　PCB 板信息报表

选择"报告"→"板子信息"菜单命令，弹出"PCB 信息"对话框，如图 7-19 所示。PCB 板信息报表对 PCB 板的元件网络和一般细节信息进行了汇总报告。

1."通用"选项卡

如图 7-19 所示，该选项卡汇总了 PCB 板上的各类图元，如导线、过孔、焊盘等的数量，报告了电路板的尺寸信息和 DRC 违规数量。

2."器件"选项卡

该选项卡报告了 PCB 上元件的统计信息，包括元件总数、各层放置数目和元件标号列表，如图 7-20 所示。

图 7-19　"PCB 信息"对话框

图 7-20　"器件"选项卡

3. "网络"选项卡

该选项卡中列出了电路板的网络统计，包括导入网络总数和网络名称列表，如图 7-21 所示。单击 "Pwr/Gnd（电源/接地）按钮，系统将弹出如图 7-22 所示的 "内部平面信息" 对话框。对于双面板，该信息框是空白的。

图 7-21　"网络"选项卡

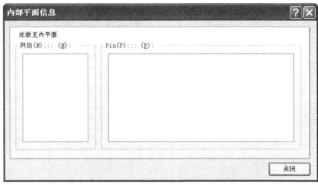

图 7-22　"内部平面信息"对话框

在任一选项卡中单击 "报告" 按钮，系统将弹出如图 7-23 所示的 "板报告" 对话框，通过该对话框可以生成 PCB 信息的报表文件，在该对话框的列表框中选择要包含在报表文件中的内容。选中 "仅选择对象" 复选框时，单击 "所有的打开" 按钮，选择所有板信息。

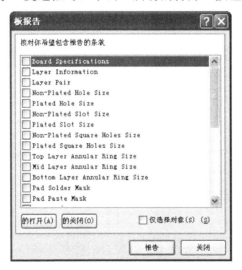

图 7-23　"板报告"对话框

报表列表选项设置完毕后，在 "板报告" 对话框中单击 "报告" 按钮，系统将生成 "Board Information-USB 接口电路.html" 的报表文件。该报表文件将作为自由文档加入到 "Projects（工程）" 面板中，并自动在工作区内打开，PCB 信息报表如图 7-24 所示。

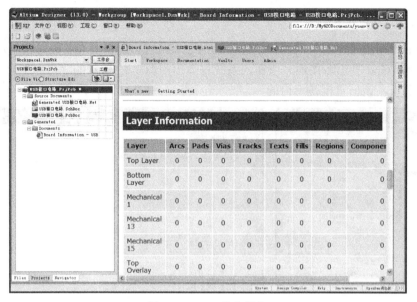

图 7-24　PCB 信息报表

7.3.3　元器件报表

选择"报告"→Bill of Materials（材料清单）菜单命令，系统弹出相应的元件报表对话框，如图 7-25 所示。

图 7-25　元件报表对话框

在该对话框中，可以对要创建的元器件报表进行选项设置。左边有两个列表框，它们的含义不同。

● "聚合的纵队"：用于设置创建网络表的条件。该列表框用于设置元件的归类标准。可以将"全部纵队"中的某一属性信息拖到该列表框中，则系统将以该属性信息为标准，对元件进行归类，显示在元器件报表中。

- "全部纵列"：该列表框列出系统提供的所有元件属性信息，如 Description（元件描述信息）、ComponentKind（元件类型）等。对于需要查看的有用信息，选中右边与之对应的复选框，即可在元器件报表中显示出来。在图 7-25 中，使用了系统的默认设置。

要生成并保存报告文件，单击对话框内的 <u>按钮E (E)</u> 按钮，弹出 Export For 对话框。选择保存类型和保存路径，保存文件即可。

7.3.4　简单元器件报表

选择"报告"→Simple BOM（简单元器件报表）菜单命令，系统自动生成两份当前 PCB 文件的元件报表，分别为"设计名.BOM"和"设计名.CSV"。这两个文件被加入到 Projects 面板内该工程的生成文件夹中，并自动打开，如图 7-26 和图 7-27 所示。

图 7-26　简易元件报表".BOM"文件

图 7-27　简易元件报表".CSV"文件

简单元件报表将同种类型的元件统一计数，简单明了。报表以元件的 Comment（内容）为依据将元件分组，列出其 Comment（内容）、Pattern（Footprint）（方案（封装））、Quantity

（数量）、Components（Designator）（元件（标示））和 Descriptor（描述）等几方面的属性。

7.3.5 网络表状态报表

该报表列出了当前 PCB 文件中所有的网络，并说明了它们所在的层面和网络中导线的总长度。选择"报告"→"网络表状态"菜单命令，即生成名为"Net Status-USB 接口电路.html"的网络表状态报表，其格式如图 7-28 所示。

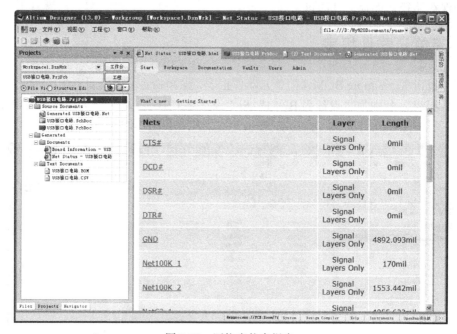

图 7-28　网络表状态报表

7.4　操作实例——装饰彩灯控制电路后期设计

本章节利用"装饰彩灯控制电路.PcbDoc"的 PCB 电路板图，如图 7-29 所示，完成电路板信息报表、打印输出等后期处理操作。

7.4.1　电路板信息及网络状态报表

电路板信息报表的作用在于给用户提供一个电路板的完整信息。通过电路板信息报表，了解电路板尺寸、电路板上的元器件标号。而通过网络状态可以了解电路板中每一条网络的长度。

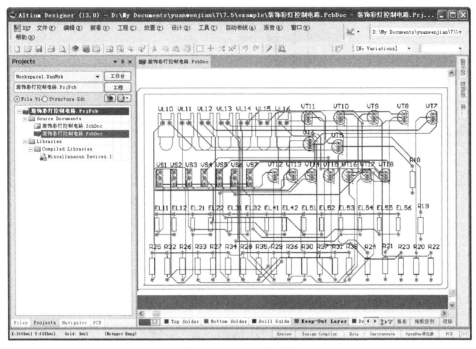

图 7-29 PCB 电路板图

01 选择"报告"→"板子信息"菜单命令，弹出如图 7-30 所示的对话框。

02 单击如图 7-30 所示对话框的"通用"选项卡，显示电路板的大小、各个元件的数量、导线数、焊点数、导孔数、覆铜数和违反设计规则的数量等。

03 单击如图 7-30 所示对话框的"器件"选项卡，显示当前电路板上使用的元件序号及元件所在的板层等信息，如图 7-31 所示。

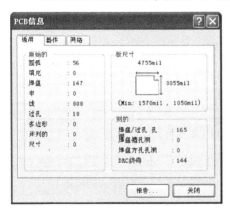

图 7-30 "PCB 信息"对话框   图 7-31 "器件"选项卡

04 单击如图 7-30 所示对话框的"网络"选项卡，显示当前电路板中的网络信息，如图 7-32 所示。

05 单击 [/Gnd(P) (P)] 按钮，显示如图 7-33 所示的"内部平面信息"对话框。对于双面板，该信息框是空白的。

图 7-32 "网络"选项卡

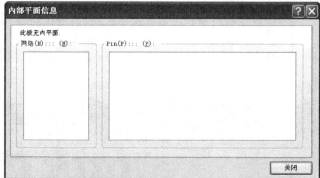

图 7-33 "内部平面信息"对话框

06 单击"网络"选项卡中的 报告... 按钮，显示如图 7-34 所示的"板报告"对话框。如果单击 的打开(A) 按钮，选中所有选项，单击 的关闭(0) 按钮，则不选中任何选项。如果选中"仅选择对象"复选框，则产生选中对象的电路板信息报表。

07 单击 的打开(A) 按钮，选中所有选项。再单击 报告... 按钮，生成以".html"为后缀的报表文件，内容形式如图 7-35 所示。

图 7-34 "板报告"对话框

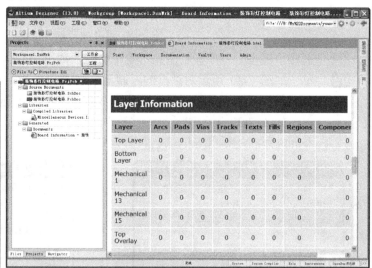

图 7-35 电路板信息报表

08 选择"报告"→"网络表状态"菜单命令，生成以".html"为后缀的网络状态报表，如图 7-36 所示。

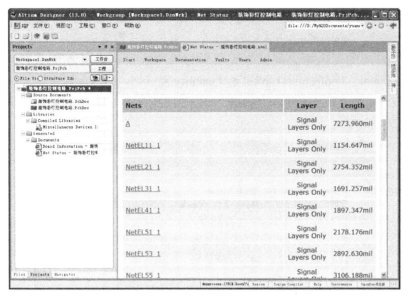

图 7-36　网络状态报表

7.4.2　电路板元件清单报表

利用图 7-29 所示的 PCB 电路板图，完成电路板元件清单报表。元件清单是设计完成后首先要输出的一种报表，它将工程中使用的所有元器件的有关信息进行统计输出，并且可以输出多种文件格式。通过本例的学习，掌握和熟悉根据所设计的 PCB 电路板图产生各种格式的元件清单的报表。

01　打开 PCB 文件，选择"报告"→Bill of Materials（材料清单）菜单命令，弹出如图 7-37 所示的对话框。

图 7-37　Bill of Materials For PCB Document 对话框

02 "全部纵列"列表框列出了系统提供的所有元件属性信息，如 Description（元件描述信息）、ComponentKind（元件类型）等。对于需要查看的有用信息，选中右边与之对应的复选框，即可在元器件报表中显示出来。本例选中 Description、Designator、Footprint、LibRef 和 Quantity 复选框。

03 完成设置后单击 菜单按钮下的"报告"命令，显示如图 7-38 所示的"报告预览"对话框。

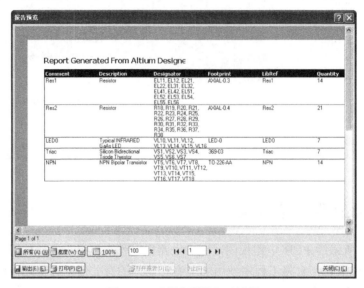

图 7-38 "报告预览"对话框

04 单击 按钮，显示如图 7-39 所示的 Export For（从工程输出报告）对话框。将报告导出为一个其他文件格式后保存。

图 7-39 Export For 对话框

05 输入文件名"装饰彩灯控制电路"，选择文件保存类型为".xls"，单击 按钮返回到"报告预览"对话框。

06 单击 按钮，打印元器件清单。

7.4.3　PCB 图纸打印输出

利用图 7-29 所示的 PCB 电路板图，完成图纸打印输出。通过本例的学习，掌握和熟悉根据所设计的 PCB 电路板图纸进行打印输出的方法和步骤。在进行打印机设置时包括打印机的类型设置、纸张大小的设置、电路图纸的设置。Altium Designer 13 提供了分层打印和叠层打印两种打印模式，观察两种输出的不同。

01　打开 PCB 文件。

02　选择"文件"→"页面设置"菜单命令，系统将弹出如图 7-40 所示的打印页面设置对话框。

图 7-40　打印页面设置对话框

03　在"打印纸"选项组设置 A4 型号的纸张，打印方式设置为"风景图"（横放）。

04　在"颜色设置"选项组选择"灰的"单选项。

05　在"缩放模式"选项中选择 Fit Document on Page（缩放到适合图纸大小），其余各项不用设置。

06　单击 高级... 按钮，打开如图 7-41 所示打印层面设置对话框。

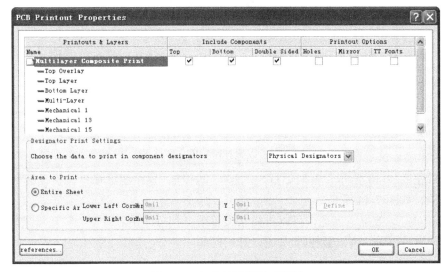

图 7-41　打印层面设置对话框

07 在该对话框中，显示如图 7-29 所示的 PCB 电路板图中所用到的板层。在图 7-46 中需要的板层上单击右键，然后在弹出的快捷菜单中选择相应的命令，即可在进行打印时添加或者删除一个板层，如图 7-42 所示。

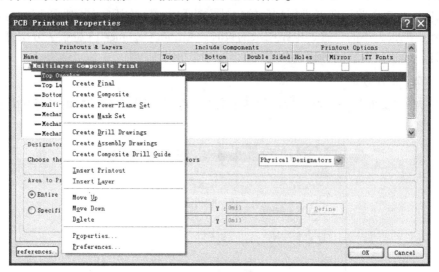

图 7-42 添加或者删除板层

08 单击图 7-42 中 references... 按钮，即可打开如图 7-43 所示的设置对话框。在该对话框中设置打印颜色、字体。

图 7-43 设置打印颜色和字体

09 单击图 7-40 所示设置对话框中的 预览(V) 按钮，显示图纸和打印机设置后的打印效果，如图 7-44 所示。

10 若对打印效果不满意，可以再重新设置纸张和打印机。

11 设置完成后，单击 打印(P) 按钮，开始打印。

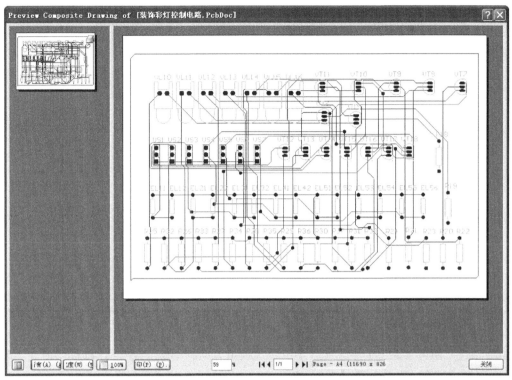

图 7-44　打印预览

7.4.4　生产加工文件输出

PCB 设计的目的就是在 PCB 生产过程提供相关的数据文件，因此，作为 PCB 设计的最后一步就是产生 PCB 加工文件。

利用图 7-29 所示的 PCB 电路板图，完成生产加工文件包括信号布线层的数据输出，丝印层的数据输出，阻焊层的数据输出，助焊层的数据输出和钻孔数据的输出。通过本例的学习，使读者掌握生产加工文件的输出，为生产部门实现 PCB 的生产加工提供文件。

实例操作步骤如下：

01　打开 PCB 文件。

02　选择"文件"→"制造输出"→Gerber Files（ Gerber 文件 ）菜单命令，系统弹出"Gerber 设置" 对话框，如图 7-45 所示。

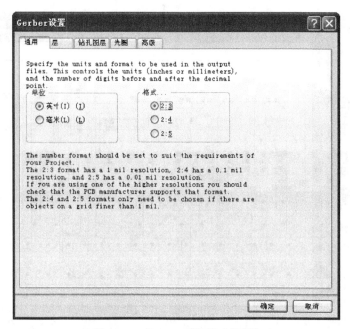

图 7-45   "Gerber 设置"对话框

03 在"通用"选项卡中设置"单位"选项组为英制单位"英寸",设置"格式"选项组为 2:3,如图 7-45 所示。

04 在对话框中单击"层"选项卡,则对话框内容如图 7-46 所示,在该对话框中选择输出的层,依次选中需要输出的所有层。

图 7-46   输出层的设置

05 在图 7-46 中单击"画线层"列表框,选择"所有使用的"选项,则对话框的显示如图 7-47 所示。

图 7-47 选择输出顶层布线层

06 单击"钻孔图层"选项卡，如图 7-48 所示。在"钻孔图层"选项卡内选择 Bottom Layer-Top Layer（顶层-底层），在该项区域的右边"钻孔绘制符号"选项组中选择"绘图符号"，将"符号大小"设置为 50mil。

图 7-48 产生的所有层的 Gerber 输出文件

07 单击"光圈"选项卡，然后选择"嵌入的孔径"复选框，这时系统将在输出加工数据时，自动产生 D 码文件，如图 7-49 所示。

图 7-49　选择孔径 D 码

08　单击"高级"选项卡，采用系统默认设置，如图 7-50 所示。

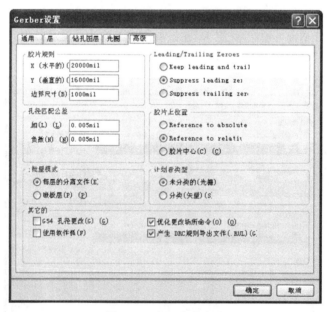

图 7-50　高级选项设置

09　单击 确定 按钮，则得到系统输出的 Gerber 文件。同时系统输出各层的 Gerber 和
钻孔文件，如图 7-51 所示。

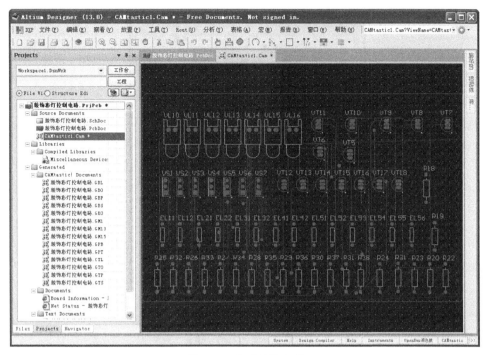

图 7-51 生成钻孔文件

⑩ 打开生成的 CAM 文件，选择"文件"→"导出"→Gerber 菜单命令，出现如图 7-52 所示的对话框。单击 [RS-274-X] 按钮，再单击 [设置(S)(S)...] 按钮，出现如图 7-53 所示的对话框。

图 7-52 输出 Gerber 文件

图 7-53 输出 Gerber 文件设置

⑪ 在该对话框中，采用系统的默认设置，单击 [确定] 按钮。在弹出的对话框中，可以对需要输出的 Gerber 文件进行选择。

⑫ 单击 [确定] 按钮，系统将输出所有选中的 Gerber 文件，如图 7-54 所示。

图 7-54　显示输出 Gerber 文件

13 在 PCB 编辑界面，选择"文件"→"制作输出"→NC Drill Files（NC 钻孔文件）菜单命令，输出 NC 钻孔图形文件，这里不再赘述。

7.5　上机实验

实验 1. 打开上一章节上机实验的实验 2——"看门狗电路. PRJPCB"文件，生成 PCB 图的网络表文件、元器件报表、简单元器件报表

⚘ 操作提示

选择"设计"→"网络表"→"从 PCB 输出网络表"菜单命令；选择"报告"→Bill of Materials（材料清单）菜单命令；选择"报告"→Simple BOM（简单元器件报表）命令，系统自动生成两份当前 PCB 文件的元件报表，分别为"设计名.BOM"和"设计名.CSV"

实验 2. 在实验 1 的基础上，生成 PCB 文件的电路板信息报表以及网络状态报表。

⚘ 操作提示

分别选择"报告"菜单中的"板子信息"命令和"网络表状态"命令。工程结构表和网络状态报表的文件名后缀均为".html"。

实验 3. 测量从 C1 第 1 脚到 U2 第 12 脚的距离。

⚘ 操作提示

选择"报告"菜单中的"测量距离"命令，然后用鼠标确定要测量的起点和终点。

7.6　思考与练习

1. 对比工程文件结构报表的操作差异。

2．在如图 7-55 所示的"PS7219 及单片机的 SPI.P 接口电路"电路板图基础上，练习电路板信息报表、简单元器件报表以及网络状态报表，最后练习测量电路板上两点之间的距离。

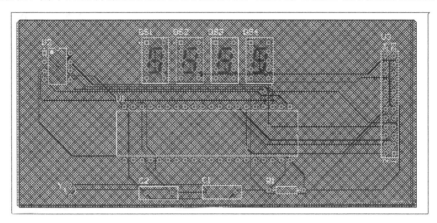

图 7-55　练习 2 图示

第 8 章

信号完整性分析

☞ 内容指南

随着新工艺、新器件的迅猛发展,高速器件在电路设计中的应用已日趋成熟。在这种高速电路系统中,数据的传送速率、时钟的上传频率都相当高,而且由于功能的复杂多样,电路密集度也相当大。因此,设计的重点将与低速电路设计时截然不同,不再仅仅是元器件的合理放置与导线的正确连接,还应该对信号的完整性(Signal Integrity,简称 SI)问题给予充分的考虑,否则,即使原理正确,系统也可能无法正常工作。

☞ 知识重点

- 信号完整性分析概念
- 信号完整性分析规则
- 信号完整性分析器

8.1 信号完整性分析概述

所谓信号完整性,顾名思义,就是指信号通过信号线传输后仍能保持完整,即仍能保持其正确的功能而未受到损伤的一种特性。具体来说,是指信号在电路中以正确的时序和电压做出响应的能力。当电路中的信号能够以正确的时序、要求的持续时间和电压幅度进行传送,并到达输出端时,说明该电路具有良好的信号完整性,而当信号不能正常响应时,就出现了信号完整性问题。

常见的信号完整性问题主要有如下几种。

1. 传输延迟(Transmission Delay)

传输延迟表明数据或时钟信号没有在规定的时间内以一定的持续时间和幅度到达接收端。信号延迟是由驱动过载、走线过长的传输线效应引起的,传输线上的等效电容、电感会对信号的数字切换产生延时,影响集成电路的建立时间和保持时间。集成电路只能按照规定的时序来接收数据,延时足够长会导致集成电路无法正确判断数据,则电路将工作不正常甚至完全不能工作。

在高频电路设计中，信号的传输延迟是一个无法完全避免的问题，为此引入了延迟容限的概念，即在保证电路能够正常工作的前提下，所允许的信号最大时序变化量。

2．串扰（Crosstalk）

串扰是没有电气连接的信号线之间的感应电压和感应电流所导致的电磁耦合。这种耦合会使信号线起着天线的作用，其容性耦合会引发耦合电流，感性耦合会引发耦合电压，并且随着时钟速率的升高和设计尺寸的缩小而加大。这是由于信号线上有交变的信号电流通过时，会产生交变的磁场，所以处于该磁场中的其他信号线会感应出信号电压。

印刷电路板层的参数、信号线的间距、驱动端和接收端的电气特性及信号线的端接方式等都对串扰有一定的影响。

3．反射（Reflection）

反射就是传输线上的回波，信号功率的一部分经传输线传给负载，另一部分则向源端反射。在高速设计中可以把导线等效为传输线，而不再是集总参数电路中的导线，如果阻抗匹配（源端阻抗、传输线阻抗与负载阻抗相等），则反射不会发生。反之，若负载阻抗与传输线阻抗失配就会导致接收端的反射。

布线的某些几何形状、不适当的端接、经过连接器的传输及电源平面不连续等因素均会导致信号的反射。由于反射，会导致传送信号出现严重的过冲（Overshoot）或下冲（Undershoot）现象，致使波形变形、逻辑混乱。

4．接地反弹（Ground Bounce）

接地反弹是指由于电路中较大的电流涌动而在电源与接地平面间产生大量噪声的现象。如大量芯片同步切换时，会产生一个较大的瞬态电流从芯片与电源平面间流过，芯片封装与电源间的寄生电感、电容和电阻会引发电源噪声，使得零电位平面上产生较大的电压波动（可能高达 2V），足以造成其他元器件误动作。

由于接地平面的分割（分为数字接地、模拟接地、屏蔽接地等），可能引起数字信号传到模拟接地区域时，产生接地平面回流反弹。同样，电源平面分割也可能出现类似危害。负载容性的增大、阻性的减小、寄生参数的增大、切换速度增高，以及同步切换数目的增加，均可能导致接地反弹增加。

除此之外，在高频电路的设计中还存在其他一些与电路功能本身无关的信号完整性问题，如：电路板上的网络阻抗、电磁兼容性等。

因此，在实际制作 PCB 印制板之前进行信号完整性分析，以提高设计的可靠性，降低设计成本，应该说是非常重要和必要的。

8.2　信号完整性分析规则设置

Altium Designer 13 中包含了许多信号完整性分析的规则，这些规则用于在 PCB 设计中检测一些潜在的信号完整性问题。

在 Altium Designer 13 的 PCB 编辑环境中，执行"设计"→"规则"菜单命令，系统将

弹出如图 8-1 所示的"PCB 规则及约束编辑器"对话框。在该对话框中单击设计规则前面的⊞
按钮，选择其中的"信号完整性"规则设置选项，即可看到如图 8-1 所示的各种信号完整性
分析的选项，可以根据设计工作的要求选择所需的规则进行设置。

图 8-1　"PCB 规则及约束编辑器"对话框

在"PCB 规则及约束编辑器"对话框中列出了 Altium Designer 13 提供的所有设计规则，
但是这仅仅是列出可以使用的规则，要想在 DRC 校验时真正使用这些规则，还需要在第一次
使用时，把该规则作为新规则添加到实际使用的规则库中。

在需要使用的规则上单击鼠标右键，弹出环境菜单，在该菜单中选择"新规则"命令，
即可把该规则添加到实际使用的规则库中。如果需要多次用到该规则，可以为它建立多个新
的规则，并用不同的名称加以区别。

要想在实际使用的规则库中删除某个规则，可以选中该规则并在右键快捷菜单中执行"删
除规则"命令，即可从实际使用的规则库中删除该规则。

在右键快捷菜单中执行 Export Rules（导出规则）命令，可以把选中的规则从实际使用的
规则库中导出。在右键快捷菜单中执行 Import Rules（导入规则）命令，系统弹出如图 8-2 所
示的 PCB 设计规则库，可以从设计规则库中导入所需的规则。在右键快捷菜单中执行"报告"
命令，则可以为该规则建立相应的报告文件，并可以打印输出。

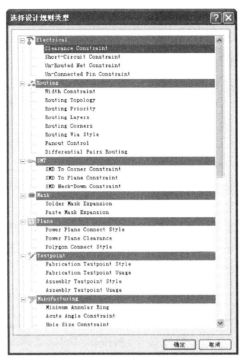

图 8-2　导入设计规则对话框

在 Altium Designer 13 中包含有 13 条信号完整性分析的规则，下面分别介绍。

1. 激励信号（Signal Stimulus）规则

在"信号完整性"上单击鼠标右键，系统弹出右键快捷菜单。选择"新规则"项，生成 Signal Stimulus（激励信号）激励信号规则选项，单击该规则，则出现如图 8-3 所示的激励信号设置对话框，可以在该对话框中设置激励信号的各项参数。

图 8-3　Signal Stimulus 规则设置对话框

- "名称"文本框: 参数名称, 用来为该规则设立一个便于理解的名字, 在 DRC 校验中, 当电路板布线违反该规则时, 就将以该参数名称显示此错误。
- "注释"文本框: 该规则的注释说明。
- "唯一 ID"文本框: 为该参数提供的一个随机的 ID 号。
- Where the First Object Matches (第一类对象的设置范围): 用来设置激励信号规则所适用的范围, 一共有 6 种选项。
  - "所有"单选项: 规则在指定的 PCB 印制电路板上都有效;
  - "网络"单选项: 规则在指定的电气网络中有效;
  - "网络类"单选项 (网络类): 规则在指定的网络类中有效;
  - "层"单选项: 规则在指定的某一电路板层上有效;
  - "网络和层"单选项: 规则在指定的网络和指定的电路板层上有效;
  - "高级的"单选项: 高级设置选项, 选择该单选按钮后, 可以单击右边的"查询构建器"按钮, 自行设计规则使用范围。

- "约束"选项组: 用于设置激励信号规则。共有 5 个选项, 其含义如下:
  - "激励类型": 包括三种选项, Constant Level 表示激励信号为某个常数电平, Single Pulse 表示激励信号为单脉冲信号, Periodic Pulse 表示激励信号为周期性脉冲信号;
  - "开始级别": 设置激励信号的初始电平, 仅对 Single Pulse 和 Periodic Pulse 有效, 设置初始电平为低电平选择 Low Level, 设置初始电平为高电平选择 High Level;
  - "开始时间": 设置激励信号高电平脉宽的起始时间;
  - "停止时间": 设置激励信号高电平脉宽的终止时间;
  - "时间周期": 设置激励信号的周期。

设置激励信号的时间参数, 在输入数值的同时, 要注意添加时间单位, 以免设置出错。

2. 信号过冲的下降沿 (Overshoot-Falling Edge) 规则

信号过冲的下降沿定义了信号下降边沿允许的最大过冲位, 也即信号下降沿上低于信号基值的最大阻尼振荡, 系统默认单位是伏特, 如图 8-4 所示。

图 8-4 Overshoot-Falling Edge 规则设置对话框

3. 信号过冲的上升沿（Overshoot-Rising Edge）规则

信号过冲的上升沿与信号过冲的下降沿是相对应的，它定义了信号上升边沿允许的最大过冲值，也即信号上升沿上高于信号上位值的最大阻尼振荡，系统默认单位是伏特，如图 8-5 所示。

图 8-5　Overshoot- Rising Edge 规则设置对话框

4. 信号下冲的下降沿（Undershoot-Falling Edge）规则

信号下冲与信号过冲略有区别。信号下冲的下降沿定义了信号下降边沿允许的最大下冲值，也即信号下降沿上高于信号基值的阻尼振荡，系统默认单位是伏特，如图 8-6 所示。

图 8-6　Undershoot-Falling Edge 规则设置对话框

5. 信号下冲的上升沿（Undershoot-Rising Edge）规则

信号下冲的上升沿与信号下冲的下降沿是相对应的，它定义了信号上升边沿允许的最大下冲值，也即信号上升沿上低于信号上位值的阻尼振荡，系统默认单位是伏特，如图 8-7 所示。

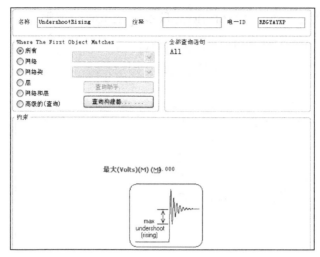

图 8-7　Undershoot-Rising Edge 规则设置对话框

6. 阻抗约束（Impedance）规则

阻抗约束定义了电路板上所允许电阻的最大值和最小值，系统默认单位是欧姆。阻抗和导体的几何外观以及电导率，导体外的绝缘层材料以及电路板的几何物理分布，也即导体间在 Z 平面域的距离相关。上述的绝缘层材料包括板的基本材料、多层间的绝缘层以及焊接材料等。

7. 信号高电平（Signal Top Value）规则

信号高电平定义了线路上信号在高电平状态下所允许的最小稳定电压值，也即是信号上位值的最小电压，系统默认单位是伏特，如图 8-8 所示。

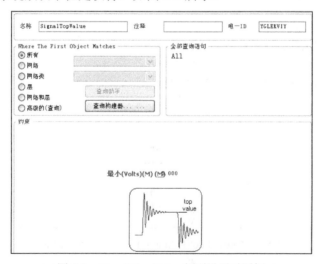

图 8-8　Signal Top Value 规则设置对话框

8. 信号基值（Signal Base Value）规则

信号基值与信号高电平是相对应的，它定义了线路上信号在低电平状态下所允许的最大稳定电压值，也即是信号的最大基值，系统默认单位是伏特，如图 8-9 所示。

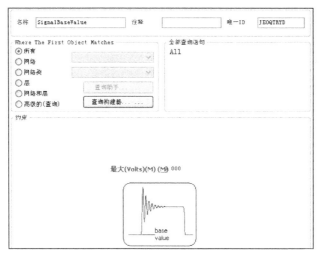

图 8-9 Signal Base Value 规则设置对话框

9．飞升时间的上升沿（Flight Time-Rising Edge）规则

飞升时间的上升沿定义了信号上升边沿允许的最大飞行时间，也即是信号上升边沿到达信号设定值的 50%时所需的时间，系统默认单位是秒，如图 8-10 所示。

图 8-10 Flight Time-Rising Edge 规则设置对话框

10．飞升时间的下降沿（Flight Time-Falling Edge）规则

飞升时间的下降沿是相互连接结构的输入信号延迟，是实际的输入电压到门限电压之间的时间，小于这个时间将驱动一个基准负载，该负载直接与输出相连接。

飞升时间的下降沿与飞升时间的上升沿是相对应的，它定义了信号下降边沿允许的最大飞行时间，也即是信号下降边沿到达信号设定值的 50%时所需的时间，系统默认单位是秒，如图 8-11 所示。

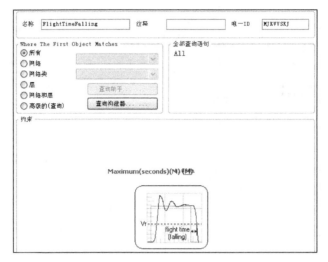

图 8-11　Flight Time-Falling Edge 规则设置对话框

11．上升边沿斜率（Slope-Rising Edge）规则

上升边沿斜率定义了信号从门限电压上升到有效高电平时所允许的最大时间，系统默认单位是秒，如图 8-12 所示。

图 8-12　Slope-Rising Edge 规则设置对话框

12．下降边沿斜率（Slope-Falling Edge）规则

下降边沿斜率与上升边沿斜率是相对应的，它定义了信号从门限电压下降到有效的低电平时所允许的最大时间，系统默认单位是秒，如图 8-13 所示。

图 8-13 Slope-Falling Edge 规则设置对话框

13. 电源网络（Supply Nets）规则

电源网络定义了电路板上的电源网络标号。信号完整性分析器需要了解电源网络标号的名称和电压位。

在设置好完整性分析的各项规则后，在工程文件中打开某个 PCB 设计文件，系统即可根据信号完整性的规则设置进行 PCB 印制电路板的板级信号完整性分析。

8.3 设定元件的信号完整性模型

使用 Altium Designer 13 进行信号完整性分析是建立在模型基础之上的，这种模型就称为 Signal Integrity 模型，简称 SI 模型。

与封装模型、仿真模型一样，SI 模型也是元件的一种外在表现形式，很多元件的 SI 模型与相应的原理图符号、封装模型、仿真模型一起，被系统存放在集成库文件中。因此，需要对元件的 SI 模型进行设定。

元件的 SI 模型可以在信号完整性分析之前设定，也可以在信号完整性分析的过程中进行设定。

8.3.1 在信号完整性分析之前设定元件的 SI 模型

在 Altium Designer 13 中，提供了若干种可以设定 SI 模型的元件类型，如 IC（集成电路）、Resistor（电阻类元件）、Canacitor（电容类元件）、Connector（连接器类元件）、Diode（二极管类元件）以及 BJT（双极性三极管类元件）等，对于不同类型的元件，其设定方法是不同的。

单个的无源器件，如电阻、电容等，设定比较简单。

1. 无源元件的 SI 模型设定

图 8-14 模型添加对话框

01 在电路原理图中，双击所放置的某一无源元器件，打开相应的元件属性对话框。这里打开前面章节的 Cpu.SchDoc 原理图文件，双击一个电阻。

02 单击元件属性对话框下方的 Add... 按钮，在系统弹出的模型添加对话框中，选择"Singnal Integrity"，如图 8-14 所示。

03 单击 确定 按钮后，系统弹出如图 8-15 所示的 Singal Integrity Model 对话框。在对话框中，只需要在 Type（类型）文本框中选中相应的类型，然后在下面的 Value（定值）文本框中输入适当的阻容值即可。若在 Model（模型）栏的类型中，若元件的"信号完整性"模型已经存在，则双击后系统同样弹出如图 8-15 所示的对话框。

04 单击 OK 按钮，即可完成该无源器件的 SI 模型设定。

对于 IC 类的元器件，其 SI 模型的设定同样是在信号完整性模型对话框中完成的。一般说来，只需要设定其技术特性就够了，如 CMOS、TTL 等。但是在一些特殊的应用中，为了更为准确地描述管脚的电气特性，还需要进行一些额外的设定。

在 Singal Integrity Model 对话框的 Pin Models（管脚模式）部分，列出了元器件的所有管脚，在这些管脚中，电源性质的管脚是不可编辑的。而对于其他管脚，则可以直接用后面的下拉列表框完成简单功能的编辑。例如，在图 8-16 中，将某一 IC 类元器件的某一输入管脚的技术特性，即工艺类型设定为 AS（Advanced Schottky Logic，高级肖特基晶体管逻辑）。

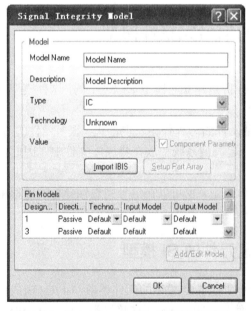

图 8-15 Signal Integrity Model 设定对话框

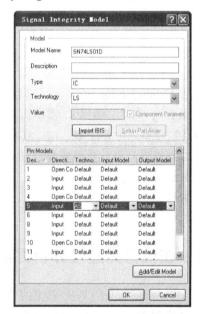

图 8-16 IC 元器件的管脚编辑

如果需要进一步的编辑，可以进行如下的操作。

2. 新建一个管脚模型

01 单击信号完整性设定对话框中的 Add/Edit Model 按钮，系统会打开相应的"管脚模型编辑器"对话框,如图 8-17 所示。

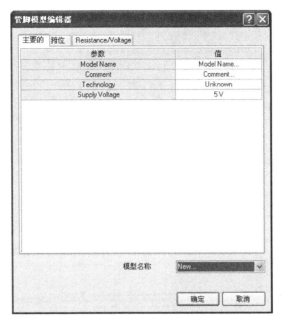

图 8-17　"管脚模型编辑器"对话框

02 单击 OK 按钮后,返回信号完整性模型对话框,可以看到添加了新的输入管脚模型供用户选择。另外,为了简化设定 SI 模型的操作,以及保证输入的正确性,对于 IC 类元器件,一些公司提供了现成的管脚模型供用户选择使用,这就是 IBIS(Input/Output Buffer Information Specification,输入输出缓冲器信息规范)文件,扩展名为".ibs"。使用 IBIS 文件的方法很简单,在 IC 类元器件的信号完整性模型对话框中,单击 Import IBIS 按钮,打开已下载的 IBIS 文件就可以了。

03 对元件的 SI 模型设定之后,选择"设计"→Update PCB Document(更新文件)菜单命令,即可完成相应 PCB 文件的同步更新。

8.3.2　在信号完整性分析过程中设定元件的 SI 模型

具体操作步骤如下。

01 打开一个要进行信号完整性分析的工程,这里从随书光盘"源文件/第 8 章/SY"文件夹中打开一个简单的设计工程 SY.PrjPCB,打开 SY.PcbDoc 如图 8-18 所示。

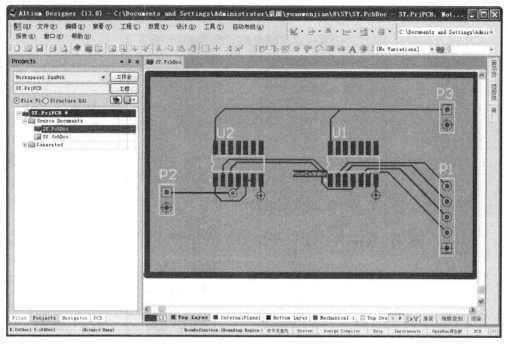

图 8-18 打开的工程文件

02 选择"工具"→"信号完整性"菜单命令后，系统开始运行信号完整性分析器，弹出如图 8-19 所示信号的完整性分析器，其具体设置下一节再详细介绍。

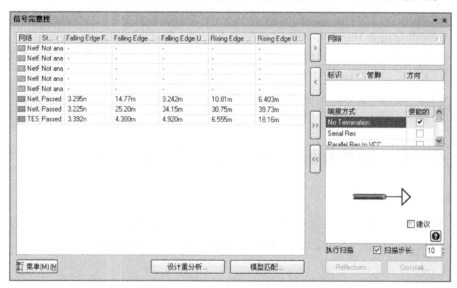

图 8-19 信号完整性分析器

03 单击 模型匹配 按钮后，系统会打开 SI 模型参数设定对话框，显示所有元件的 SI 模型设定情况，供用户参考或修改，如图 8-20 所示。

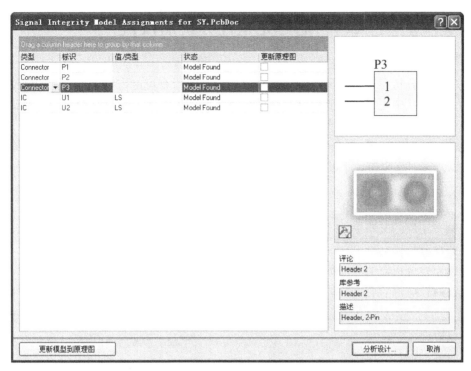

图 8-20　元件的 SI 模型设定对话框

显示框中左边第一列显示的是已经为元件选定的 SI 模型的类型，用户可以根据实际的情况，对不合适的模型类型直接单击进行更改。

对于 IC 类型的元件，即集成电路，在对应的"值/类型"列中显示了其工艺类型，该项参数对信号完整性分析的结果有着较大的影响。

在 Status（状态）列中，则显示了当前模型的状态。实际上，在选择"工具"→"信号完整性"菜单命令，开始运行信号完整性分析器的时候，系统已经为一些没有设定 SI 模型的元件添加了模型，这里的状态信息就表示这些自动加入模型的可信程度，可供用户参考。

状态信息一般有如下几种。

- Model Found（找到模型）：已经找到元件的 SI 模型；
- High Confidence（高可信度）：自动加入的模型是高度可信的；
- Medium Confidence（中等可信度）：自动加入的模型可信度是中等；
- Low Confidence（低可信度）：自动加入的模型不是很可信；
- No Match（无）：没有合适的 SI 模型类型；
- User Modified（用户改变的）：用户改变了元件的 SI 模型类型；
- Model Saved（保存的模型）：原理图中的对应元件已经保存了与 SI 模型相关的信息。

在显示框中完成了需要的设定以后，这个结果应该保存到原理图源文件中，以便下次使用。选中要保存元件后面的复选框后，单击 更新模型到原理图 按钮，即可完成 PCB 与原理图中 SI 模型的同步更新保存。保存了的模型状态信息均显示为 Model Saved（保存的模型）。

8.4 信号完整性分析器设置

信号完整性分析可以分为两大步进行：第一步是对所有可能需要进行分析的网络进行一次初步的分析，从中可以了解到哪些网络的信号完整性最差；第二步是筛选出一些信号进行进一步的分析，这两步的具体实现都是在信号完整性分析器中进行的。

Altium Designer 13 提供了一个高级的信号完整性分析器，能精确地模拟分析已布好线的 PCB，可以测试网络阻抗、下冲、过冲、信号斜率等，其设置方式与 PCB 设计规则一样容易实现。

首先启动信号完整性分析器。

打开某一工程的某一 PCB 文件，选择"工具"→"信号完整性"菜单命令，系统开始运行信号完整性分析器。

信号完整性分析器的界面如图 8-21 所示，主要由以下几部分组成。

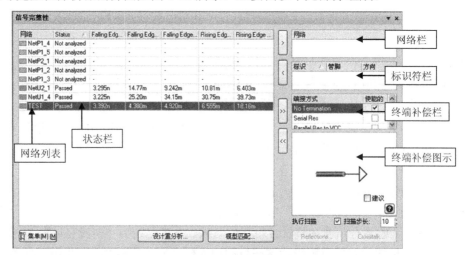

图 8-21　信号完整性分析器界面

1."网络"栏

网络列表中列出了 PCB 文件中所有可能需要进行分析的网络。在分析之前，可以选中需要进一步分析的网络，单击 ▷ 按钮添加到右边的"网络"栏中。

2. Status（状态）栏

用来显示相应网络进行信号完整性分析后的状态，有三种可能。

- Passed（通过）：表示没有问题。
- Not analyzed（无法分析）：表明由于某种原因导致对该信号的分析无法进行。
- Failed（失败）：分析失败。

3."标识符"栏

显示"网络"栏中所选中网络的连接元件管脚及信号的方向。

4．Termination（终端补偿）栏

在 Altium Designer 13 中，对 PCB 板进行信号完整性分析时，还需要对线路上的信号进行终端补偿的测试，目的是测试传输线中信号的反射与串扰，以便使 PCB 印制板中的线路信号达到最优。

在"终端补偿"栏中，系统提供了 8 种信号终端补偿方式，相应的图示则显示在下面的图示栏中。

（1）No Termination（无终端补偿）

该补偿方式如图 8-22 所示，即直接进行信号传输，对终端不进行补偿，是系统的默认方式。

（2）Serial Res（串阻补偿）

该方式如图 8-23 所示，即在点对点的连接方式中，直接串入一个电阻，以减少外来电压波形的幅值，合适的串阻补偿将使得信号正确终止，消除接收器的过冲现象。

图 8-22　No Termination 补偿方式　　　　图 8-23　Serial Res 补偿方式

（3）Parallel Res to VCC（电源 VCC 端并阻补偿）

在电源 VCC 输入端并联的电阻是和传输线阻抗相匹配的，对于线路的信号反射，是一种比较好的补偿方式，如图 8-24 所示。只是，由于该电阻上会有电流流过，因此，将增加电源的消耗，导致低电平阀值的升高，该阀值会根据电阻值的变化而变化，有可能会超出在数据区定义的操作条件。

（4）Parallel Res to GND（接地 GND 端并阻补偿）

该方式如图 8-25 所示，在接地输入端并联的电阻是和传输线阻抗相匹配的，与电源 VCC 端并阻补偿方式类似，这也是终止线路信号反射的一种比较好的方法。同样，由于有电流流过，会导致高电平阀值的降低。

图 8-24　Parallel Res to VCC 补偿方式　　　图 8-25　Parallel Res to GND 补偿方式

（5）Parallel Res to VCC & GND（电源端与地端同时并阻补偿）

该方式如图 8-26 所示，将电源端并阻补偿与接地端并阻补偿结合起来使用，适用于 TTL总线系统，而对于 CMOS 总线系统则一般不建议使用。

由于该方式相当于在电源与地之间直接接入了一个电阻，流过的电流将比较大，因此，

对于两电阻的阻值分配应折中选择，以防电流过大。

（6）Parallel Cap to GND（地端并联电容补偿）

该方式如图 8-27 所示，即在接收输入端对地并联一个电容，可以减少信号噪声。该补偿方式是制作 PCB 印制板时最常用的方式，能够有效地消除铜膜导线在走线的拐弯处所引起的波形畸变。最大的缺点是，波形的上升沿或下降沿会变得太平坦，导致上升时间和下降时间的增加。

图 8-26　Parallel Res to VCC & GND 补偿方式　　图 8-27　Parallel Cap to GND 补偿方式

（7）Res and Cap to GND（地端并阻、并容补偿）

该方式如图 8-28 所示，即在接收输入端对地并联一个电容和一个电阻，与地端仅仅并联电容的补偿效果基本一样，只不过在终结网络中不再有直流电流流过。而且与地端仅仅并联电阻的补偿方式相比，能够使得线路信号的边沿比较平坦。

在大多数情况下，当时间常数 RC 大约为延迟时间的 4 倍时，这种补偿方式可以使传输线上的信号被充分终止。

（8）Parallel Schottky Diode（并联肖特基二极管补偿）

该方式如图 8-29 所示，在传输线终结的电源和地端并联肖特基二极管可以减少接收端信号的过冲和下冲值。大多数标准逻辑集成电路的输入电路都采用了这种补偿方式。

图 8-28　Res and Cap to GND 补偿方式　　图 8-29　Parallel Schottky Diode 补偿方式

5.“执行扫描”复选框

若选中该复选框，则信号分析时会按照用户所设置的参数范围，对整个系统的信号完整性进行扫描，类似于电路原理图仿真中的参数扫描方式。扫描步数可以在后面进行设置，一般应选中该复选框，扫描步数采用系统默认值即可。

6.“菜单”按钮

单击该按钮，则系统会弹出如图 8-30 所示的菜单命令。

● Copy（复制）：复制所选中的网络，纵向栏的内容如图 8-31 所示，包括两个子命令——Selected 与 All，分别用于复制选中的网络和选中所有。

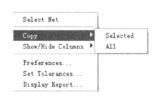

图 8-30 菜单命令　　　　　　　　　　　图 8-31 Copy 栏

- Show/Hidden Columns（显示/隐藏）：该命令用于在网络列表栏中显示或者隐藏一些纵向栏，纵向栏的内容如图 8-32 所示。

- Preferences（属性）：执行该命令，用户可以在弹出的"信号完整性参数选项"对话框中设置信号完整性分析的相关选项，如图 8-33 所示。

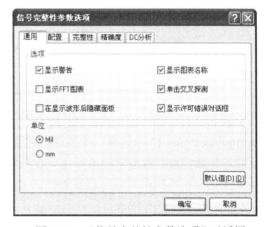

图 8-32 Show/Hidden Columns 命令　　图 8-33 "信号完整性参数选项"对话框

- Set Tolerances（设置公差）：执行该命令后，系统会弹出如图 8-34 所示的设置屏蔽分析公差对话框。公差（Tolerances）被用于限定一个误差范围，代表了允许信号变形的最大值和最小值。将实际信号的误差值与这个范围相比较，就可以查看信号的误差是否合乎要求。对于显示状态为 Failed 的信号，其主要原因就是信号超出了误差限定的范围。因此，在做进一步分析之前，应先检查一下公差限定是否太过严格。

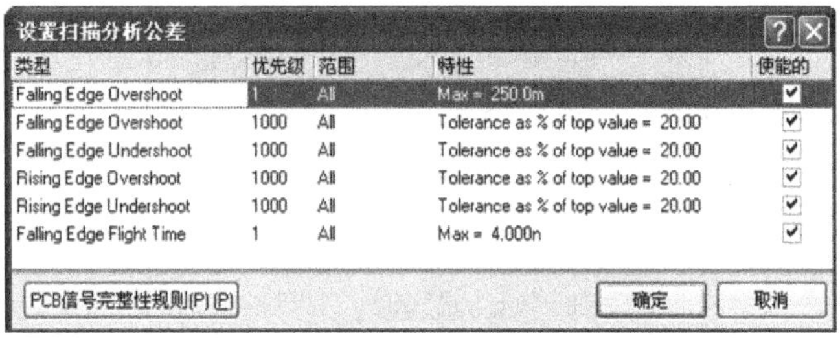

图 8-34 "设置扫描分析公差"对话框

- Display Report（显示报表）：显示信号完整信分析报表。

"性号完整性参数选项"对话框中有若干选项卡，不同的选项卡中设置内容是不同的。在信号完整性分析中，用到的主要是"配置"选项卡，用于设置信号完整性分析的时间及步长。

8.5 操作实例——时钟电路

本节主要利用讲解原理图信号完整行分析结果，测试电路运行情况。

8.5.1 PCB 信号完整性分析

本例要进行完整性分析的是一个时钟电路，其电路原理图如图 8-35 所示。

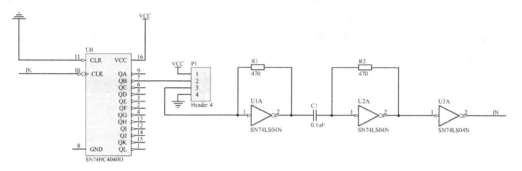

图 8-35 时钟电路

在 Altium Designer 13 中包含一个高级信号完整性仿真器，利用它可以分析所设计的 PCB 过冲、下冲等参数特性。最后学习信号完整性分析仿真器中缓冲器的使用和在 PCB 的信号完整性分析中采用阻抗匹配来对信号进行补偿的方法。

01 打开随书光盘中"源文件"→"第八章"→8.5→8.5.1→"时钟电路"文件夹目录下的"时钟电路"设计工程文件和 PCB 设计文件。

02 选择"工具"→"信号完整性"菜单命令，系统将弹出如图 8-36、图 8-37 所示的"SI 设置选项"对话框、Message（信息）对话框，取消"使用曼哈顿长度"复选框，单击 设计分析 按钮，系统将弹出如图 8-38 所示的"信号完整性"对话框。打开如图 8-38 所示的"信号完整性"对话框，（若文件已经经行过信号完整性分析，将跳过图 8-36，直接弹出图 8-37、图 8-38）在该对话框左侧列表框中列出电路板中的网络和对它们进行信号完整性规则检查的结果。

图 8-36 "SI 设置选项"对话框

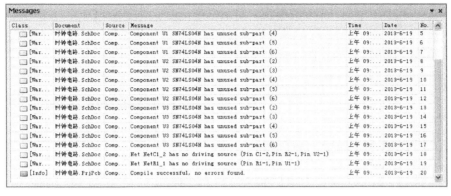

图 8-37　Message 对话框

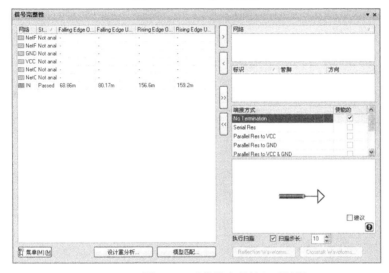

图 8-38　"信号完整性"对话框

03 右键单击对话框中通过验证的网络,然后在弹出的快捷菜单中选择 Details...(细节)命令,打开"整个结果"对话框,在该对话框中列出了该网络各个不同规则的分析结果,如图 8-39 所示。

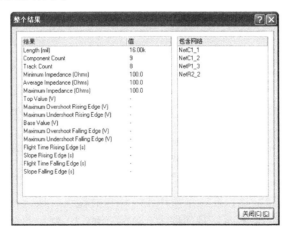

图 8-39　网络各个规则分析的结果

04 在图 8-38 所示的"信号完整性"对话框中，选中网络 Net C1_1，然后单击☐按钮将该网络添加到右边的"网络"列表框中，此时在"网络"列表框下的列表框中列出了该网络中含有的元件，如图 8-40 所示。

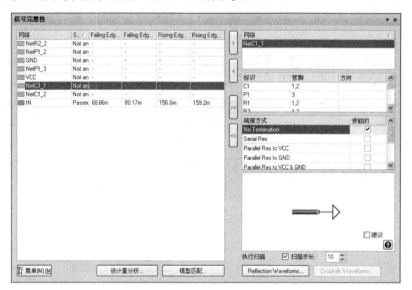

图 8-40　选中需要分析的网络

05 单击 Reflection Waveforms... 按钮，系统就会进行该网络信号的反射分析，最后生成如图 8-41 所示的分析波形"时钟电路.sdf"。

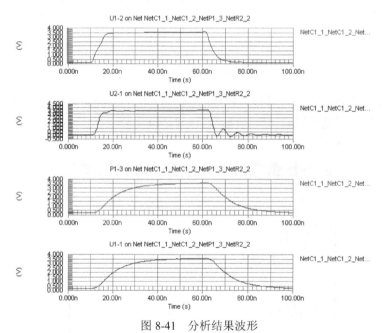

图 8-41　分析结果波形

06 返回原理图编辑环境，在右下角单击"信号完整性"按钮，打开"信号完整性"对话框。在"信号完整性"对话框中，在右边的"网络"列表框中显示选中网络 Net C1_1，此时在"网络"列表框下的列表框中列出了该网络中含有的元件，如图 8-42

所示。在该对话框右侧的"标识"列表框中右键单击元件 U3，然后在弹出的快捷菜单中选择 Edit Buffer...（编辑缓冲器）菜单命令，打开"集成电路"对话框，如图 8-43 所示。

图 8-42　选中需要分析的网络

图 8-43　"集成电路"对话框

提　示

在 Altium Designer 13 中，一共提供了 8 种缓冲器，通过设置它们可以以不同的宏模型来逼近各类元件。其中包括集成电路缓冲器、按插件缓冲器、二极管缓冲器、晶体管缓冲器、电阻缓冲器、电感缓冲器、电容缓冲器等。每一种缓冲器的设置环境都有所不同。

07 在"集成电路"对话框中显示了该元件的参数及编号信息。在"工艺"下拉列表框中可以选择元件的制造工艺，在 Pin 选择区域中显示了该缓冲器对应元件管脚的信息。在"工艺"下拉列表框中选择该缓冲器的另一种工艺，然后在"趋势"下拉列表中可以为缓冲器指定该管脚的电气方向。最后在"输入模型"下拉列表框中可以选择输入模型；本例中选择默认对话框设置。

08 在"信号完整性"对话框右下角列出了 7 种不同的阻抗匹配方式。一般来说，系统没有采用任何补偿方式。单击选中 Serial Res（串阻）复选框，表示选择串阻方式。串阻方式是一种串联电阻在点对点的连接中，采用这种方式可以起到分压的作用。可以在右下角的设置区中设置所要串联电阻的最大电阻值和最小电阻值。读者可以根据需要选择阻抗匹配方式。

提　示

可以根据需要选择一种匹配方式，也可以几种匹配方式一起搭配使用。

09 选中 Parallel Res to GND（接地 GND 端并阻补偿）复选框，在接地输入端并联的电阻是和传输线阻抗相匹配的，是终止线路信号反射的一种比较好的方法，如图 8-44 所示。

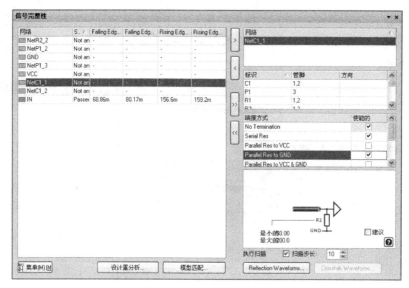

图 8-44　设置端接方向

10　然后单击 Reflection Waveforms 按钮得到信号完整性分析的波形图，如图 8-45 所示。其余补偿方式请读者自行练习。

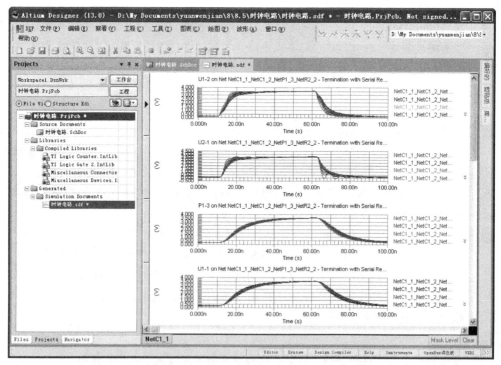

图 8-45　采用信号补偿后得到的波形

8.5.2　PCB 信号串扰分析

在本例中，主要学习如何进行信号完整性分析中的串扰分析。串扰分析就是分析 PCB 中两个不同网络之间的干扰情况，从而获得布线方面的建议。

01 打开随书光盘中"源文件→第八章→8.5→时钟电路"文件夹目录下的"时钟电路"
设计工程文件和 PCB 设计文件。

02 在 PCB 编辑环境中，选择"工具"→"信号完整性"菜单命令，打开"信号完整
性"对话框。

03 在"信号完整性"对话框中，选中网络 NetP1_3，单击鼠标右键，在右键快捷菜单
中选择 Find Coupled Nets（寻找匹配网络）命令，之后系统会将相互间有串扰影响
的所有信号都选中，如图 8-46 所示。

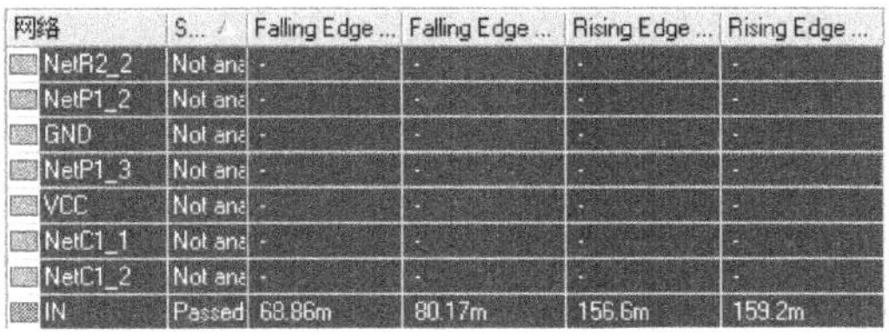

网络	S... /	Falling Edge ...	Falling Edge ...	Rising Edge ...	Rising Edge ...
NetR2_2	Not ana				
NetP1_2	Not ana				
GND	Not ana				
NetP1_3	Not ana				
VCC	Not ana				
NetC1_1	Not ana				
NetC1_2	Not ana				
IN	Passed	68.86m	80.17m	156.6m	159.2m

图 8-46 选择有串扰的网络

04 由于在本例中只分析 NetC1_1 和 NetP1_3，因此只将要分析的网络添加到"网络"
列表框中。

05 设置信号。在 Net 列表框中的 Net C1_2 上单击右键，然后在弹出的快捷菜单中选
择 Set Victim（设置被干扰信号）命令将该网络设置为被干扰信号。接着在 P1_3
上单击右键，在弹出的快捷菜单中选择 Set Aggressor（设置干扰源）命令将网络 P1_3
设置为干扰源，如图 8-47 所示。

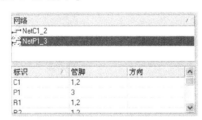

图 8-47 设置网络

提 示

干扰源和被干扰信号都不止一个，因为可以是几个网络同时对一个网络产生串扰，也
可以是一个网络同时对几个网络产生串扰。

06 单击"信号完整性"对话框右下角的 [Crosstalk Waveforms...] 按钮生成串扰分析波形，如图
8-48 所示。从得到的波形可以看到，当有脉冲出现时，在被干扰的信号中会产生较
大的振荡。

07 要改变电路板的信号串扰，就要改变电路板所谓布局和布线，这里不再赘述。

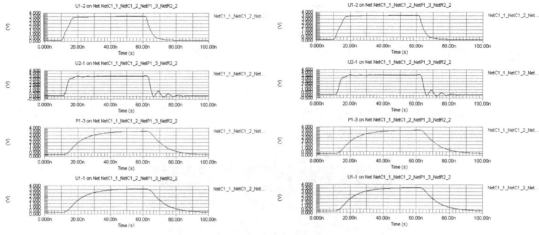

图 8-48 串扰分析结果

08 返回原理图编辑环境，在右下角单击"信号完整性"按钮，打开"信号完整性"对话框。

09 在"信号完整性"对话框中，单击选中 Serial Res（串阻）、Parallel Res to VCC & GND（并联电阻到 VCC & GND）复选框，如图 8-49 所示。

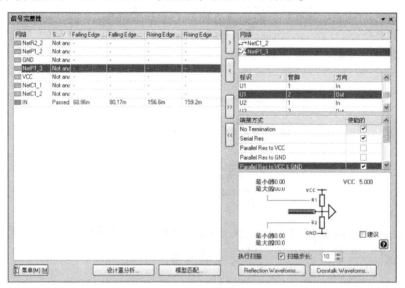

图 8-49 设置端接方向

10 然后单击 Reflection Waveforms... 按钮得到信号完整性分析的波形图，如图 8-50 所示。

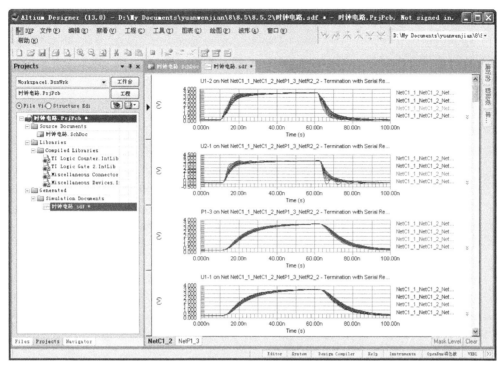

图 8-50 采用信号补偿后得到的波形

8.6 上机实验

实验 1. 绘制原理图如图 8-51 所示，同时完成信号完整性分析。

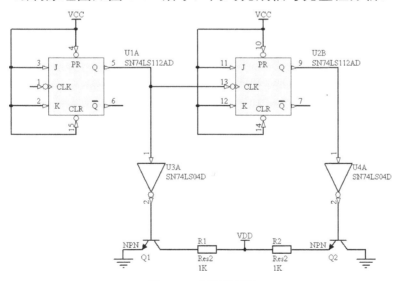

图 8-51 电路原理图

操作提示

（1）绘制原理图文件。

（2）执行信号分析命令。

（3）选择要分析的网络。

（4）进行反射分析。

（5）进行采用信号补偿分析。

8.7　思考与练习

1．简述信号完整性分析的规则。

2．对上机实验 1 原理图进行串扰分析。

第 9 章

创建元件库及元件封装

☞ **内容指南**

随着 Altium 软件升级，元件库不再依靠安装系统自带，而是与互联网合作，在官网上提供了更丰富的元件封装库资源。另外根据工程的需要，建立基于该工程的元件封装库，有利于在以后的设计中更加方便快速地调入元件封装，管理工程文件。

本章将对元件库的创建及元件封装进行详细介绍，并学习如何管理自己的元件封装库，从而更好地为设计服务。

☞ **知识重点**

- 创建 PCB 元件库
- 元件封装

9.1 创建原理图元件库

首先介绍制作原理图元件库的方法。打开或新建原理图库文件，即可进入原理图库文件编辑器。打开随书光盘中 " yuanwenjian\ch09\4 Port Serial Interface "、" 4 Port Serial Interface.PRJPCB " 工程中的工程元件库 4 Port Serial Interface.SchLib，如图 9-1 所示。

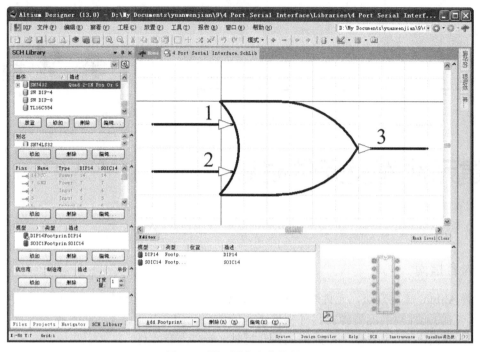

图 9-1　原理图库文件编辑器

9.1.1　Library Editor 面板

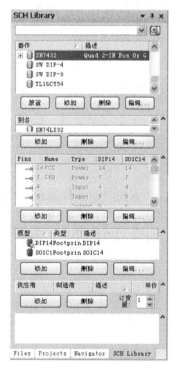

进入原理图库文件编辑器之后，单击工作面板选项卡栏中的 Library（库），即可显示 Library（库）面板。原理图库文件面板是原理图库文件编辑环境中的专用面板，几乎包含了用户创建的库文件的所有信息，用来对库文件进行编辑管理，如图 9-2 所示。

1．"器件"栏

在原理图库文件面板上部的元件栏列出了当前所打开的原理图库文件中的所有库元件，包括原理图符号名称及相应的描述等。其中按钮功能如下。

- 放置：将选定的元件放置到当前原理图中。
- 添加：在该库文件中添加一个元件。
- 删除：删除选定的元件。
- 编辑…：编辑选定元件的属性。

2．"别名"栏

在该栏中可以为同一个库元件的原理图符号设定另外的名

图 9-2　原理图库文件面板

称。比如，有些库元件的功能、封装和管脚形式完全相同，但由于产自不同的厂家，其元件型号并不完全一致。对于这样的库元件，没有必要单独创建一个原理图符号，只需要为已经创建的其中一个库元件的原理图符号添加一个或多个别名就可以了。其中按钮功能如下。

- 添加：为选定元件添加一个别称。
- 删除：删除选定的别称。
- 编辑...：编辑选定的别称。

3．Pins（管脚）栏

在元件栏中选定一个元件，将在管脚栏中列出该元件的所有管脚信息，包括管脚的编号、名称、类型，其中各个按钮功能如下。

- 添加：为选定元件添加一个管脚。
- 删除：删除选定的管脚。
- 编辑...：编辑选定管脚的属性。

4．"模型"栏

在元件栏中选定一个模型，将在面板最下面的模型栏中列出该元件的其他模型信息，如 PCB 封装、信号完整性分析模型、VHDL 模型等。在这里，由于只需要库元件的原理图符号，相应的库文件是原理图文件，所以该栏一般不需要。

- 添加：为选定的元件添加其他模型。
- 删除：删除选定的模型。
- 编辑...：编辑选定模型的属性。

9.1.2 工具栏

对于原理图库文件编辑环境中的主菜单栏及标准工具栏，由于功能和使用方法与原理图编辑环境中基本一致，在此不再赘述。我们主要对实用工具中的原理图符号绘制工具栏、IEEE 符号工具栏及模式工具栏进行简要介绍，具体的使用操作在后面再逐步了解。

1．原理图符号绘制工具栏

单击实用工具中的 图标，则会弹出相应的原理图符号绘制工具栏，如图 9-3 所示，其中各个按钮的功能与 Place 级联菜单中的各项命令具有对应关系。

其中各个工具功能说明如下。

- ：绘制直线。
- ：绘制多边形。
- ：绘制椭圆弧线。
- ：绘制贝塞儿曲线。
- A：添加说明文字。
- ：放置超链接。
- ：放置文本框。

图 9-3 原理图符号绘制工具

- ▢: 绘制矩形。
- ▢: 绘制圆角矩形。
- ⬭: 绘制椭圆。
- ⬔: 绘制扇形。
- 🖼: 插入图片。
- 🎴: 在当前库文件中添加一个元件。
- ▷: 在当前元件中添加一个元件子部分。
- ⊸: 放置管脚。

这些工具与原理图编辑器中的工具十分相似，这里不再进行详细介绍。

2. 模式工具栏

模式工具栏用来控制当前元件的显示模式，如图 9-4 所示。

- **模式**: 单击该按钮可以为当前元件选择一种显示模式，系统默认为 Normal。
- **+**: 单击该按钮可以为当前元件添加一种显示模式。
- **−**: 单击该按钮可以删除元件的当前显示模式。
- **◀**: 单击该按钮可以切换到前一种显示模式。
- **▶**: 单击该按钮可以切换到后一种显示模式。

图 9-4　模式工具栏

3. IEEE 符号工具栏

单击实用工具中的图标，则会弹出相应的 IEEE 符号工具栏，如图 9-5 所示，是符合 IEEE 标准的一些图形符号。同样，该工具栏中的各个符号与"放置"→IEEE Symbols（IEEE 符号）级联菜单中的各项命令具有对应关系。

其中各个工具功能说明如下。

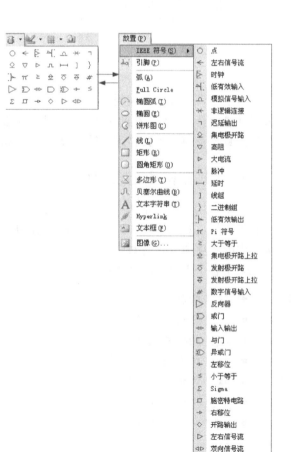

- ○: 点状符号;
- ⟵: 左向信号流;
- ▷: 时钟符号;
- ⊣: 低电平输入有效符号;
- ⌒: 模拟信号输入符号;
- ✳: 无逻辑连接符号;
- ⌐: 延迟输出符号;
- ◇: 集电极开路符号;
- ▽: 高阻符号;
- ▷: 大电流输出符号;
- ⊓: 脉冲符号;
- ⊢⊣: 延迟符号;
-]: 总线符号;
- }: 二进制总线符号;

图 9-5　IEEE 符号工具栏

- $\vdash$：低态有效输出符号；
- π：π形符号；
- $\geq$：大于等于符号；
- ⊖：集电极上位符号；
- ◇：发射极开路符号；
- ⊖：发射极上位符号；
- #：数字信号输入符号；
- ▷：反向器符号；
- ⋑：或门符号；
- ◁▷：输入输出符号；
- ▭：与门符号；
- ⋑：异或门符号；
- ⊲：左移符号；
- $\leq$：小于等于符号；
- Σ：求和符号；
- ⊓：施密特触发输入特性符号；
- ⊳：右移符号；
- ◇：打开端口符号；
- ▷：右向信号流量符号；
- ◁▷：双向信号流量符号。

9.1.3 设置库编辑器工作区参数

在原理图库文件的编辑环境中，选择"工具"→"文档选项"菜单命令，则弹出如图 9-6 所示的"库编辑器工作台"对话框，可以根据需要设置相应的参数。

该对话框与原理图编辑环境中的"文档选项"对话框的内容相似，所以这里只介绍其中个别选项的含义，其他选项用户可以参考原理图编辑环境中的"文档选项"对话框进行设置。

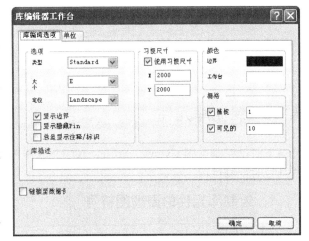

图 9-6 设置工作区参数

- "显示隐藏 Pin（显示隐藏管脚）"复选框：用来设置是否显示库元件的隐藏管脚。若选中该复选框，则元件的隐藏管脚将被显示出来，但并没有改变管脚的隐藏属性。要改变其隐藏属性，只能通过管脚属性对话框来完成。
- "习惯尺寸"选项组：用来设置用户是否自定义图纸的大小。选中该复选框后，可以在下面的 X、Y 文本框中分别输入自定义图纸的高度和宽度。

● "库描述"文本框：用来输入对原理图库文件的说明。用户应该根据自己创建的库文件，在该文本框中输入必要的说明，可以为系统进行元件库查找提供相应的帮助。

另外，选择"工具"→"设置原理图参数"菜单命令，则弹出如图 9-7 所示对话框，可以对其他的一些有关选项进行设置，设置方法与原理图编辑环境中完全相同，这里不再赘述。

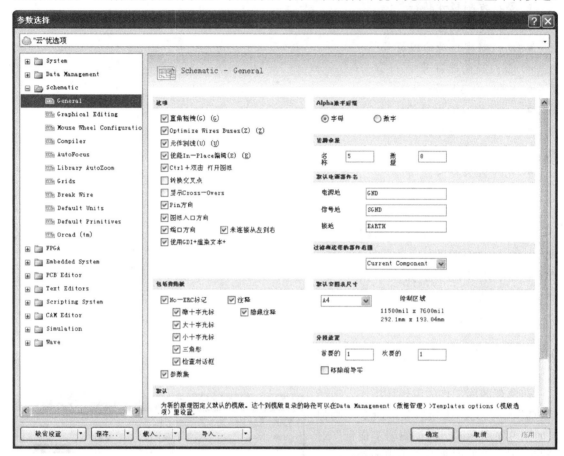

图 9-7 "参数选择"对话框

9.1.4 绘制库元件

下面以绘制美国 Cygnal 公司的一款 USB 微控制器芯片 C8051F320 为例，详细介绍原理图符号的绘制过程。

1. 绘制库元件的原理图符号

01 选择"文件"→"新建"→"库"→"原理图库"菜单命令，启动原理图库文件编辑器，并创建新的原理图库文件，命名为 NewLib.SchLib，如图 9-8 所示。

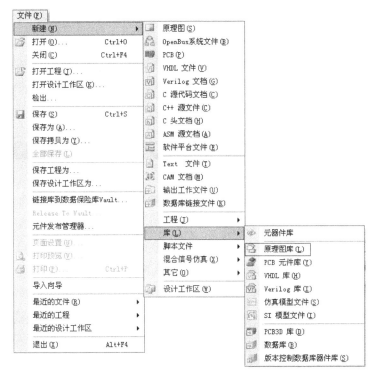

图 9-8　创建原理图库文件

02 选择"工具"→"文档选项"菜单命令，在弹出的"库编辑器工作台"对话框中进行工作台参数设置。

03 为新建的库文件原理图符号命名。在创建了一个新的原理图库文件的同时，系统已自动为该库添加了默认原理图符号名为 Component-1 的库文件，打开 SCH Library（SCH 库）面板可以看到。通过下面两种方法，可以为该库文件重新命名。

- 单击原理图符号绘制工具栏中的"产生器件"按钮，则弹出原理图符号名称对话框，可以在此对话框内输入要绘制的库文件名称。
- 在 SCH Library（SCH 库）面板上，直接单击原理图符号名称栏下面的 添加 按钮，也会弹出同样的原理图符号名称对话框。在这里输入 C8051F320，单击 确定 按钮关闭对话框。

04 单击原理图符号绘制工具栏中的放置矩形按钮，则光标变成十字形状，并附有一个矩形符号。

05 两次单击，在编辑窗口的第 4 象限内绘制一个矩形。

矩形用来作为库元件的原理图符号外形，其大小应根据要绘制的库元件管脚数的多少来决定。由于使用的 C8051F320 采用 32 管脚 LQFP 封装形式，所以应画成正方形，并画得大一些，以便于管脚的放置，管脚放置完毕后，可以再调整为合适的尺寸。

2．放置管脚

01 单击原理图符号绘制工具栏中的放置管脚按钮，则光标变成十字形状，并附有

一个管脚符号。

02 移动该管脚到矩形边框处，单击左键完成放置，如图 9-9 所示。

03 在放置管脚时按下 Tab 键，或者双击已放置的管脚，系统弹出如图 9-10 所示的 "管脚属性"对话框，在该对话框中可以完成管脚的各项属性设置。放置管脚时，一定要保证具有电气特性的一端，即带有 "×" 号的一端朝外，这可以通过在放置管脚时按空格键旋转来实现。"管脚属性"对话框中各项属性含义如下。

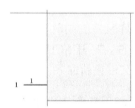

图 9-9　放置元件的引脚

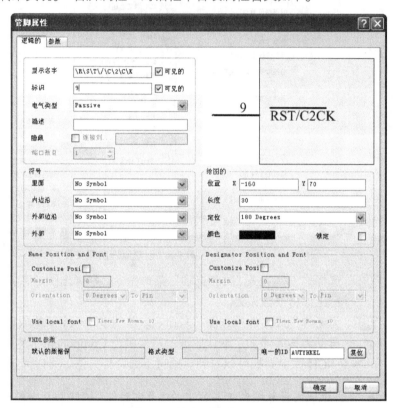

图 9-10　管脚属性设置对话框

- "显示名字"：用于设置库元件管脚的名称。例如，把该管脚设定为第 9 管脚。由于 C8051F320 的第 9 管脚是元件的复位管脚，低电平有效，同时也是 C2 调试接口的时钟信号输入管脚。另外，在原理图优先设定的"逻辑的"选项卡中，已经选中了"Single '\' Negation"（单个 '\' 反面）复选框，因此，在这里输入名称为"\R\S\T\/\C\2\C\K"，并选中了后面的 "可见的" 复选框。

- "标识"：用于设置库元件管脚的编号，应该与实际的管脚编号相对应。这里输入 9。

- "电气类型"：用于设置库元件管脚的电气特性。在这里，选择了 Passive（无源），表示不设置电气特性。

- "描述"：用于输入库元件管脚的特性描述。

- "隐藏"：用于设置管脚是否为隐藏管脚。若选中该复选框，则管脚将不会显示出来。此时，应在右边的 "连接到" 栏中输入与该管脚连接的网络名称。

- "符号" 选项组：根据管脚的功能及电气特性，用户可以为该管脚设置不同的 IEEE 符号，作为读图时的参考。可放置在原理图符号的内部、内部边沿、外部边沿或外部等不同位置，没有任何电气意义。

- "VHDL 参数"选项组：用于设置库元件的 VHDL 参数。
- "绘图的"选项组：用于设置该管脚的位置、长度、方向、颜色等基本属性。

04 设置完毕，单击 确定 按钮，关闭对话框，设置好属性的管脚如图 9-11 所示。

05 按照同样的操作，或者使用队列粘贴功能，完成其余 31 个管脚的放置，并设置好相应的属性，如图 9-12 所示。

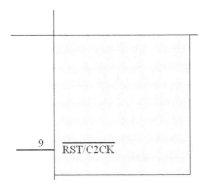

图 9-11　设置好属性的管脚

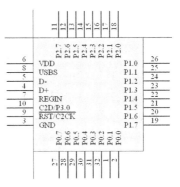

图 9-12　放置全部管脚

3．编辑元件属性

01 双击 SCH Library（SCH 库）面板原理图符号名称栏中的库元件名称 C8051F320，则系统弹出如图 9-13 所示的库元件属性对话框。在该对话框中可以对所创建的库元件进行特性描述，以及其他属性参数设置，主要设置如下几项。

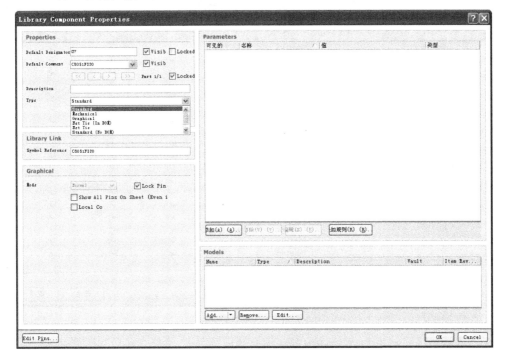

图 9-13　库元件属性设置对话框

- Default Designator（默认标示）：默认库元件序号，即把该元件放置到原理图文件中时，系统最初默认显示的元件序号。这里设置为"U？"，并选中后面的 Visible（可见）复选框，则放置该元件时，序号"U？"会显示在原理图上。
- Default Comment（默认器件）：库元件型号说明。这里设置为 C8051F320，并选中后面的"可见的"复选框，则放置该元件时，C8051F320 会显示在原理图上。
- Description（描述）：库元件性能描述，这里输入 USB MCU。
- Type（类型）：库元件符号类型，可以选择设置。这里采用系统默认设置 Standard。
- Library Link（库标识符）：库元件在系统中的标识符，这里输入 C8051F320。
- Show All Pins On Sheet（Even if Hidden）（在图纸中显示所有的管脚（包括在隐藏状态下））：选中该复选框后，在原理图上会显示该元件的全部管脚。
- Lock Pin（锁定管脚）：选中该复选框后，所有的管脚将和库元件成为一个整体，这样将不能在原理图上单独移动管脚。建议用户一定要选中 Lock Pin（锁定管脚）复选框，对电路原理图的绘制和编辑会有很大好处，可以减少不必要的麻烦。
- 在 Parameters（参数）栏中，单击 添加(A) (A) 按钮，可以为库元件添加其他的参数，如版本、作者等。
- 在 Models（模型）栏中，单击 添加(A) (A) 按钮，可以为该库元件添加其他的模型，如 PCB 封装模型、信号完整性模型、仿真模型、PCB 3D 模型等。
- 单击左下角的 Edit Pins 按钮，则会打开元件管脚编辑器，可以对该元件所有管脚进行一次性的编辑设置，如图 9-14 所示。

标识	名称	Desc	类型	所有者	展示	数量	名称
3	GND		Passive	1	☑	☑	☑
4	D+		Passive	1	☑	☑	☑
5	D-		Passive	1	☑	☑	☑
6	VDD		Passive	1	☑	☑	☑
7	REGIN		Passive	1	☑	☑	☑
8	USBS		Passive	1	☑	☑	☑
9	\RST/C2CK		Passive	1	☑	☑	☑
10	C2D/P3.0		Passive	1	☑	☑	☑
11	P2.7		Passive	1	☑	☑	☑
12	P2.6		Passive	1	☑	☑	☑
13	P2.5		Passive	1	☑	☑	☑
14	P2.4		Passive	1	☑	☑	☑
15	P2.3		Passive	1	☑	☑	☑
16	P2.2		Passive	1	☑	☑	☑
17	P2.1		Passive	1	☑	☑	☑
18	P2.0		Passive	1	☑	☑	☑
19	P1.7		Passive	1	☑	☑	☑
20	P1.6		Passive	1	☑	☑	☑
21	P1.5		Passive	1	☑	☑	☑

添加(A) (A)　删除(R) (R)　编辑(E) (E)　　　　　　　　确定　取消

图 9-14　设置所有管脚

02　设置完毕，单击 确定 按钮，关闭对话框。

03　选择"放置"→"文本字符串"菜单命令，或者单击原理图符号绘制工具栏中的放

置文本字符串按钮 **A**，光标变成十字形状，并带有一个文本字符串。

04 移动光标到原理图符号中心位置处，此时按下 Tab 键或者双击字符串，则系统会弹出 "标注" 对话框，如图 9-15 所示。在该对话框内输入 SILICON。

05 单击 确定 按钮，关闭对话框。

至此，已完整地绘制了库元件 C8051F320 的原理图符号，如图 9-16 所示。这样，在绘制电路原理图时，只需要将该元件所在的库文件打开，就可以随时取用该元件了。

图 9-15 添加文本标注

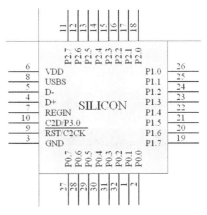

图 9-16 C8051F320 的原理图符号

9.1.5 绘制含有子部件的库元件

下面利用相应的库元件管理命令，绘制含有子部件的库元件 LF353。

LF353 是美国 TI 公司所生产的双电源 JFET 输入的双运算放大器，在高速积分、采样保持等电路设计中常常用到，采用 8 管脚的 DIP 封装形式。

1. 绘制库元件的第一个子部件

01 选择 "文件" → "新建" → "库" → "原理图库" 菜单命令，启动原理图库文件编辑器，并创建新的原理图库文件，命名为 NewLib.SchLib。

02 选择 "工具" → "文档选项" 菜单命令，在弹出的 "库编辑器工作台" 对话框中进行工作台参数设置。

03 为新建的库文件原理图符号命名。在创建了新的原理图库文件的同时，系统已自动为该库添加了默认原理图符号名为 Component-1 的库文件，打开 SCH Library（SCH 库）面板可以看到。通过下面两种方法，可以为该库文件重新命名。

- 单击原理图符号绘制工具栏中的 "产生器件" 按钮 📑，则弹出如图 9-17 所示的原理图符号名称对话框，可以在此对话框内输入要绘制的库文件名称。

- 在 SCH Library（SCH 库）面板上，直接单击原理图符号名称栏下面的 添加 按钮，也

会弹出同样的原理图符号名称对话框。

04 在这里，输入 LF353，单击 确定 按钮关闭对话框。

05 单击原理图符号绘制工具栏中的放置多边形按钮，则光标变成十字形状，以编辑窗口的原点为基准，绘制一个三角形的运算放大器符号。

2．放置管脚

01 单击原理图符号绘制工具栏中的"放置管脚"按钮，则光标变成十字形状，并附有一个管脚符号。

02 移动该管脚到多边形边框处，单击完成放置。同样的方法，放置管脚 1、管脚 2、管脚 3、管脚 4、管脚 8 在三角形符号上，并设置好每一个管脚的相应属性，如图 9-18 所示。这样就完成了一个运算放大器原理图符号的绘制。

图 9-17　原理图符号名称对话框

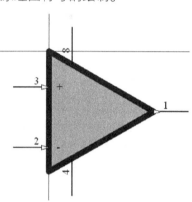

图 9-18　绘制元件的第一个子部件

其中，管脚 1 为输出管脚 OUT1，管脚 2、管脚 3 为输入管脚 IN1（－）、IN1（＋），管脚 8、管脚 4 则为公共的电源管脚 VCC＋、VCC－。对这两个电源管脚的属性可以设置为"隐藏"，选择"察看"→"显示隐藏管脚"菜单命令，可以切换进行显示查看或隐藏。

3．创建库元件的第二个子部件

01 选择"编辑"→"选中"→"内部区域"菜单命令，或者单击标准工具栏中的区域内选择对象按钮，将图 9-18 中所示的子部件原理图符号选中。

02 单击标准工具栏中的复制按钮，复制选中的子部件原理图符号。

03 选择"工具"→"新建部件"菜单命令。执行该命令后，在 SCH Library（SCH 库）面板上的库元件 LF353 的名称前多了一个田符号，单击田符号打开，可以看到该元件中有两个子部件，刚才绘制的子部件原理图符号系统已经命名为 Part A，还有一个子部件 Part B 是新创建的。

04 单击标准工具栏中的粘贴按钮，将复制的子部件原理图符号粘贴在 Part B 中，并改变管脚序号：管脚 7 为输出管脚 OUT2，管脚 6、管脚 5 为输入管脚 IN2（－）、IN2（＋），管脚 8、4 仍为公共的电源管脚 VCC＋、VCC－，如图 9-19 所示。

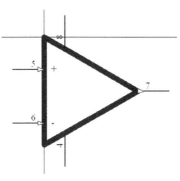

图 9-19　绘制第二个子部件

这样，含有两个子部件的库元件就建立好了。使用同样的方法，可以创建含有多于两个子部件的库元件。

9.2　创建 PCB 元件库及封装

9.2.1　封装概述

所谓封装是指安装半导体集成电路芯片用的外壳，不仅起着安放、固定、密封、保护芯片和增强电热性能的作用，而且还是沟通芯片内部世界与外部电路的桥梁。

芯片的封装在 PCB 板上通常表现为一组焊盘、丝印层上的边框及芯片的说明文字。焊盘是封装中最重要的组成部分，用于连接芯片的管脚，并通过印制板上的导线连接印制板上的其他焊盘，进一步连接焊盘所对应的芯片管脚，完成电路板的功能。在封装中，每个焊盘都有唯一的标号，以区别于封装中的其他焊盘。丝印层上的边框和说明文字主要起指示作用，指明焊盘组所对应的芯片，方便印制板的焊接。焊盘的形状和排列是封装的关键组成部分，确保焊盘的形状和排列正确才能正确地建立一个封装。对于安装有特殊要求的封装，边框也需要绝对正确。

9.2.2　常用封装介绍

总体上讲，根据元件采用安装技术的不同，可分为插入式封装技术（Through Hole Technology，THT）和表贴式封装技术（Surface Mounted Technology，SMT）。

插入式封装元件安装时，元件安置在板子的一面，将管脚穿过 PCB 板焊接在另一面上。插入式元件需要占用较大的空间，并且要为每只管脚钻一个孔，所以它们的管脚会占据两面的空间，而且焊点也比较大。但从另一方面来说，插入式元件与 PCB 连接较好，机械性能好。例如，排线的插座、接口板插槽等类似的界面都需要一定的耐压能力，因此，通常采用 THT 封装技术。

表贴式封装元件，管脚焊盘与元件在同一面。表贴元件一般比插入式元件体积要小，而且不必为焊盘钻孔，甚至还能在 PCB 板的两面都焊上元件。因此，与使用插入式元件的 PCB 比起来，使用表贴元件的 PCB 板上元件布局要密集很多，体积也就小很多。此外，表贴封装元件也比插入式元件要便宜一些，所以现今的 PCB 上广泛采用表贴元件。

元件封装可以大致分成以下种类。

- BGA(Ball Grid Array): 球栅阵列封装。因其封装材料和尺寸不同还细分成不同的 BGA 封装, 如陶瓷球栅阵列封装 CBGA、小型球栅阵列封装 μBGA 等。
- PGA (Pin Grid Array): 插针栅格阵列封装技术。这种技术封装的芯片内外有多个方阵形的插针, 每个方阵形插针沿芯片的四周间隔一定距离排列, 根据管脚数目的多少, 可以围成 2~5 圈。安装时, 将芯片插入专门的 PGA 插座。该技术一般用于插拔操作比较频繁的场合之下, 如个人计算机 CPU。
- QFP (Quad Flat Package): 方形扁平封装, 为当前芯片使用较多的一种封装形式。
- PLCC (Plastic Leaded Chip Carrier): 有引线塑料芯片载体。
- DIP (Dual In-line Package): 双列直插封装。
- SIP (Single In-line Package): 单列直插封装。
- SOP (Small Out-line Package): 小外形封装。
- SOJ (Small Out-line J-Leaded Package): J 形管脚小外形封装。
- CSP (Chip Scale Package): 芯片级封装, 较新的封装形式, 常用于内存条中。在 CSP 的封装方式中, 芯片是通过一个个锡球焊接在 PCB 板上的, 由于焊点和 PCB 板的接触面积较大, 所以内存芯片在运行中所产生的热量可以很容易地传导到 PCB 板上并散发出去。另外, CSP 封装芯片采用中心管脚形式, 有效地缩短了信号的传导距离, 其衰减随之减少, 芯片的抗干扰、抗噪性能也能得到大幅提升。
- Flip-Chip: 倒装焊芯片, 也称为覆晶式组装技术, 是一种将 IC 与基板相互连接的先进封装技术。在封装过程中, IC 会被翻覆过来, 让 IC 上面的焊点与基板的接合点相互连接。由于成本与制造因素, 使用 Flip-Chip 接合的产品通常根据 I/O 数的多少分为两种形式, 即低 I/O 数的 FCOB (Flip Chip on Board) 封装和高 I/O 数的 FCIP (Flip Chip in Package) 封装。Flip-Chip 技术应用的基板包括陶瓷、硅芯片、高分子基层板及玻璃等, 其应用范围包括计算机、PCMCIA 卡、军事设备、个人通信产品、钟表及液晶显示器等。
- COB (Chip on Board): 板上芯片封装, 即芯片被绑定在 PCB 上, 这是一种现在比较流行的生产方式。COB 模块的生产成本比 SMT 低, 并且还可以减小模块体积。

9.2.3 新建封装的界面介绍

进入 PCB 库文件编辑环境的步骤如下。

1. 新建一个 PCB 库文件。

选择 "文件" → "新建" → "库" → "PCB 元件库" 菜单命令, 如图 9-20 所示, 即可打开 PCB 库编辑环境并新建一个空白 PCB 库文件 PcbLib1.PcbLib。

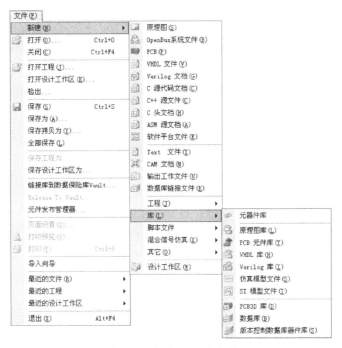

图 9-20　新建 PCB 库文件

2. 保存并更改该 PCB 库文件名称

这里改名为 NewPcbLib.PcbLib，可以看到在"工程"面板的 PCB 库管理文件夹中出现了所需要的 PCB 库文件，随后双击该文件即可进入库文件编辑器，如图 9-21 所示。

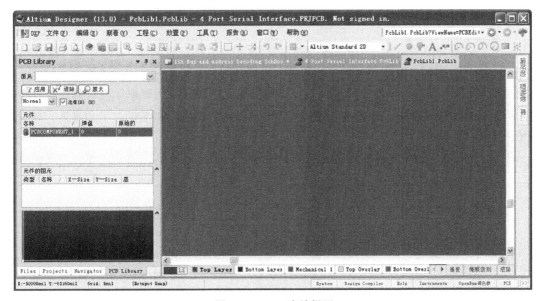

图 9-21　PCB 库编辑器

PCB 库编辑器的设置和 PCB 编辑器基本相同，只是主菜单中少了"设计"和"自动布线"菜单命令。工具栏中也减少了相应的工具按钮。另外，在这两个编辑器中，可用的控制面板也有所不同。在 PCB 库编辑器中独有的 PCB Library（PCB 库）面板，提供了对封装库内元件封装同一编辑、管理的接口。

PCB Library（PCB 库）面板如图 9-22 所示，面板共分成 4 个区域："面具"栏、"元件"列表、"元件的图元"列表和取景框。

图 9-22　PCB Library 面板

"面具"栏对该库文件内的所有元件封装进行查询，并根据屏蔽栏内容将符合条件的元件封装列出。

"元件"列表列出该库文件中所有符合屏蔽栏条件的元件封装名称，并注明其"焊盘"数、"原始的"图元数等基本属性。单击元件列表内的元件封装名，在工作区内将显示该封装，即可进行编辑操作。双击"元件"列表内的元件封装名，在工作区内将显示该封装，并且弹出如图 9-23 所示的"PCB 库元件"对话框，可在对话框内修改元件封装的名称和高度。高度是供 PCB 3D 仿真时用的。

在"元件"列表中单击鼠标右键，弹出右键快捷菜单，如图 9-24 所示，通过该菜单可以进行元件库的各种编辑操作。

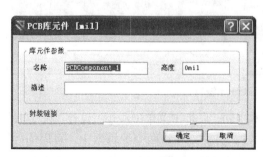

图 9-23　"PCB 库元件"对话框

图 9-24　"元件"列表右键快捷菜单

9.2.4　PCB 库编辑器环境设置

进入 PCB 库编辑器后，同样需要根据要绘制的元件封装类型对编辑器环境进行相应的设置。PCB 库编辑环境设置包括"板选项"、"板层和颜色"、"层堆栈管理器"和"优先选项"。

1．"器件库选项"设置

选择"工具"→"器件库选项"菜单命令，或者在工作区单击右键，在弹出的右键快捷菜单中选择"器件库选项"命令，即可打开"板选项"对话框，如图 9-25 所示。

图 9-25　"板选项"对话框

- "度量单位"选项组：PCB 中单位的设置。
- "标识显示"选项组：用于显示设置。
- "布线工具路径"选项组：用于设置布线所在层。
- "捕获选项"选项组：用于捕捉设置。
- "图纸位置"选项组：用于设置 PCB 图纸的 X、Y 坐标和宽度、高度。

其他保持默认设置，单击 确定 按钮，退出对话框，完成"板选项"对话框的属性设置。

2．"板层和颜色"设置

选择"工具"→"板层和颜色"菜单命令，或者在工作区单击右键，在弹出的右键快捷菜单中选择"板层和颜色"命令，即可打开"视图配置"对话框，如图 9-26 所示。

图 9-26　"视图配置"对话框

在机械层内，将 Mechanical 1（机械层 1）的"连接到方块电路"选中。在"系统颜色"栏内，将 Visible Grid 1（可见栅格 1）的显示一项选中。其他保持默认设置不变。单击 确定 按钮，退出对话框，完成"视图配置"对话框的属性设置。

3．"层堆栈管理器"设置

选择"工具"→"层叠管理"菜单命令，或者在工作区单击右键，在弹出的右键快捷菜单中选择"层堆栈管理器"命令，即可打开"层堆栈管理器"对话框，如图 9-27 所示。

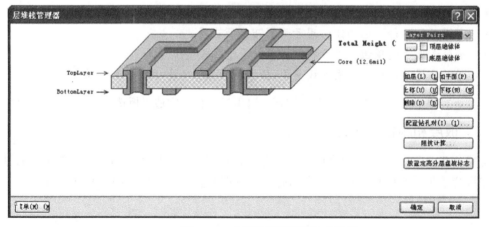

图 9-27　"层堆栈管理器"对话框

4."参数选择"设置

选择"工具"→"优先选项"菜单命令，或者在工作区单击右键，在弹出的右键快捷菜单中选择"优先选项"命令，即可打开"参数选择"对话框，如图 9-28 所示。单击 确定 按钮，退出对话框。至此，环境设置完毕。

图 9-28 "参数选择"对话框

9.2.5 用 PCB 向导创建 PCB 元件规则封装

下面用 PCB 元件向导来创建元件封装。PCB 元件向导通过一系列对话框来让用户输入参数，最后根据这些参数自动创建一个封装。这里要创建的封装尺寸信息为：外形轮廓为矩形 10mm×10mm，管脚数为 16×4，管脚宽度为 0.22mm，管脚长度为 1mm，管脚间距为 0.5mm，管脚外围轮廓为 12mm×12mm。

具体操作步骤如下。

01 选择"工具"→"元器件向导"菜单命令，系统弹出元件封装向导对话框，如图 9-29 所示。

02 单击 一步(N)>> (N)按钮，进入元件封装模式选择画面，如图 9-30 所示。在模式类表中列出了各种封装模式。这里选择 Quad Packs（QUAD）封装模式。另外，在下面的选择单位栏内，选择公制单位 Metric（mm）。

图 9-29　元件封装向导首页　　　　　　图 9-30　元件封装模式选择画面

03　单击 一步(N)>> (N) 按钮，进入焊盘尺寸设定画面，如图 9-31 所示。在这里输入焊盘的尺寸值，长为 1mm，宽为 0.22mm。

04　单击 一步(N)>> (N) 按钮，进入焊盘形状设定画面，如图 9-32 所示。在这里使用默认设置，令第一脚为圆形，其余脚为方形，以便于区分。

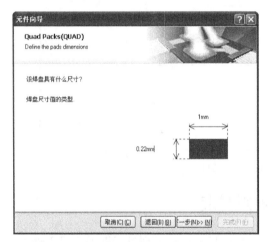

图 9-31　焊盘尺寸设置　　　　　　　图 9-32　焊盘形状设置

05　单击 一步(N)>> (N) 按钮，进入轮廓宽度设置画面，如图 9-33 所示。这里使用默认设置 0.2mm。

06　单击 一步(N)>> (N) 按钮，进入焊盘间距设置画面，如图 9-34 所示。在这里将焊盘间距设置为 0.5mm，根据计算，将行列间距均设置为 1.75mm。

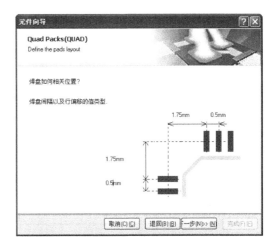

图 9-33　轮廓宽度设置　　　　　　　　　图 9-34　焊盘间距设置

07 单击 一步(N)>> N 按钮，进入焊盘起始位置和命名方向设置画面，如图 9-35 所示。单击单选框可以确定焊盘起始位置，单击箭头可以改变焊盘命名方向。采用默认设置，将第一个焊盘设置在封装左上角，命名方向为逆时针方向。

08 单击 一步(N)>> N 按钮，进入焊盘数目设置画面，如图 9-36 所示。将 X、Y 方向的焊盘数目均设置为 16。

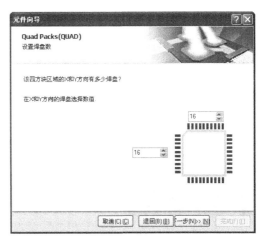

图 9-35　焊盘起始位置和命名方向设置　　　　图 9-36　焊盘数目设置

09 单击 一步(N)>> N 按钮，进入封装命名画面，如图 9-37 所示。将封装命名为 TQFP64。

10 单击 一步(N)>> N 按钮，进入封装制作完成画面，如图 9-38 所示。单击 完成(F)(F) 按钮，退出封装向导。

至此，TQFP64 的封装制作就完成了，在工作区内显示出来封装图形，如图 9-39 所示。

图 9-37 封装命名设置　　　　　　　　图 9-38 封装制作完成

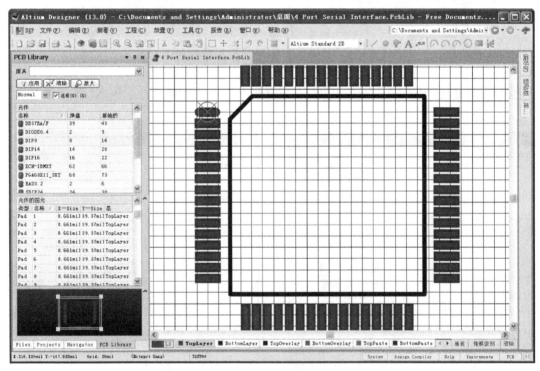

图 9-39　使用 PCB 封装向导制作的 TQFP64 封装

9.2.6　手工创建 PCB 元件不规则封装

　　某些电子元件的管脚非常特殊，或者遇到了一个最新的电子元件，那么用 PCB 元件向导将无法创建新的封装。这时，可以根据该元件的实际参数手工创建管脚封装。用手工创建元件管脚封装，需要用直线或曲线来表示元件的外形轮廓，然后添加焊盘来形成管脚连接。元件封装的参数可以放置在 PCB 板的任意图层上，但元件的轮廓只能放置在顶端覆盖层上，焊盘则只能放在信号层上。当在 PCB 文件上放置元件时，元件管脚封装的各个部分将分别放置到预先定义的图层上。

　　下面详细介绍如何手工制作 PCB 库元件。

1．创建新的空元件文档

打开 PCB 元件库 NewPcbLib.PcbLib，选择"工具"→"新的空元件"菜单命令，这时在 PCB Library 操作界面的元件框内会出现一个新的 PCBCOMPONENT_1 空文件。双击 PCBCOMPONENT_1，在弹出的命名对话框中将元件名称改为 New-NPN，如图 9-40 所示。

2．编辑工作环境设置

选择"工具"→"器件库选项"菜单命令，或者在工作区单击右键，在弹出的右键快捷菜单中选择"器件库选项"命令，即可打开"板选项"设置对话框，如图 9-41 所示。这里设置如下。

- "单位"栏：Imperial。
- "捕捉到栅格"栏：选中复选框。

图 9-40　重新命名元件

图 9-41　"板选项"设置对话框

其他保持默认设置，单击 确定 按钮，退出对话框，完成"板选项"对话框的属性设置。
其他保持默认设置，单击 确定 按钮，退出对话框，完成"板选项"对话框的属性设置。

3．工作区颜色设置

颜色设置由自己来把握，这里不再详细叙述。

4．"参数选择"设置

选择"工具"→"优先设置"菜单命令，或者在工作区单击右键，在弹出的右键快捷菜单中选择"优先设置"命令，即可打开"参数选择"对话框，如图 9-42 所示。各项使用默认设置即可。

单击 确定 按钮，退出对话框。

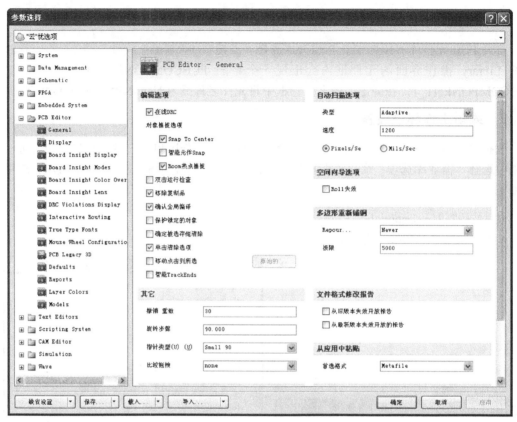

图 9-42　"参数选择"对话框

5．放置焊盘

在 Top-Layer（顶层）层选择"放置"→"焊盘"菜单命令，鼠标箭头上悬浮一个十字光标和一个焊盘，移动鼠标左键确定焊盘的位置，按照同样的方法放置另外两个焊盘。

6．编辑焊盘属性

双击焊盘即可进入设置焊盘属性对话框，如图 9-43 所示。

这里"标识"编辑框中的管脚名称分别为 b、c、e，三个焊盘的坐标分别为：b(0,100)，c(-100,0)，e(100,0)，设置完毕后如图 9-44 所示。

下面来绘制轮廓线。放置焊盘完毕后，需要绘制元件的轮廓线。所谓元件轮廓线，就是该元件封装在电路板上占据的空间大小，轮廓线的形状和大小取决于实际元件的形状和大小，通常需要测量实际元件。

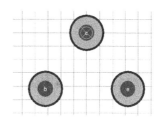

图 9-43　焊盘属性设置对话框

图 9-44　放置的三个焊盘

7. 绘制一段直线

单击工作区窗口下方选项卡中的 Top Overlay 项，将活动层设置为顶层丝印层。选择"放置"→"走线"菜单命令，光标变为十字形状，单击确定直线的起点，并移动鼠标就可以拉出一条直线。用鼠标将直线拉到合适位置，在此单击确定直线终点。单击鼠标右键或者按 Esc 键结束绘制直线，结果如图 9-45 所示。

8. 绘制一条弧线。

选择"放置"→"圆弧（中心）"菜单命令，光标变为十字形状，将光标移至坐标原点，单击确定弧线的圆心，然后将鼠标移至直线的任一个端点，单击确定圆弧的直径。再在直线两个端点两次单击确定该弧线，结果如图 9-46 所示。单击鼠标右键或者按 Esc 键结束绘制弧线。

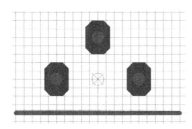

图 9-45　绘制一段轮廓线

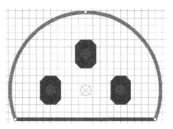

图 9-46　绘制完成的弧线

9. 设置元件参考点

在"编辑"下拉菜单中的"设置参考"菜单下有三个选项，分别为 Pin1、Center 和 Location，用户可以自己选择合适的元件参考点。

至此，手工封装制作就完成了，可以看到 PCB Library 面板的元件列表中多出了一个 NEW-NPN 的元件封装。PCB Library（PCB 库）面板中列出了该元件封装的详细信息。

9.3 元件封装检错和元件封装库报表

在"报告"菜单中提供了元件封装和元件库封装的一系列报表，通过报表可以了解某个元件封装的信息，对文件封装进行自动检查，也可以了解整个元件库的信息。此外，为了检查绘制好的封装，菜单中提供了测量功能。"报告"菜单如图 9-47 所示。

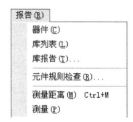

图 9-47 "报告"菜单

1. 元件封装中的测量

为了检查元件封装的绘制是否正确，在封装设计系统中提供了与 PCB 设计中一样的测量功能。对元件封装的测量和在 PCB 上的测量相同，这里不再重复。

2. 元件封装信息报表

在 PCB Library 面板的元件封装列表中选中一个元件后，选择"报告"→"器件"菜单命令，系统将自动生成该元件符号的信息报表，工作窗口中将自动打开生成的报表，以便用户马上查看报表。如图 9-48 所示为查看元件封装信息时的界面。

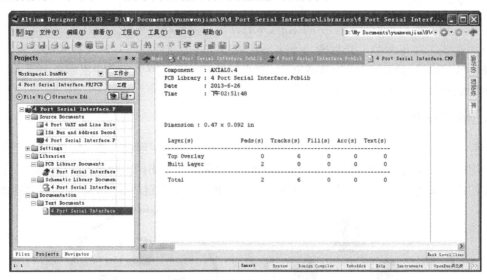

图 9-48 查看元件封装信息时的界面

如上所示，在列表中给出了元件名称、所在的元件库、创建日期和时间，并给出了元件封装中的各个组成部分的详细信息。

3．元件封装错误信息报表

Altium Designer 13 提供了元件封装错误的自动检测功能。选择"报告"→"元件规则检查"菜单命令，系统将弹出如图 9-49 所示的对话框，在该对话框中可以设置元件符号错误检测的规则。

图 9-49　元件封装检错规则设置对话框

各项规则的意义如下。

- "副本"选项组
  - "焊盘"复选框：检测元件封装中是否有重名的焊盘。
  - "原始的"复选框：检测元件封装中是否有重名的边框。
  - "封装"复选框：检测元件封装库中是否有重名的元件封装。

- "约束"选项组
  - "丢失焊盘名"复选框：检测是否缺少焊盘名称。
  - "镜像的元件"复选框：检测元件封装库中是否有镜像的元件封装。
  - "短接铜"复选框：检测用于检查元件封装中是否存在导线短路。
  - "非相连铜"复选框：检测用于检查元件封装中是否存在未连接铜箔。
  - "检查所有元件"复选框：检测是否检查元件封装库中所有封装。

保持默认设置，单击 确定 按钮将自动生成如图 9-50 所示的元件符号错误信息报表。

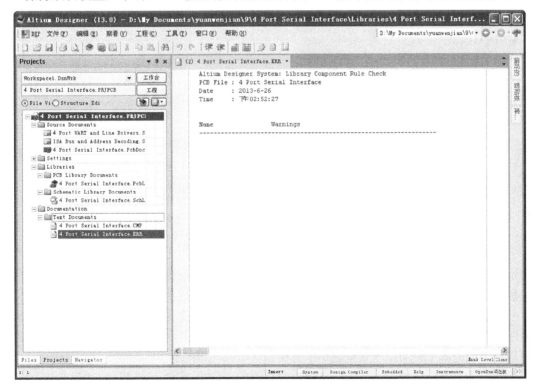

图 9-50　元件符号错误信息报表

可见，绘制的所有元件封装没有错误。

4．元件封装库信息报表

选择"报告"→"库报告"菜单命令，系统将生成元件封装库信息报表。这里对创建的 4 Port Serial Interface.PcbLib 元件封装库进行分析，得出以下的报表，如图 9-51 所示。

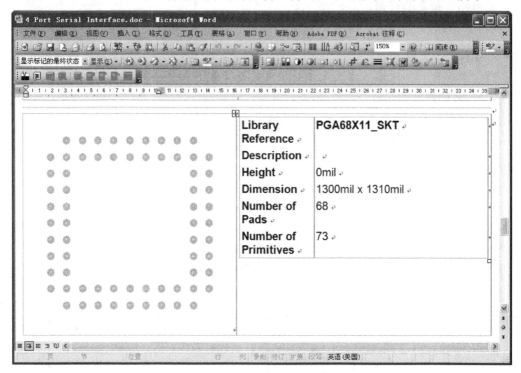

图 9-51　元件封装库信息报表

在报表中，列出了封装库所有的封装名称和对它们的命名。

9.4　创建工程元件库

9.4.1　创建原理图工程元件库

大多数情况下，在同一个工程的电路原理图中，所用到的元件由于性能、类型等诸多因素的不同，可能来自于很多不同的库文件。在这些库文件中，有系统提供的若干个集成库文件，也有用户自己建立的原理图库文件，非常不便于管理，更不便于用户之间的交流。

基于这一点，可以使用原理图库文件编辑器，为工程创建独有的原理图元件库，把本工程电路原理图中所用到的元件原理图符号都汇总到该元件库中，脱离其他的库文件而独立存在，这样，就为本工程的统一管理提供了方便。

下面以随书光盘中"yuanwenjian\ch09\9.4"中的"USB 采集系统.PRJPCB"为例，为该工程创建原理图元件库。

01 打开工程"USB 采集系统.PRJPCB"中的任一原理图文件，进入电路原理图的编辑环境中，这里打开 CPU.SchDoc 原理图文件。

02 选择"设计"→"生成原理图库"菜单命令，则系统自动在本工程中生成了相应的原理图库文件，并弹出如图 9-52 所示的提示信息对话框。在该提示框中，告诉用户当前工程的原理图工程元件库"USB 采集系统.SchLib"已经创建完成，共添加了 13 个库元件。

图 9-52 创建原理图工程元件库的提示框

03 单击 OK 按钮确认关闭对话框，系统自动切换到原理图库文件编辑环境中，如图 9-53 所示。

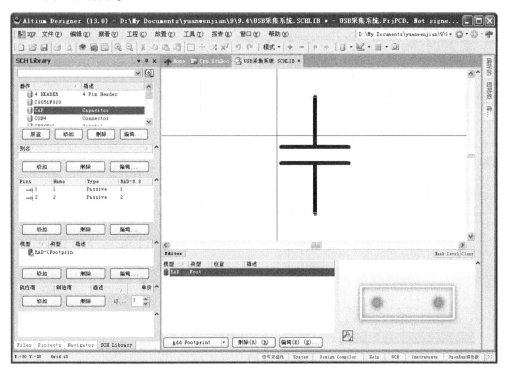

图 9-53 创建了原理图工程元件库

04 打开 SCH Library（SCH 库）面板，在 SCH Library（SCH 库）面板的原理图符号名称栏中，列出了所创建的原理图工程文件库中的全部库元件，涵盖了本工程电路原理图中所有用到的元件。如果选择了其中一个，则在原理图符号的管脚栏中会相应显示出来该库元件的全部管脚信息，而在模型栏中会显示出该库元件的其他模型。

9.4.2 使用工程元件库更新原理图

建立了原理图工程元件库以后，可以根据需要，很方便地对该工程电路原理图中所有用
到的元件进行整体的编辑、修改，包括元件属性、管脚信息及原理图符号形式等。更重要的
是，如果用户在绘制多张不同的原理图时，多次用到同一个元件，而该元件又需要重新修改
编辑，此时，用户不必到原理图中去逐一修改，只需要在原理图工程元件库中修改相应的元
件，然后更新原理图即可。

在前面的电路设计工程"USB 采集系统.PrjPcb"中有 4 个子原理图：Sensor1.SchDoc、
Sensor2.SchDoc、Sensor3.SchDoc、Cpu.SchDoc，而在前三个子原理图的绘制过程中，都用到
了同一个元件 LM258（LF353 的别名）。

现在来修改这三个子原理图中元件 LM258 的管脚属性，比如，将输出管脚的电气特性由
Passive 改为 Output，可以通过修改原理图工程元件库中的相应元件 LF353 来完成。

01　打开工程"USB 采集系统.PrjPcb"，并逐一打开三个子原理图 Sensor1.SchDoc、
　　Sensor2.SchDoc 和 Sensor3.SchDoc。三个子原理图中所用到的元件 LM258，其输出
　　管脚的电气特性当前都处于 Passive 状态，如图 9-54 所示为原理图 Sensor3.SchDoc
　　中的一部分。

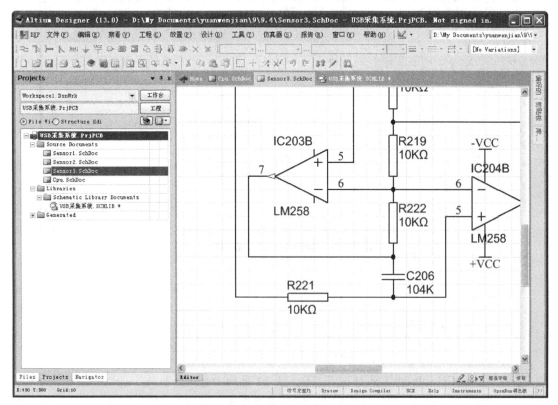

图 9-54　更新前的原理图

02　打开该工程下的原理图工程元件库"USB 采集系统.SchLib"。

03　打开 SCH Library(SCH 库)面板,在该面板的原理图符号名称栏中,单击元件 LF353

前面的 ⊞ 符号，打开该元件，进行相应管脚的编辑。

04 将子部件 Part A 中的输出管脚（管脚 1）的电气特性设置为 Output，如图 9-55 所示。同样，将子部件 Part B 中的输出管脚（管脚 7）的电气特性也设置为 Output，并保存 "USB 采集系统.SchLib" 文件。

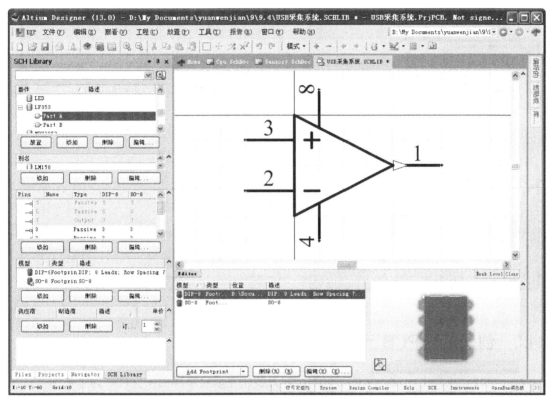

图 9-55　改变输出管脚的电气特性

05 选择 "工具" → "从器件库更新" 菜单命令，系统弹出如图 9-56 所示的更新提示框。该提示框提示，系统已经成功更新了三个子原理图中的 11 个 LM258 元件。

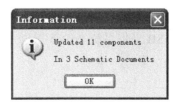

图 9-56　更新原理图提示框

06 单击 OK 按钮，关闭对话框。

逐一打开三个子原理图，则可以看到，原理图中的每一个元件 LM258，其输出管脚的电器特性都被更新为 Output，图 9-57 仍然显示了原理图 Sensor3.SchDoc 中的一部分。

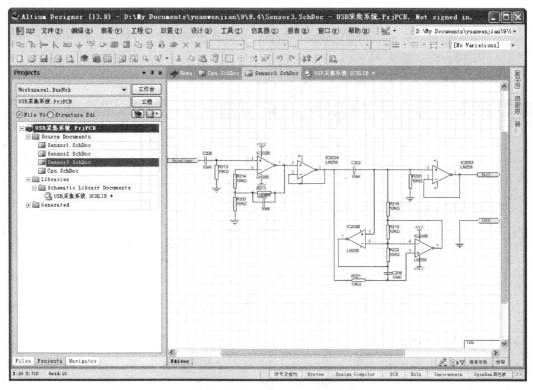

图 9-57　更新后的原理图

9.4.3　创建工程 PCB 元件封装库

在一个设计工程中，设计文件用到的元件封装往往来自不同的库文件。为了方便设计文件的交流和管理，在设计结束的时候，可以将该工程中用到的所有元件集中起来，生成基于该工程的 PCB 元件库文件。

创建工程的 PCB 元件库简单易行，首先打开已经完成的 PCB 设计文件，进入 PCB 编辑器，选择"设计"→"生成 PCB 库"菜单命令，系统会自动生成与该设计文件同名的 PCB 库文件，同时新生成的 PCB 库文件会自动打开，并置为当前文件，在 PCB Library（PCB 库）面板中可以看到其元件列表。以"USB 采集系统.PrjPcb"中文件名为 USBDISK.PcbDoc 的 PCB 文件为例，创建集成元件库，如图 9-58 所示。

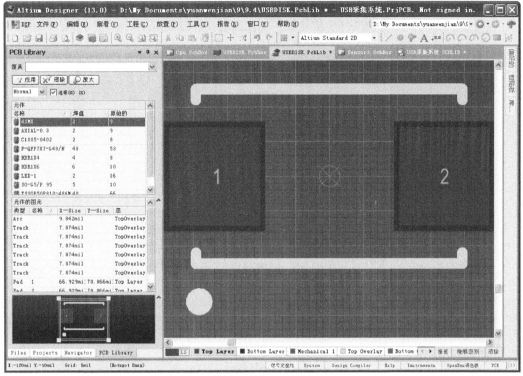

图 9-58　创建工程 PCB 元件封装库

9.4.4　创建集成元器件库

Altium Designer 13 提供了集成库形式的库文件，将原理图库和与其对应的模型库文件如 PCB 元件封装库、SPICE 和信号完整性模型等集成到一起。通过集成库文件，极大地方便用户在设计过程中的各种操作。

下面以前面设计的 PCB 文件 PCB_Library.PcbDoc 为例，创建一个集成元件库。我们要用到 ..\ch09\9.4.4 文件夹中的原理图库文件 PCB_Library.SchLib 和 PCB 元件封装库文件 PCB_Library.PcbLib，新生成的文件也都保存在该路径下。

01 选择"文件"→"新建"→"工程"→"集成库"菜单命令，如图 9-59 所示。系统建立一个新的集成库文件包工程，并保存为 New_IntLib.LibPkg。该库文件包工程中目前还没有文件加入，需要在该工程中加入原理图库和 PCB 元件封装库。

02 在 Projects（工程）面板中，在 New_IntLib.LibPkg 的右键菜单中选择"添加现有的文件到工程"命令，系统弹出打开文件对话框。选择路径到前述的文件夹下，打开 "PCB_Library.SchLib"。用同样的方法再将 PCB_Library.PcbLib 加入到工程中。

03 选择"工程"→Compile Integrated Library New_IntLib.LibPkg（编辑集成库 New_IntLib.LibPkg）菜单命令，编译该集成库文件。编译后的集成库文件 "New_IntLib.IntLib"将自动加载到当前库文件中，在元件库面板中可以看到，如图 9-60 所示。

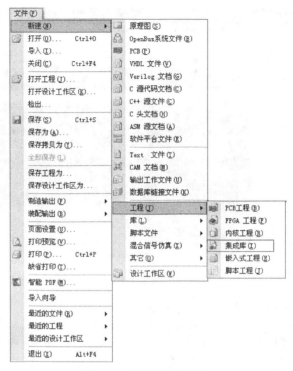

图 9-59　创建集成库文件

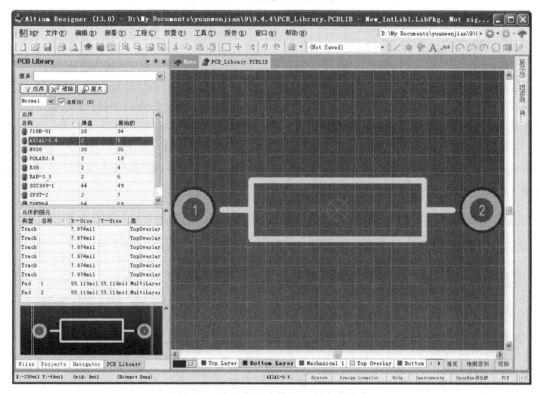

图 9-60　生成集成库并加入到当前库中

04　此时，打开 Messages（信息）面板，会看见一些错误和警告的提示，如图 9-61 所示。这表明，还有部分原理图文件没有找到匹配的元件封装或信号完整性等模型文件。根据错误提示信息，我们还需要进行修改。

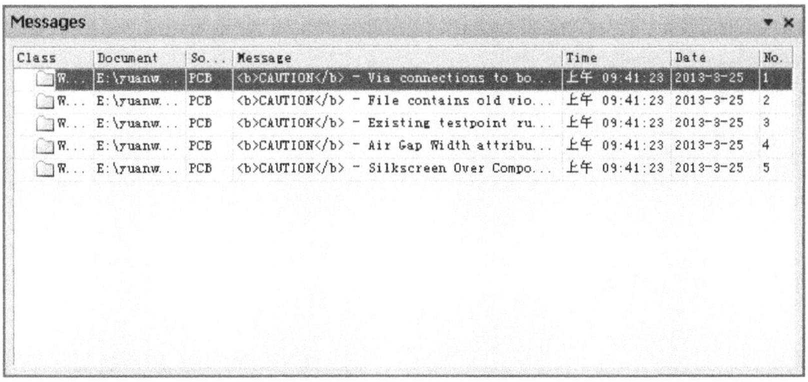

图 9-61 "Messages"信息栏

05 修改完毕后，选择"工程"→Recompile Integrated Library New_IntLib.LibPkg（重新编辑集成库 New_IntLib.LibPkg）菜单命令，对集成库文件再次编译，以检查是否还有错误信息。

06 不断重复上述操作，直至编译无误，这个集成库文件就制作完成了。

9.5 操作实例

在实际的电路设计中，虽然由于电子元器件技术的不断更新，有些特定的元件封装仍需自行制作，下面讲解如何绘制需要的元件。

9.5.1 制作可变电阻元件

在本例中，将用绘图工具创建一个新的可变电阻元件。通过本例的学习，读者将了解在原理图元件编辑环境下新建原理图元件库创建新的元件原理图符号的方法，同时学习绘图工具栏中绘图工具按钮的使用方法。

（1）创建工作环境

选择"文件"→New（新建）→Library（库）→"原理图库"菜单命令，启动原理图库文件编辑器，并创建新的原理图库文件。

选择"文件"→"保存为"菜单命令，将库文件命名为"可变电阻.SchLib"。

（2）管理元件库

在左侧面板中打开 SCH Library（SCH 库），如图 9-62 所示。在新建的原理图元件库中包含了一个名为 Component 的元件。

选择"工具"→"重命名器件"菜单命令，打开 Rename Component（重命名元件）对话框，在该对话框中将元件重命名为 RP，如图 9-63 所示。然后单击 确定 按钮退出对话框。

图 9-62　SCH Library 工作面板

图 9-63　重命名元件

（3）绘制原理图符号

01 选择"放置"→"矩形"菜单命令，或者单击工具栏的□（放置矩形）按钮，这时鼠标变成十字形状。在图纸上绘制一个如图 9-64 所示的矩形。

02 双击所绘制的弧线打开"长方形"对话框，如图 9-65 所示。在该对话框中，设置所画矩形的参数，包括矩形的右上角点坐标(10,4)、左下角点坐标(-10,-4)、板的宽度 Small、填充色和板的颜色，如图 9-66 所示。矩形修改结果如图 9-67 所示。

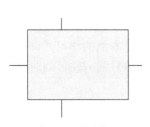

图 9-64　绘制矩形

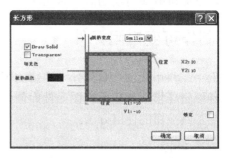

图 9-65　"长方形"对话框 1

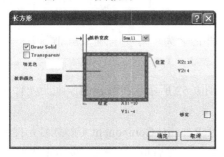

图 9-66　"长方形"对话框 2

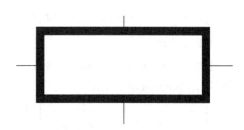

图 9-67　修改后的矩形

03 选择"放置"→"线"菜单命令，或者单击工具栏的✐（放置线）按钮，这时鼠标变成十字形状。单击 Tab 键，弹出 PolyLine（多段线）对话框，设置如图 9-68 所示。在图纸上绘制一个如图 9-69 所示的带箭头竖直线。

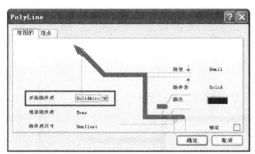
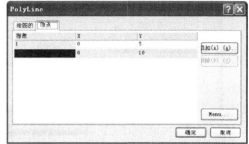

图 9-68　设置线属性

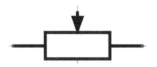

图 9-69　绘制直线

04 绘制引线。选择"放置"→"管脚"菜单命令，或单击原理图符号绘制工具栏中的"放置管脚"按钮 ⊥，绘制两个管脚。如图 9-70 所示。双击所放置的管脚，打开"管脚属性"对话框，如图 9-71 所示。在该对话框中，取消选中"显示名字"、"标识"文本框后面的"可见的"复选框，表示隐藏管脚编号。在"长度"文本框中输入 15，修改管脚长度。用同样的方法，修改另一侧水平管脚长度为 15，竖直管脚长度为 10。

图 9-70　绘制直线和管脚　　　　　　　　　图 9-71　设置管脚属性

这样，可变电阻元件就创建完成了，如图 9-72 所示。

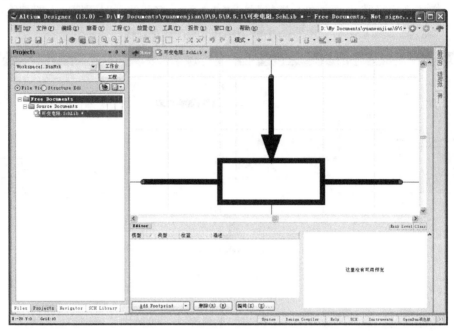

图 9-72 变压器绘制完成

提 示 使用以上方法创建的原理图元件库和 Altium Designer 13 自带的元件库是不同的，Altium Designer 13 自带的元件库是集成库，里面不光有元件的原理图符号，还包含了元件的 PCB 封装，而本例创建的 SCH Library 元件库中只包含元件的原理图符号，并没有元件的封装，下面章节中介绍如何建立完整的元件库。

9.5.2 制作音乐三极管元件

本例中要创建的元器件是一个音乐三极管，如图 9-73 所示，它的外表和三极管一样，但不是三极管，是一种音乐集成器件，广泛地应用在各种电路中。

图 9-73 音乐三极管元件

（1）创建工作环境

选择"文件"→New（新建）→Library（库）→"原理图库"菜单命令，启动原理图库文件编辑器，并创建一个新的原理图库文件，选择"文件"→"保存为"菜单命令，将库文件命名为"音乐三极管.SchLib"。

（2）管理元件库

系统会自动打开一个 SCH Library（SCH 库）工作面板，在该工作面板中可以对原理图元件库中的元件进行管理。

选择"工具"→"重新命名器件"菜单命令，打开 Rename Component（重命名器件）对话框，在该对话框中将元件重命名为 UM66，如图 9-74 所示。然后单击 确定 按钮退出对话框。

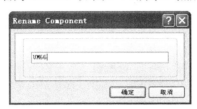

图 9-74　重命名元件

（3）绘制三级管外形

01　首先在图纸上绘制音乐三极管元件的外形。选择"放置"→"绘图工具"→"矩形"菜单命令，或者单击工具栏的 按钮，这时鼠标变成十字形状，并带有一个矩形图形。在图纸上绘制一个如图 9-75 所示的矩形。

02　双击所绘制的矩形打开"长方形"对话框，如图 9-76 所示。在该对话框中，单击"板的颜色"右侧颜色按钮，弹出"选择颜色"对话框，选择"3 黑色"，将矩形的边框颜色设置为黑色。

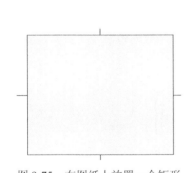

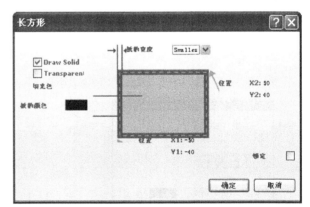

图 9-75　在图纸上放置一个矩形　　　　图 9-76　设置长方形属性

（4）放置三极管的管脚

本例中有三个管脚，其中，1 是音乐输出，2 是电源，3 是电源。

单击"原理图符号"绘制工具栏中的"放置管脚"按钮 ，这时鼠标变成十字形状，并带有一个管脚图形，单击 Tab 键，打开"管脚属性"对话框，如图 9-77 所示。在该对话框中，设置管脚的编号。然后单击 确定 按钮退出对话框。

完成管脚 1 放置后，继续显示带管脚的十字光标，编号递增为 2，继续利用 Tab 键修改管脚，所有管脚修改结果如图 9-78 所示。

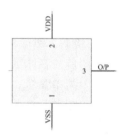

图 9-77　"管脚属性"对话框

图 9-78　放置三极管管脚

（5）放置三极管的标注

01 选择"放置"→"文本字符串"菜单命令，或者单击工具栏的 **A**（放置文本字符串）按钮，这时鼠标变成十字形状，在图纸上放置三极管标注。

02 双击放置的文字打开"标注"对话框，再在其中将标注的颜色设置为黑色，如图 9-79 所示。然后单击 确定 按钮退出对话框，结果如图 9-80 所示。

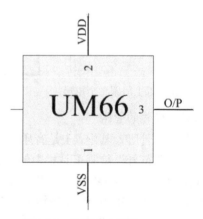

图 9-79　放置三极管标注

图 9-80　设置文本属性

一个完整的元件里面不光有元件的原理图符号，还包含了元件的 PCB 封装，而自己创建的 SCH Library 元件库中只包含元件的原理图符号，并没有元件的封装。本例中为音乐三极管添加"TO-92"模型封装。

（6）编辑元件属性

01 选择"工具"→"器件属性"菜单命令，或从"原理图库"面板里元件列表中选择元件 UM66，然后单击 [编辑...] 按钮。打开如图 9-81 所示的 Library Component Properties（库器件属性）对话框。在 Default Designer（默认的标识符）栏输入预置的元件序号前缀（在此为"IC?"）。

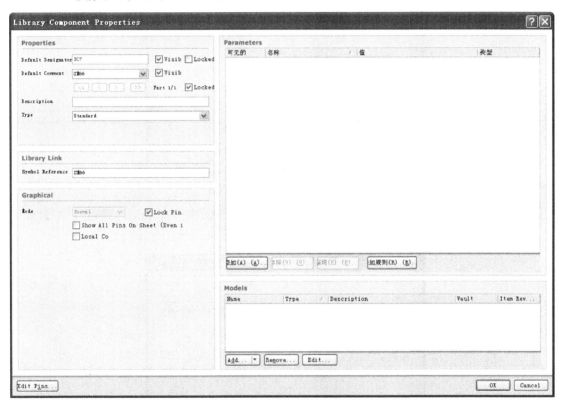

图 9-81 设置元件属性

02 在对话框右下角单击 Add（添加）按钮，弹出"添加新模型"对话框，在下拉列表中选择 Footprint，如图 9-82 所示。

图 9-82 添加封装

03 单击 按钮，弹出"PCB 模型"对话框，如图 9-83 所示。

图 9-83 "PCB 模型"对话框

04 在"名称"栏输入 TO-92，在"PCB 元件库"选项组下单击"库路径"，并选择元件库路径 Miscellaneous Devices.IntLib，如图 9-84 所示。

图 9-84 "PCB 模型"对话框

05 在"浏览库"对话框中，单击"发现"按钮，弹出"搜索库"对话框。

06 单击"确定"按钮，退出对话框。返回库元件属性对话框。如图 9-85 所示。单击单击 OK 按钮，返回编辑环境。

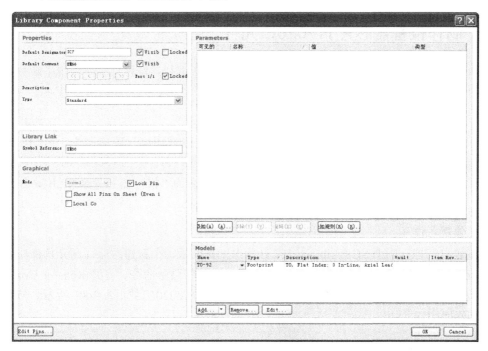

图 9-85 库元件属性对话框

07 音乐三极管元件就创建完成了，如图 9-86 所示。

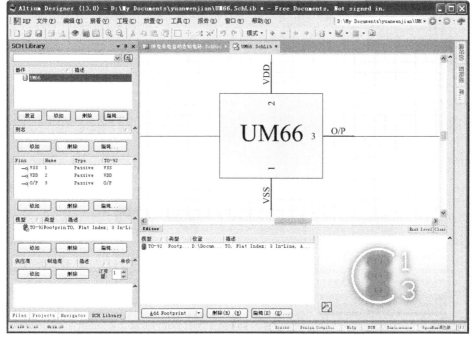

图 9-86 音乐三极管绘制完成

（7）保存原理图。

选择"文件"→"保存"菜单命令，或单击"原理图标准"工具栏中的 ■（保存）按钮，完成音乐三极管原理图符号的绘制。

9.5.3 制作报警器芯片 NV020C 元件

在本例中，将用绘图工具创建一个报警器芯片。通过本例的学习，读者将了解如何绘制此类芯片类元件。

（1）创建工作环境

选择"文件"→New（新建）→Library（库）→"原理图库"菜单命令，启动原理图库文件编辑器，并创建一个新的原理图库文件。

选择"文件"→"保存为"菜单命令，将库文件命名为"报警器芯片.SchLib"，如图 9-87 所示。

（2）管理元件库

在左侧自动打开一个 SCH Library（SCH 库）工作面板，在新建的原理图元件库中包含了名为 Component 的元件。选择"工具"→"重命名器件"菜单命令，打开 Rename Component（重命名元件）对话框，在该对话框中将元件重命名为 NV020C，如图 9-88 所示。然后单击 确定 按钮退出对话框。

（3）绘制原理图符号

选择"放置"→"矩形"菜单命令，或者单击工具栏的 □（放置矩形）按钮，这时鼠标变成十字形状。在图纸上绘制如图 9-89 所示的矩形。

图 9-87　Projects（项目）工作面板　　　图 9-88　重命名元件　　　图 9-89　绘制矩形

（4）绘制引线

选择"放置"→"管脚"菜单命令，或单击原理图符号绘制工具栏中的"放置管脚"按钮 ，显示浮动十字，单击 Tab 键，如图 9-90 所示，打开"管脚属性"对话框，在该对话框中，设置"显示名字"、"标识"文本框。用同样的方法，修改放置其余管脚。

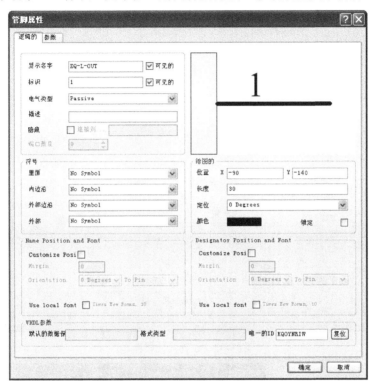

图 9-90　"管脚属性"对话框

这样，报警器芯片元件就创建完成了，如图 9-91 所示。

1	EQ-L-OUT	AMP-N	20
2	EQ-L-IN	AMP-P	19
3	AUDIO-L	VDD	18
4	Vcc	GND	17
5	BUSY	RESETB	16
6	R-FREQ	P00	15
7	P06	P01	14
8	P07	P02	13
9	Vpp	P03	12
10	P05	P04	11

图 9-91　报警器芯片绘制完成

（5）编辑元件属性

01 选择"工具"→"器件属性"菜单命令，或从"原理图库"面板的元件列表中选择元件，然后单击 编辑... 按钮。打开如图 9-92 所示的 Library Component Properties（库器件属性）对话框。在 Default Designer（默认的标识符）栏输入预置的元件序号前缀"U？"；在 Default Comment（默认的标注）栏输入元件型号 NV020C，单击 OK 按钮，完成设置。

02 在库编辑窗口右下角单击 Add（添加）按钮，弹出"添加新模型"对话框，在"模型种类"下拉列表中选择 Footprint，如图 9-93 所示，单击 █ 确定 █按钮，弹出"PCB模型"对话框，如图 9-94 所示。

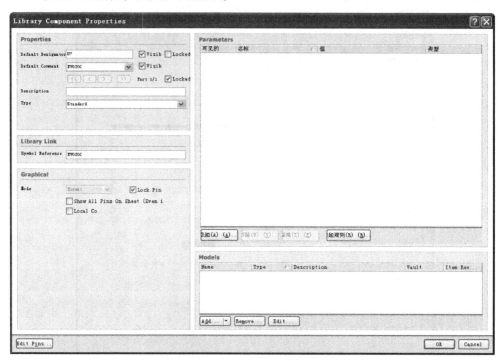

图 9-92　设置元件属性

图 9-93　添加封装　　　　　　　　　　图 9-94　"PCB 模型"对话框

03 单击 █览(B) (B)█按钮，弹出"浏览库"对话框。在添加的库文件中无法找到要添加的封装 DIP20，单击 █发现█按钮，弹出"搜索库"按钮，在"名称"栏输入 DIP20，如图9-95 所示。

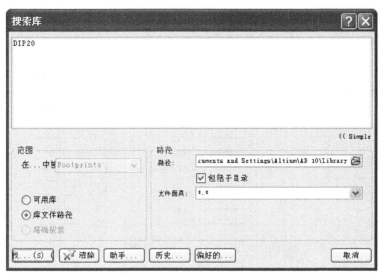

图 9-95 搜索模型

04 在"搜索库"对话框中,单击 找...(s) 按钮,在整个元件库中搜索所需元件,如图 9-96 所示。

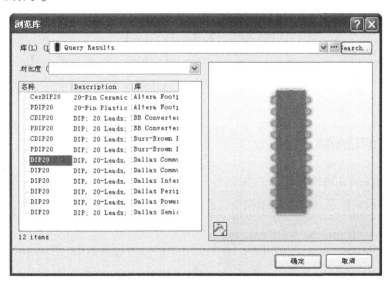

图 9-96 "浏览库"对话框

05 完成搜索后,选中要加载的模型,单击 确定 按钮,退出"浏览库"对话框。弹出 Confirm(确认)对话框,如图 9-97 所示,完成元件库加载。

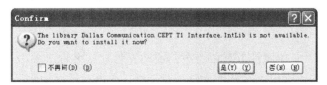

图 9-97 确认对话框

06 报警器芯片元件就创建完成了,如图 9-98 所示。

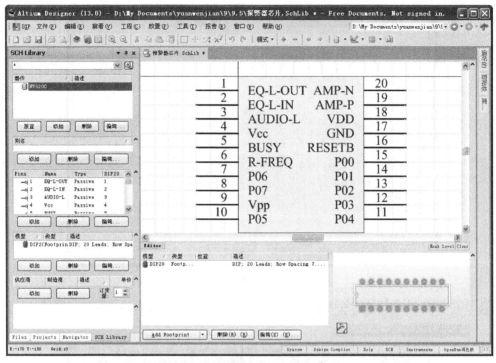

图 9-98 报警器芯片绘制完成

（6）保存原理图。

选择"文件"→"保存"菜单命令，或单击"原理图标准"工具栏中的 （保存）按钮，完成报警器芯片原理图符号的绘制。

9.5.4 制作 PGA44 封装

本例中要创建的元器件是一个封装模型，与原理图库文件在绘制过程中在步骤上大致相同，但具体操作时应注意区别。在本例中，主要学习用绘图工具栏中的按钮来创建 PCB 库符号的方法。

（1）创建工作环境

选择"文件"→New（新建）→Library（库）→"PCB 元件库"菜单命令，启动 PCB 库文件编辑器，并创建一个新的 PCB 库文件，并保存为 PGA44.PcbLib。

（2）管理元件库

在左侧面板中单击打开 PCB Library（PCB 库）工作面板，在面板"名称"栏中自动加载默认名称的元件 PCBComponent_1，在该工作面板中可以对 PCB 元件库中的元件进行管理，如图 9-99 所示。

选择"工具"→"元件属性"菜单命令，或在元件默认名称上单击右键，在快捷菜单中选择"元件属性"命令。弹出"PCB 库文件"对话框，在该对话框中将元件重命名为 PGA44，如图 9-100 所示，然后单击 确定 按钮退出对话框。

图 9-99 PCB Library 面板

图 9-100 重命名元件

（3）绘制芯片外形

01 选择"放置"→"走线"菜单命令，或者单击工具栏的 ✐ （放置走线）按钮，这时鼠标变成十字形状。在图纸上绘制如图 9-101 所示的红色封闭图形。

02 双击放置的直线打开"轨迹"对话框，在"层"下拉列表中选择 TopOverlay（上层覆盖），再在其中设置如图 9-101 所示的直线端点坐标，结果如图 9-102 所示。

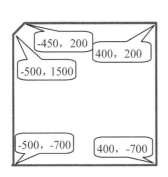

图 9-101 在图纸上放置一个封闭图形

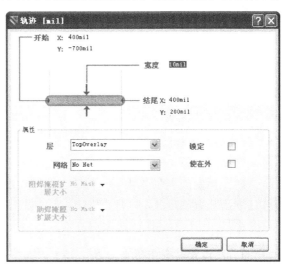

图 9-102 设置直线属性

（4）绘制小数点

01 选择"放置"→"焊盘"菜单命令，或者单击工具栏的 ◉ （放置焊盘）按钮，这时

鼠标变成十字形状，并带有一个圆形焊盘图形。在图纸上绘制焊盘点，如图 9-103
所示。

02 双击放置的直线打开"焊盘"对话框，再在其中设置焊盘点位置（焊盘与边界线水
平、竖直间距均为 100，焊盘间间距为 100），如图 9-104 所示。然后单击 确定 按
钮退出对话框。

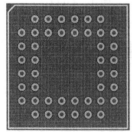

图 9-103　在图纸上放置焊盘　　　　　　　　图 9-104　设置焊盘属性

（5）放置芯片的标注

01 选择"放置"→"走线"菜单命令，或者单击工具栏的 ╱（放置走线）按钮，这
时鼠标变成十字形状。在图纸上绘制如图 9-105 所示的标注。

02 双击放置的走线，打开"轨迹"对话框，再在其中设置直线坐标，如图 9-106 所示。
然后单击 确定 按钮退出对话框。

同样的方法设置其余三条走线。

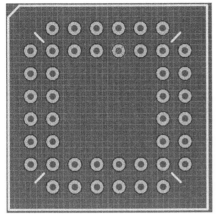

图 9-105　放置线

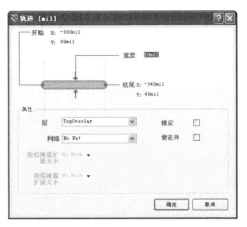

图 9-106　设置文本属性

（6）放置标注

01 选择"放置"→"字符串"菜单命令，或者单击工具栏的 **A**（放置字符串）按钮，显示带十字标记的符号。单击 Tab 键，弹出"串"对话框。在该对话框中，设置管脚的编号，在"文本"文本框中输入 1，在"层"下拉列表中选择 TopOverlay（上层覆盖），宽度设置为 5，Height（高度）为 30，如图 9-107 所示，然后单击 确定 按钮退出对话框，在编辑器窗口中绘制焊盘对应编号。

02 单击按钮保存所做的工作。这样就完成了 PCB 库模型符号的绘制，结果如图 9-108 所示。

图 9-107　设置标注属性

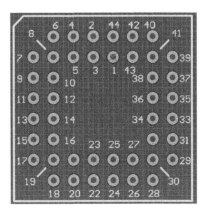

图 9-108　放置芯片管脚

9.6　上机实验

实验 1. 绘制如图 9-109 所示的变压器元件。

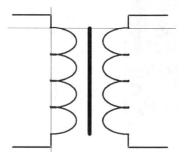

图 9-109　上机实验 1 图示

💡 操作提示

（1）建立原理图库。

（2）建立新元件。

（3）绘制元件外形。

（4）加载封装。

实验 2. 绘制如图 9-110 所示的串行接口元件。

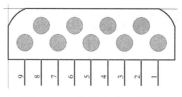

图 9-110　上机实验 2 图示

💡 操作提示

（1）建立原理图库。

（2）建立新元件。

（3）绘制元件外形。

（4）加载封装。

9.7　思考与练习

1．在原理图库文件编辑中，元件 Component 和部件 Port 有何区别？

2．在原理图库文件的编辑过程中，创建自定义的元件需要哪些步骤？

3．创建自定义元件封装有几种方法？分别简述其步骤。

第 10 章

电路仿真系统

所谓电路仿真,就是用户直接利用 EDA 软件自身所提供的功能和环境,对所设计电路的实际运行情况进行模拟的一个过程。如果在制作 PCB 印制板之前,能够对原理图进行仿真,可明确把握系统的性能指标并据此对各项参数进行适当的调整,将能节省大量的人力和物力。由于整个过程是在计算机上运行的,所以操作相当简便,免去了构建实际电路系统的不便,只需要输入不同的参数,就能得到不同情况下电路系统的性能,而且仿真结果真实、直观,便于用户查看和比较。

知识重点

- 电路仿真的基本知识
- 仿真分析的参数设置
- 电路仿真方法

10.1 电路仿真的基本概念

仿真中涉及的几个基本概念如下。

- 仿真元器件。用户进行电路仿真时使用的元器件,要求具有仿真属性。
- 仿真原理图。用户根据具体电路的设计要求,使用原理图编辑器及具有仿真属性的元器件所绘制而成的电路原理图。
- 仿真激励源。用于模拟实际电路中的激励信号。
- 节点网络选项卡。对电路中要测试的多个节点,应该分别放置有意义的网络选项卡名,便于明确查看每一节点的仿真结果(电压或电流波形)。
- 仿真方式。仿真方式有多种,不同的仿真方式下相应有不同的参数设定,用户应根据具体的电路要求来选择设置仿真方式。
- 仿真结果。仿真结果一般以波形的形式给出,不仅仅局限于电压信号,每个元件的电流及功耗波形都可以在仿真结果中观察到。

10.2 放置电源及仿真激励源

Altium Designer 13 提供了多种电源和仿真激励源，存放在 Altium Designer 13/Library/Simulation/Simulation Sources.Intlib 集成库中，供用户选择。在使用时，均被默认为理想的激励源，即电压源的内阻为零，而电流源的内阻为无穷大。

仿真激励源就是仿真时输入到仿真电路中的测试信号，根据观察这些测试信号通过仿真电路后的输出波形，用户可以判断仿真电路中的参数设置是否合理。

常用的电源与仿真激励源有如下几种。

1. 直流电压/电流源

直流电压源 VSRC 与直流电流源 ISRC 分别用来为仿真电路提供一个不变的电压信号或不变的电流信号，符号形式如图 10-1 所示。

图 10-1 直流电压/电流源符号

通常这两种电源在仿真电路上电时，或者需要为仿真电路输入一个阶跃激励信号时使用，以便用户观测电路中某一节点的瞬态响应波形。

需要设置的仿真参数是相同的，双击新添加的仿真直流电压源，在出现的 Properties for Schematic Component in Sheet（元件属性）对话框中设置其属性参数，如图 10-2 所示。

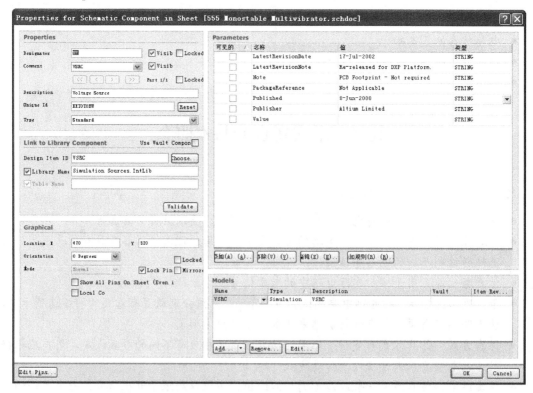

图 10-2 Properties for Schematic Component in Sheet 对话框

在图 10-2 所示的窗口双击 Type（类型）栏下的 Simulation（激励）选项，即可出现 Sim Model-Voltage Source/DC Source（激励模型-交流/直流电源）对话框，通过该对话框可以查看并修改仿真模型，如图 10-3 所示。

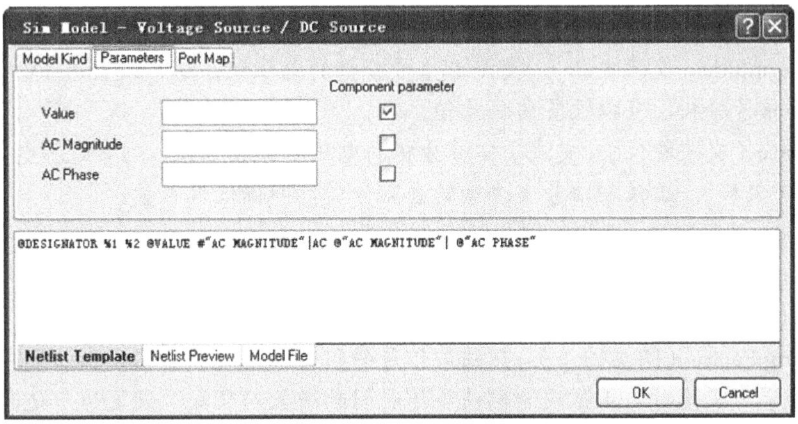

图 10-3　Sim Model-Voltage Source/DC Source 对话框

在 Parameters（参数）选项卡中各项参数的具体含义如下。

- Value（值）：直流电源值。
- AC Magnitude（交流电压）：交流小信号分析的电压值。
- AC Phase（交流相位）：交流小信号分析的相位值。

2．正弦信号激励源

正弦信号激励源包括正弦电压源 Library（库）、VSINLibrary（库）与正弦电流源 Library（库）ISIN，用来为仿真电路提供正弦激励信号，符号形式如图 10-4 所示。需要设置的仿真参数是相同的，如图 10-5 所示。

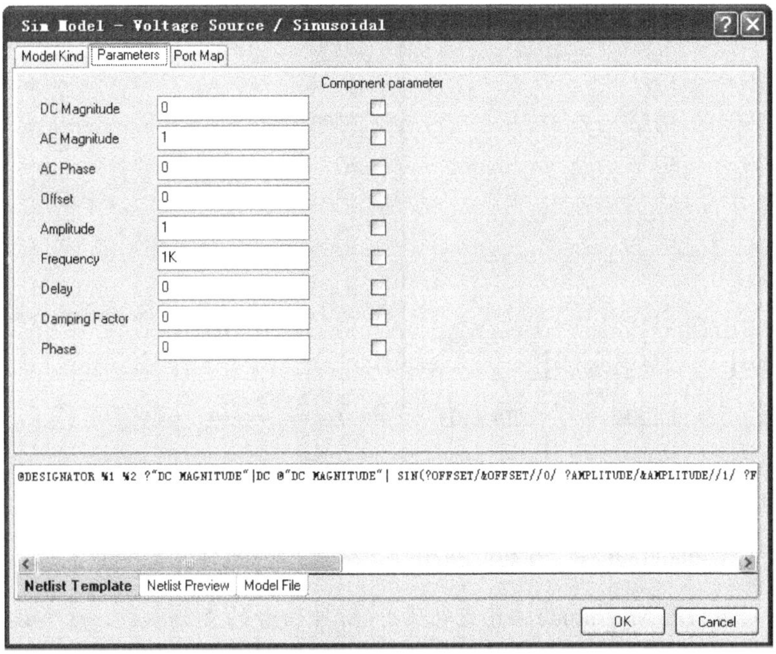

图 10-4　正弦电压/电流源符号　　　　　　图 10-5　正弦信号激励源的仿真参数

305

在 Parameters（参数）选项卡，各项参数的具体含义如下。

- DC Magnitude（直流电压）：正弦信号的直流参数，通常设置为 0。
- AC Magnitude（交流电压）：交流小信号分析的电压值，通常设置为 1V，如果不进行交流小信号分析，可以设置为任意值。
- AC Phase（交流相位）：交流小信号分析的电压初始相位值，通常设置为 0。
- Offset（偏移）：正弦波信号上叠加的直流分量，即幅值偏移量。
- Amplitude（幅值）：正弦波信号的幅值设置。
- Frequency（频率）：正弦波信号的频率设置。
- Delay（延时）：正弦波信号初始的延时时间设置。
- Damping Factor（阻尼因子）：正弦波信号的阻尼因子设置，影响正弦波信号幅值的变化。设置为正值时，正弦波的幅值将随时间的增长而衰减。设置为负值时，正弦波的幅值则随时间的增长而增长。若设置为 0，则意味着正弦波的幅值不随时间而变化。
- Phase（相位）：正弦波信号的初始相位设置。

3．周期脉冲源

周期脉冲源包括脉冲电压激励源 VPULSE 与脉冲电流激励源 IPULSE，可以为仿真电路提供周期性的连续脉冲激励，其中脉冲电压激励源 VPULSE 在电路的瞬态特性分析中用得比较多。两种激励源的符号形式如图 10-6 所示。相应要设置的仿真参数也是相同的，如图 10-7 所示。

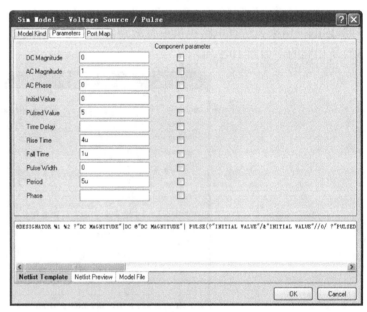

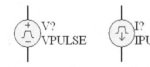

图 10-6　脉冲电压/电流源符号　　　　　　图 10-7　脉冲信号激励源的仿真参数

在 Parameters（参数）选项卡，各项参数的具体含义如下。

- DC Magnitude（直流电压）：脉冲信号的直流参数，通常设置为 0。
- AC Magnitude（交流电压）：交流小信号分析的电压值，通常设置为 1V，如果不进行交流小信号分析，可以设置为任意值。

- AC Phase（交流相位）：交流小信号分析的电压初始相位值，通常设置为 0。
- Initial Value（初始值）：脉冲信号的初始电压值设置。
- Pulsed Value（脉冲值）：脉冲信号的电压幅值设置。
- Time Delay（延迟时间）：初始时刻的延迟时间设置。
- Rise Time（上升时间）：脉冲信号的上升时间设置。
- Fall Time（下降时间）：脉冲信号的下降时间设置。
- Pulse Width（脉冲宽度）：脉冲信号的高电平宽度设置。
- Period（周期）：脉冲信号的周期设置。
- Phase（相位）：脉冲信号的初始相位设置。

4. 分段线性激励源

分段线性激励源所提供的激励信号是由若干条相连的直线组成的，是一种不规则的信号激励源，包括分段线性电压源 VPWL 与分段线性电流源 IPWL 两种，符号形式如图 10-8 所示。这两种分段线性激励源的仿真参数设置是相同的，如图 10-9 所示。

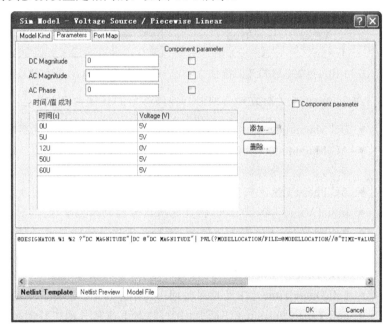

图 10-8　分段电压/电流源符号　　　　图 10-9　分段信号激励源的仿真参数

在 Parameters（参数）选项卡，各项参数的具体含义如下。

- DC Magnitude（直流电压）：分段线性电压信号的直流参数，通常设置为 0。
- AC Magnitude（交流电压）：交流小信号分析的电压值，通常设置为 1V，如果不进行交流小信号分析，可以设置为任意值。
- AC Phase（交流相位）：交流小信号分析的电压初始相位值，通常设置为 0。
- Time/Value Pairs（时间/电压）：分段线性电压信号在分段点处的时间值及电压值设置。其中时间为横坐标，电压为纵坐标，如图 10-9 所示，共有 5 个分段点。单击一次右侧的 添加... 按钮，可以添加一个分段点，而单击一次 删除... 按钮，则可以删除一个分段点。

5. 指数激励源

指数激励源包括指数电压激励源 VEXP 与指数电流激励源 IEXP，用来为仿真电路提供带有指数上升沿或下降沿的脉冲激励信号，通常用于高频电路的仿真分析，符号形式如图 10-10 所示。两者所产生的波形形式是一样的，相应的仿真参数设置也相同，如图 10-11 所示。

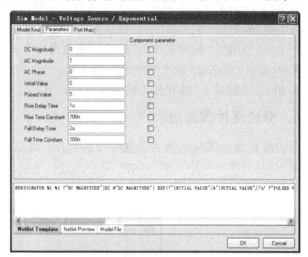

图 10-10　指数电压/电流源符号　　　　　　　图 10-11　指数信号激励源的仿真参数

在 Parameters（参数）选项卡，各项参数的具体含义如下。

- DC Magnitude（直流电压）：分段线性电压信号的直流参数，通常设置为 0。
- AC Magnitude（交流电压）：交流小信号分析的电压值，通常设置为 1V，如果不进行交流小信号分析，可以设置为任意值。
- AC Phase（交流相位）：交流小信号分析的电压初始相位值，通常设置为 0。
- Initial Value（初始值）：指数电压信号的初始电压值。
- Pulsed Value（跳变电压值）：指数电压信号的跳变电压值。
- Rise Delay Time（上升延迟时间）：指数电压信号的上升延迟时间。
- Rise Time Constant（上升时间）：指数电压信号的上升时间。
- Fall Delay Time（下降延迟时间）：指数电压信号的下降延迟时间。
- Fall Time Constant（下降时间）：指数电压信号的下降时间。

6. 单频调频激励源

单频调频激励源用来为仿真电路提供单频调频的激励波形，包括单频调频电压源 VSFFM 与单频调频电流源 ISFFM 两种，符号形式如图 10-12 所示。相应需要设置的仿真参数如图 10-13 所示。

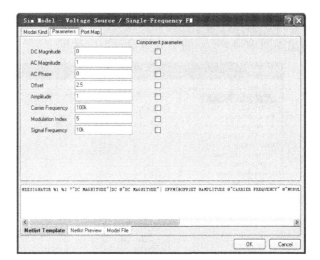

图 10-12　单频调频电压/电流源符号　　　图 10-13　单频调频激励源的仿真参数

在 Parameters（参数）选项卡，各项参数的具体含义如下。

- DC Magnitude（直流电压）：分段线性电压信号的直流参数，通常设置为 0。
- AC Magnitude（交流电压）：交流小信号分析的电压值，通常设置为 1V，如果不进行交流小信号分析，可以设置为任意值。
- AC Phase（交流相位）：交流小信号分析的电压初始相位值，通常设置为 0。
- Offset（偏移）：调频电压信号上叠加的直流分量，即幅值偏移量。
- Amplitude（幅值）：调频电压信号的载波幅值。
- Carrier Frequency（载波频率）：调频电压信号的载波频率。
- Modulation Index（调制系数）：调频电压信号的调制系数。
- Signal Frequency（信号频率）：调制信号的频率。

根据以上的参数设置，输出的调频信号表达式为：

$$V(t) = V_o + V_A \times \sin[2\pi F_c t + M\sin(2\pi F_s t)]$$

V_o＝Offest，V_A＝Amplitude，F_C＝Carrier Frequency，F_S＝Signal Frequency。

这里我们介绍了几种常用的仿真激励源及仿真参数的设置。此外，在 Altium Designer 13 中还有线性受控源、非线性受控源等，在此不再一一赘述，用户可以参照上面所讲述的内容，自己练习使用其他的仿真激励源并进行有关仿真参数的设置。

10.3　仿真分析的参数设置

在电路仿真中，选择合适的仿真方式并对相应的参数进行合理的设置，是仿真能够正确运行并能获得良好的仿真效果的关键保证。

一般来说，仿真方式的设置包含两部分：一是各种仿真方式都需要的通用参数设置；二是具体的仿真方式所需要的特定参数设置，二者缺一不可。

在原理图编辑环境中，选择"设计"→"仿真"→Mixed Sim（混合仿真）菜单命令，则系统弹出如图 10-14 所示的"分析设置"对话框。

图 10-14 仿真分析设置对话框

在该对话框左侧的"分析/选项"栏中，列出了若干选项供用户选择，包括各种具体的仿真方式。而对话框的右侧则用来显示与选项相对应的具体设置内容。系统的默认选项为 General Setup（通用设置），即仿真方式的通用参数设置，如图 10-14 所示。

10.3.1 通用参数的设置

通用参数的具体设置内容有以下几项。

（1）"为了…收集数据"：该下拉列表框用于设置仿真程序需要计算的数据类型。

- Node Voltage：节点电压。
- Supply Current：电源电流。
- Device Current：流过元器件的电流。
- Device Power：在元器件上消耗的功率。
- Subeircuit VARS：支路端电压与支路电流。
- Active Signals（活动信号）：仅计算"积极信号"列表框中列出的信号。

由于仿真程序在计算上述这些数据时要占用很长的时间，因此，在进行电路仿真时，用户应该尽可能少地设置需要计算的数据，只需要观测电路中节点的一些关键信号波形即可。

单击右侧的"为了…收集数据"下拉列表，可以看到系统提供了几种需要计算的数据组合，用户可以根据具体仿真的要求加以选择，系统默认为 Nude Voltage（节点电压），Supply

Current（电源电流），Device Current any Power（任意电源流过元器件的电流）。

一般来说，应设置为 Active Signals（活动信号），这样一方面可以灵活选择所要观测的信号，另一方面也减少了仿真的计算量，提高了效率。

（2）"网表薄片"：该下拉列表框用于设置仿真程序作用的范围。

● Active sheet（活动图纸）：当前的电路仿真原理图。

● Active project（活动的工程）：当前的整个工程。

（3）"SimView 设置"（仿真结果设置）：该下拉列表框用于设置仿真结果的显示内容。

● Keep last setup（保持上一次设置）：按照上一次仿真操作的设置在仿真结果图中显示信号波形，忽略 Active Signals（活动信号）栏中所列出的信号。

● Show active signals（显示活动信号）：按照"积极信号"栏中所列出的信号，在仿真结果图中进行显示。

一般应设置为 Show active signals（显示活动信号）。

（4）"有用的信号"：该列表框中列出了所有可供选择的观测信号，具体内容随着"为了收集数据"列表框的设置变化而变化，即对于不同的数据组合，可以观测的信号是不同的。

（5）"积极信号"：该列表框列出了仿真程序运行结束后，能够立刻在仿真结果图中显示的信号。

在"积极信号"列表框中选中某一个需要显示的信号后，如选择 IN（加入），单击 ![button] 按钮，可以将该信号加入到"积极信号"列表框，以便在仿真结果图中显示。单击 ![button] 按钮则可以将"积极信号"列表框中某个不需要显示的信号移回"有用信号"列表框。或者，单击 ![button] 按钮，直接将全部可用的信号加入到"积极信号"列表框中。单击 ![button] 按钮，则将全部活动信号移回"有用信号"列表框中。

上面讲述的是在仿真运行前需要完成的通用参数设置。而对于用户具体选用的仿真方式，还需要进行一些特定参数的设定。

10.3.2　仿真方式的具体参数设置

在 Altium Designer 13 系统中，共提供了 11 种仿真方式。

● Operating Point Analysis：工作点分析。

● Transient/Fotuier Analysis：瞬态特性分析与傅里叶分析。

● DC Sweep Analysis：直流传输特性分析。

● AC Small Signal Analysis：交流小信号分析。

● Noise Analysis：噪声分析。

● Pole-Zero Analysis：零-极点分析。

● Transfer Function Analysis：传递函数分析。

● Temperature Sweep：温度扫描。

● Parameter Sweep：参数扫描。

● Monte Carlo Analysis：蒙特卡罗分析。

- Global Parameters：总体参数设置。
- Advanced Options：设置仿真的高级参数。

下面以 Operating Point Analysis（工作点分析）和 Transient/Fotuier Analysis（瞬态特性分析与傅里叶分析）为例介绍各种仿真方式的功能特点及参数设置。

10.3.3　工作点分析

所谓工作点分析（Operating Point Analysis），就是静态工作点分析，这种方式是在分析放大电路时提出来的。当把放大器的输入信号短路时，放大器就处在无信号输入状态，即静态。若静态工作点选择不合适，则输出波形会失真，因此设置合适的静态工作点是放大电路正常工作的前提。

在该分析方式中，所有的电容都将被看做开路，所有的电感都被看做短路，之后计算各个节点的对地电压，以及流过每一元器件的电流。由于方式比较固定，因此，不需要用户再进行特定参数的设置，使用该方式时，只需要选中即可运行，如图 10-15 所示。

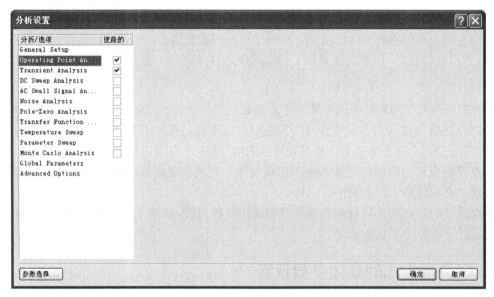

图 10-15　选中工作点分析方式

一般来说，在进行瞬态特性分析和交流小信号分析时，仿真程序都会先执行工作点分析，以确定电路中非线件元件的线性化参数初始值。因此，通常情况下应选中该项。

10.3.4　瞬态特性分析

瞬态特性分析（Transient Analysis Setup）与傅里叶分析是电路仿真中经常使用的仿真方式。瞬态特性分析是一种时域仿真分析方式，通常是从时间零开始，到用户规定的终止时间结束，在一个类似示波器的窗口中，显示出观测信号的时域变化波形。

傅里叶分析是与瞬态特性分析同时进行的，属于频域分析，用于计算瞬态分析结果的一部分。在仿真结果图中将显示出观测信号的直流分量、基波及各次谐波的振幅与相位。

在"分析设置"对话框中选中 Transient Analysis Setup（瞬态特性分析）复选框，相应的参数设置如图 10-16 所示。

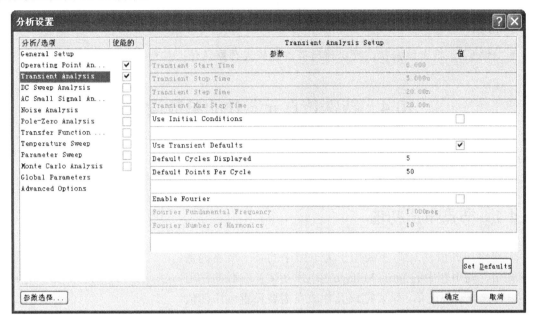

图 10-16　瞬态特性分析仿真参数

各参数的含义如下。

- Transient Start Time（瞬态仿真分析的起始时间）：通常设置为 0。

- Transient Stop Time（瞬态仿真分析的终止时间）：需要根据具体的电路来调整设置。若设置太小，则用户无法观测到完整的仿真过程，仿真结果中只显示一部分波形，不能作为仿真分析的依据。若设置太大，则有用的信息会被压缩在一小段区间内，同样不利于分析。

- Transient Step Time（仿真的时间步长）：同样需要根据具体的电路来调整。设置太小，仿真程序的计算量会很大，运行时间过长。设置太大，则仿真结果粗糙，无法真切地反映信号的细微变化，不利于分析。

- Transient Max Step Tune（仿真的最大时间步长设置）：通常设置为与时间步长值相同。

- Use Initial Conditions（使用初始设置条件）：该复选框用于设置电路仿真时，是否使用初始设置条件，一般应选中。

- Use Transient Defaults（采用系统的默认设置）：该复选框用于设置在电路仿真时，是否采用系统的默认设置。若选中了该复选框，则所有的参数选项颜色都将变成灰色，不再允许用户修改设置。通常情况下，为了获得较好的仿真效果，用户应对各参数进行手工调整配置，不应该选中该复选框。

- Default Cycles Displayed（默认的显示的波形周期数）：电路仿真时显示的波形周期数设置。

- Default Points Per Cycle（默认的每一显示周期中的点数）：其数值多少决定了曲线的光滑程度。

- Enable Fourier（傅里叶分析有效）：该复选框用于设置电路仿真时，是否进行傅里叶分析。

- Fourier Fundamental Frequency（傅里叶分析中的基波频率）：傅里叶分析中的基波频率设置。

- Fourier Number of Harmonics（ 傅里叶分析中的谐波次数）：通常使用系统默认值 10 即可。

- 参数选择：单击该按钮，可以将所有参数恢复为默认值。

10.4　特殊仿真元器件的参数设置

在仿真过程中，有时还会用到一些专用于仿真的特殊元器件，它们存放在系统提供的 AD 13/Library/Simulation/Simulation Sourees.IntLib 集成库中，这里做简单的介绍。

10.4.1　节点电压初值

节点电压初值 ".IC" 主要用于为电路中的某一节点提供电压初值，与电容中的 Intial Voltage（电压初值）参数的作用类似。设置方法很简单，只要把该元件放在需要设置电压初值的节点上，通过设置该元件的仿真参数即可为相应的节点提供电压初值，如图 10-17。

图 10-17　放置的 ".IC" 元件

需要设置的 ".IC" 元件仿真参数只有一个，即节点的电压初值。双击节点电压初值元件，系统弹出如图 10-18 所示的属性设置对话框。

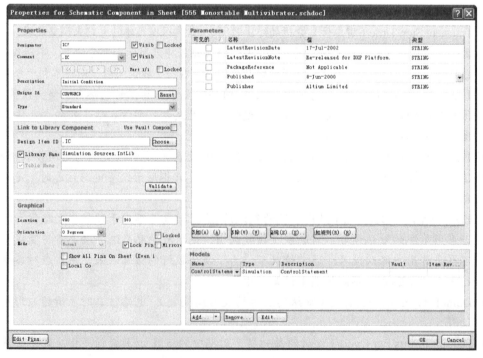

图 10-18　 ".IC" 元件属性设置

双击 Model（模型）栏下面 Type（类型）列下的 Simulation（仿真）项，系统弹出如图

10-19 所示的 ".IC" 元件仿真参数设置对话框。

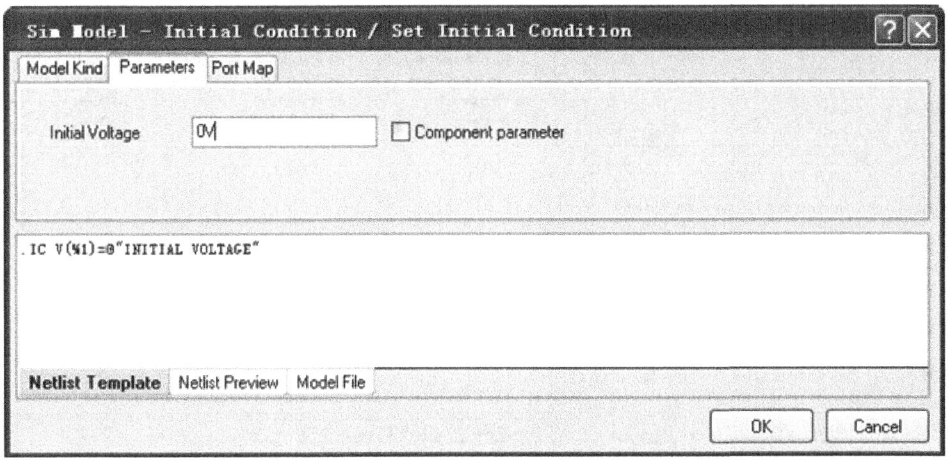

图 10-19　".IC" 元件仿真参数设置

在 Parameters（参数）选项卡中，只有一项仿真参数 Initial Voltage（电压初值），用于设置相应节点的电压初值，这里设置为 0V。设置了有关参数后的 ".IC" 元件如图 10-20 所示。

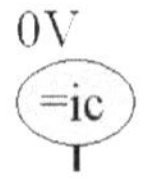

图 10-20　设置完参数的 ".IC" 元件

使用 ".IC" 元件为电路中的一些节点设置电压初值后，用户采用瞬态特性分析的仿真方式时，若选中了 Use Intial Conditions 复选框，则仿真程序将直接使用 ".IC" 元件所设置的初始值作为瞬态特性分析的初始条件。

当电路中有储能元件（如电容）时，如果在电容两端设置了电压初始值，而同时在与该电容连接的导线上也放置了 ".IC" 元件，并设置了参数值，那么此时进行瞬态特性分析时，系统将使用电容两端的电压初始值，而不会使用 ".IC" 元件的设置值，即一般元器件的优先级高于 ".IC" 元件。

10.4.2　节点电压

在对双稳态或单稳态电路进行瞬态特性分析时，节点电压 ".NS" 用来设定某个节点的电压预收敛值。如果仿真程序计算出该节点的电压小于预设的收敛值，则去掉 ".NS" 元件所设置的收敛值，继续计算，直到算出真正的收敛值为止，即 ".NS" 元件是求节点电压收敛值的一个辅助手段。

设置方法很简单，只要把该元件放在需要设置电压预收敛值的节点上，通过设置该元件的仿真参数即可为相应的节点设置电压预收敛值，如图 10-21 所示。

图 10-21　放置的 ".NS" 元件

需要设置的 ".NS" 元件仿真参数只有一个，即节点的电压预收敛值。双击节点电压元件，系统弹出如图 10-22 所示的属性设置对话框。

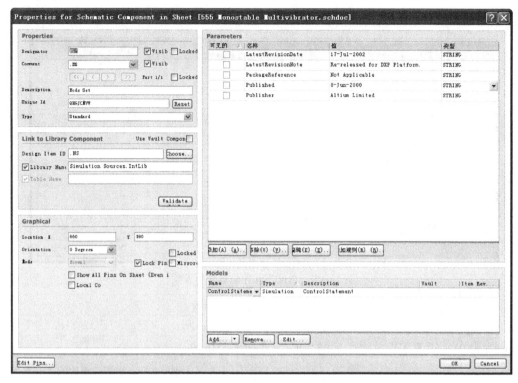

图 10-22　".NS"元件属性设置

双击 Model（模型）栏下面 Type（类型）列下的 Simulation（仿真）项，系统弹出如图 10-23 所示的".NS"元件仿真参数设置对话框。

图 10-23　".NS"元件仿真参数设置

在 Parameter（参数）选项卡中，只有一项仿真参数 Intial Voltage（电压初值），用于设定相应节点的电压预收敛值，这里设置为 10V。设置了有关参数后的".NS"元件如图 10-24 所示。

图 10-24　设置完参数的".NS"元件

若在电路的某一节点处，同时放置了".IC"元件与".NS"元件，则仿真时".IC"元件的设置优先级将高于".NS"元件。

10.4.3　仿真数学函数

在 Altium Designer 13 的仿真器中还提供了若干仿真数学函数，作为一种特殊的仿真元器件，可以放置在电路仿真原理图中使用。主要用于对仿真原理图中的两个节点信号进行各种合成运算，以达到一定的仿真目的，包括节点电压的加、减、乘、除，以及支路电流的加、减、乘、除等运算，也可以用于对一个节点信号进行各种变换，如正弦变换、余弦变换、双曲线变换等。

仿真数学函数存放在 Altium Designer 13/Library/Simulation/Simulation Math Function.IntLib 库文件中，只需要把相应的函数功能模块放到仿真原理图中需要进行信号处理的地方即可，仿真参数不需要用户自行设置。

如图 10-25 所示，是对两个节点电压信号进行相加运算的仿真数学函数 ADDV。

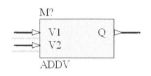

图 10-25　仿真数学函数 ADDV

10.5　操作实例

在进行电路板设计前，对带仿真电源的电路图进行仿真分析，以加深对电路图的分析掌握。

10.5.1　双极性电源仿真分析

本例要求完成如图 10-26 所示仿真电路原理图的绘制，将主要学习如何使用波形分析器。在完成仿真生成波形后，还要对产生的波形进行计算和分析。

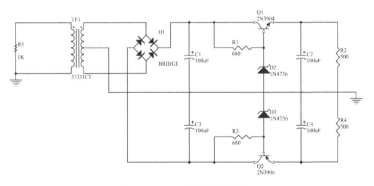

图 10-26　双极性电源电路

01　在 Altium Designer 13 主界面中，选择"文件"→"打开"菜单命令，在源文件路径下 yuanwenjian/ch10/10.5.1 中选择工程文件 Dual Polarity Power Supply.PrjPCB。

02　打开原理图文件 Dual Polarity Power Supply.SchDoc，如图 10-26 所示。

03　在"库"面板中单击 ibraries. 按钮，系统将弹出"可用库"对话框。在该对话框中单击 添加(A) (A) 按钮，添加 Simulation Source.IntLib，如图 10-27 所示。

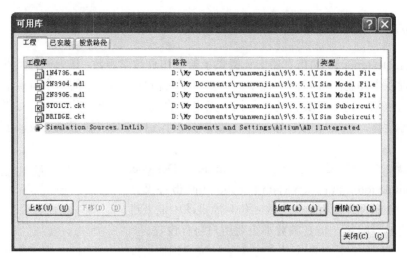

图 10-27　添加仿真元件库

04　在元件库中选择本例中所用的信号源-正弦信号源 VSIN，同时设置它的频率为 60Hz，幅值为 170，如图 10-28 所示。另外，在原理图中显示网络标号 Vin、A、B、C、D、E、F、Vcc 和 V_{EE}。

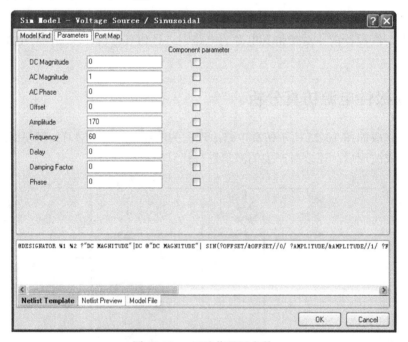

图 10-28　正弦信号源参数

05　选择"文件"→"另存为"菜单命令，将原理图文件保存为 SIM-Dual Polarity Power Supply.SchDoc，结果如图 10-29 所示。

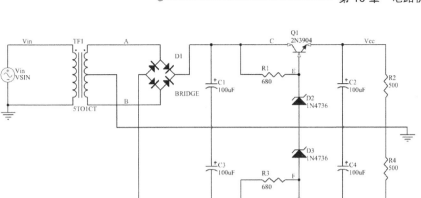

图 10-29　双极性电源仿真电路

06 选择"设计"→"仿真"→Mixed Sim（混合仿真）菜单命令，打开"分析设置"对话框，然后在其中对仿真原理图进行瞬态分析，其仿真参数的设置如图 10-30 所示。

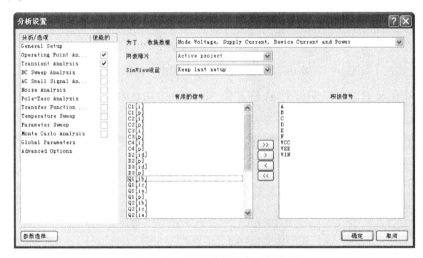

图 10-30　设置瞬态仿真分析参数

07 单击 确定 按钮进行仿真，生成瞬态仿真分析波形，如图 10-31 所示。

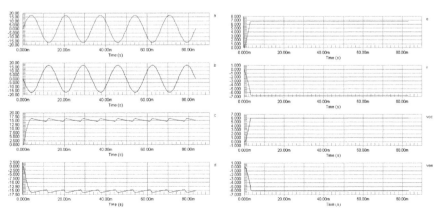

图 10-31　生成仿真波形

08 选择"察看"→"工作区面板"→Editor（编辑器）→Sim Date（仿真数据）菜单命令，打开 Sim Date（仿真数据）面板，如图 10-32 所示。

图 10-32　Sim Date（仿真数据）面板

09 在右侧波形图中选中波形 a，在左侧 Sim Date（仿真数据）面板中选中 b，如图 10-33 所示，单击 Add Wave to Plot 按钮，在右侧图中将波形 b 导入波形图 a。

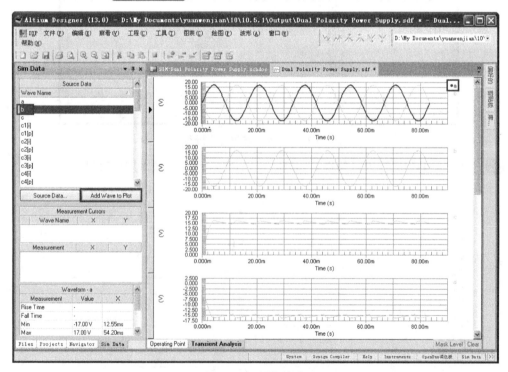

图 10-33　添加波形

10 继续将波形 c、d、e、f 导入到波形 a 中。

11 使用同样的方法，将波形 Vcc 导入到波形 Vee 中。

12 分别选中波形 b、c、d、e、f、Vcc，选择右键快捷菜单命令 Deleter Plot，删除波形，
最终结果如图 10-34 所示。

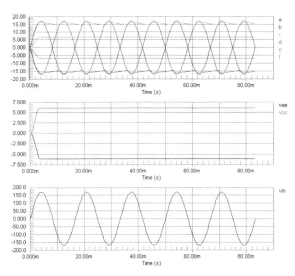

图 10-34　波形导入结果

10.5.2　七段分割数码器电路仿真分析

本例要求对如图 10-35 所示电路原理图进行修改并仿真，同时对生成的波形进行分析、
编辑、整合、得到新的波形，以方便后期分析。

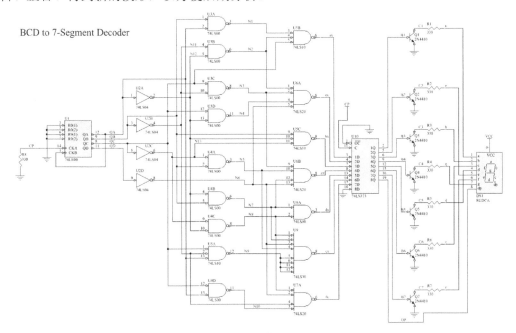

图 10-35　七段分割数码器电路原理图

（1）建立工作环境

01 在 Altium Designer 13 主界面中，选择"文件"→"打开"菜单命令，在源文件路径 yuanwenjian/ch10/10.5.2 中选择工程文件 BCD to 7-Segment Decoder.PrjPCB。

02 打开原理图文件 BCD to 7-Segment Decoder.SchDoc，如图 10-35 所示。

03 添加设计中需要的元件库，如图 10-36 所示。

图 10-36　添加元件库

04 放置所需元件"周期脉冲电源"VPULSE、"直流电源"VSRC，并完成布局和布线，建立如图 10-37 所示的仿真电路原理图。

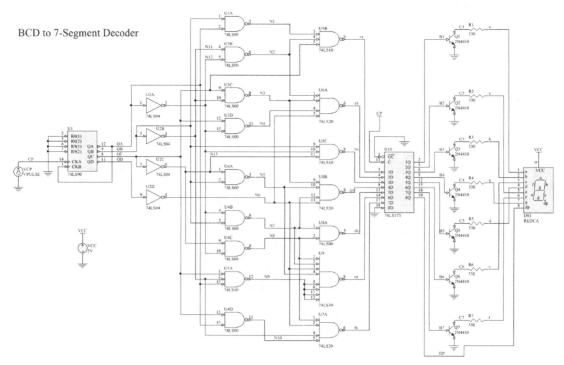

图 10-37　七段分割数码器仿真电路原理图

（2）设置仿真参数

在本例中用到了周期脉冲电源、直流电源，需要对仿真信号源进行参数设置。

01 双击原理图中的周期脉冲电源 VPULSE，打开 Properties for Schematic Component in Sheet（原理图元件属性）对话框，然后在对话框的右下角双击 Simulation（仿真）项，打开 Sim Model – Voltage Source/Pulse（仿真模型-电压源/脉冲）对话框，再在该对话框中的 Parameters（参数）选项卡中设置脉冲的初始值为 0，脉冲电压为 5，时间延迟为 0，上升沿为 1μ，下降沿为 1μ，脉冲宽度为 500μ，周期为 1000μ，如图 10-38 所示。直流电源的参数设置情况如图 10-39 所示。将直流电压源 V3 参数中 Value 值设置为 5V，交流电压为+5V。

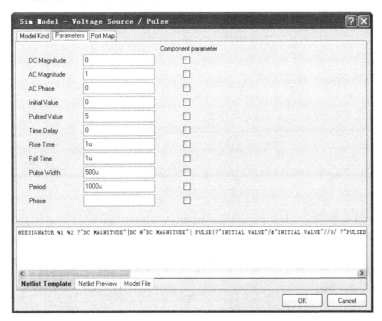

图 10-38　设置脉冲信号源的仿真参数

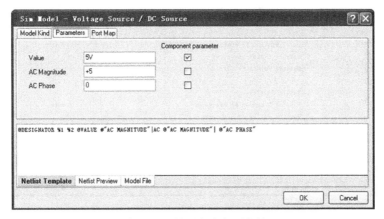

图 10-39　设置直流电源参数

02 选择"文件"→"另存为"菜单命令，将原理图文件保存为 SIM- BCD to 7-Segment Decoder.SchDoc。

（3）仿真分析

01 选择"设计"→"仿真"→Mixed Sim（混合仿真）菜单命令，打开"分析设置"对话框，然后在该对话框的 General Setup（通用设置）设置区中将对应网络选项卡添加到"积极信号"列表框中，其他保持默认设置即可，如图10-40所示。

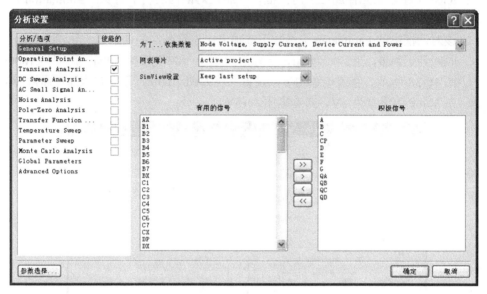

图 10-40 "分析设置"对话框

02 选中"分析设置"对话框中的 Transient Analysis（瞬态分析）项，进行瞬态仿真参数设置，如图10-41所示。

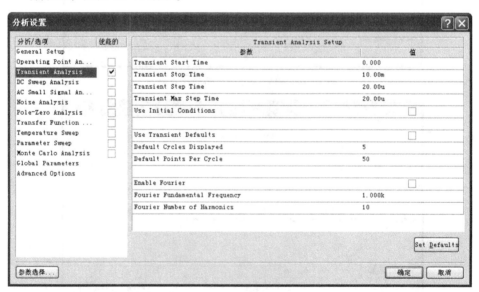

图 10-41 瞬态分析仿真参数设置

（4）仿真分析结果

单击 确定 按钮运行仿真，可以得到如图10-42所示的瞬态仿真分析波形。

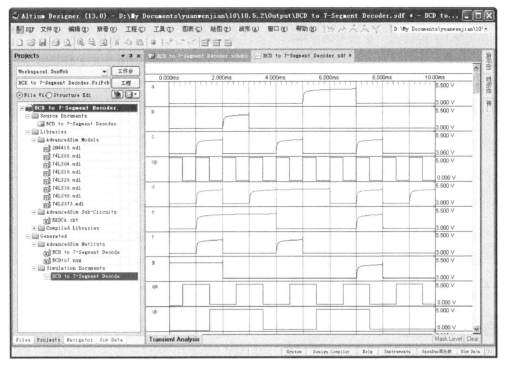

图 10-42　生成仿真波形

（5）设置选项

选择"图表"→"图表选项"菜单命令，打开 Chart Options（图表选项）对话框，如图 10-43 所示。该对话框用于调整波形分析器中波形的显示结果。在 Chart 选择区域里的 Name（名称）文本框中输入要修改的曲线名称，在 X Axis 选择区域里设置 X 坐标轴的单位（Units）和标志（Label）。单击 Scale 标签切换到 Scale 选项卡，如图 10-44 所示。在该选项卡中，设置 X 坐标轴的最大刻度（Maximum）和最小刻度（Minimum）等参数。单击 OK 按钮，退出对话框。

图 10-43　Chart Options 对话框

图 10-44　Scale 选项卡

（6）波形的运算

01　用户可以根据需要对生成的波形进行各种与、或等逻辑运算。选择"绘图"→"新

图形"菜单命令，打开"Plot Wizard-Step 1 of 3-Plot Title"（绘制向导-3-绘制主题步骤1）对话框，在该对话框中输入新建波形的名称，如图 10-45 所示。

02 单击 Next> 按钮进入波形的显示方式设置步骤，如图 10-46 所示。在这一步中，设置波形的显示方式。

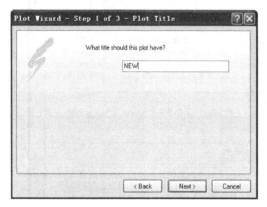

图 10-45　输入新波形的名称

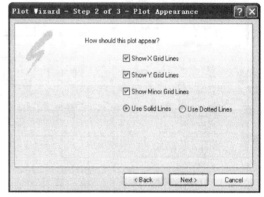

图 10-46　设置波形的显示方式

03 单击 Next> 按钮进入下一步设置，在这一步中，添加要进行运算的波形，如图 10-47 所示。单击 Add... 按钮，就可以打开 Add Wave To Plot（添加波形到绘制）对话框，在对话框左侧的列表框中选择要进行运算的波形，然后在对话框右侧的列表框中选择运算的方法，这样就在 Expression（表达）对话框中列出了所编辑的算术公式，如图 10-48 所示。

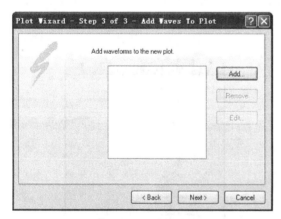

图 10-47　添加波形

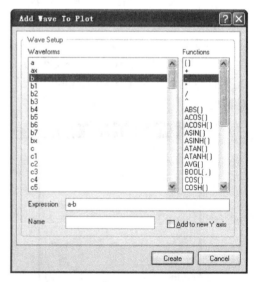

图 10-48　Add Wave To Plot 对话框

04 单击 Create 按钮返回第三步设置界面，如图 10-49 所示。单击 Next> 按钮进入到最后一个步骤，如图 10-50 所示。单击 Finish 按钮就可以创建一个新的波形，如图 10-51 所示。

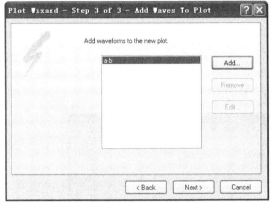

图 10-49　添加进来的新波形

图 10-50　结束波形的添加

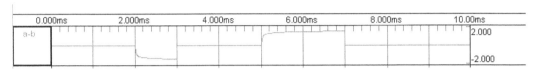

图 10-51　新创建的波形

10.5.3　混合模型二元波电路仿真分析

本例要求对如图 10-52 所示仿真电路原理图进行仿真，练习对电路进行瞬态分析、温度扫描分析和蒙特卡罗分析。蒙特卡罗分析是在电路的参数有一定偏差的情况下，对系统的工作情况进行的分析，而温度扫描分析可以分析温度对电路中元件的影响情况。

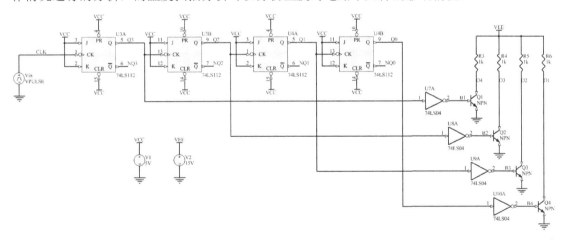

图 10-52　自激多谐振荡器原理图

（1）建立工作环境

01 在 Altium Designer 13 主界面中，选择"文件"→"打开"菜单命令，在源文件路径 yuanwenjian/ch10/10.5.3 中选择工程文件 Mixed-mode Binary Ripple 93.PRJPCB。

02 打开原理图文件 Mixed-mode Binary Ripple 93.PRJPCB，如图 10-52 所示。

（2）设置仿真参数

01 双击仿真原理图中的正弦电流信号源，在打开的 Properties for Schematic Component in Sheet（元件属性）对话框右下角双击 Simulation 项，打开 Sim Model - Voltage Source/Sinusoidal（仿真模型-电压源/脉冲）对话框，在该对话框中将信号源的频率设置为 1K，赋值设置为 1，如图 10-53 所示。

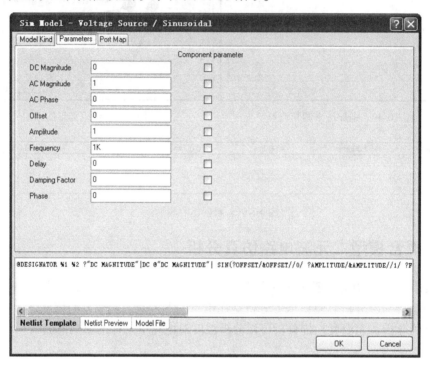

图 10-53　设置正弦信号源的仿真参数

02 选择"设计"→"仿真"→Mixed Sim（混合仿真）菜单命令，打开"分析设置"对话框，然后在其中对仿真原理图进行瞬态分析，其仿真参数的设置如图 10-54 所示。

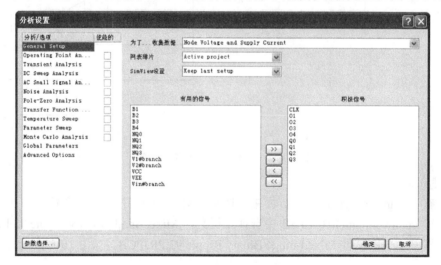

图 10-54　设置要分析的信号

03 选中"分析设置"对话框中的 Transient Analysis（瞬态分析）项，进行瞬态仿真参数设置，如图 10-55 所示。

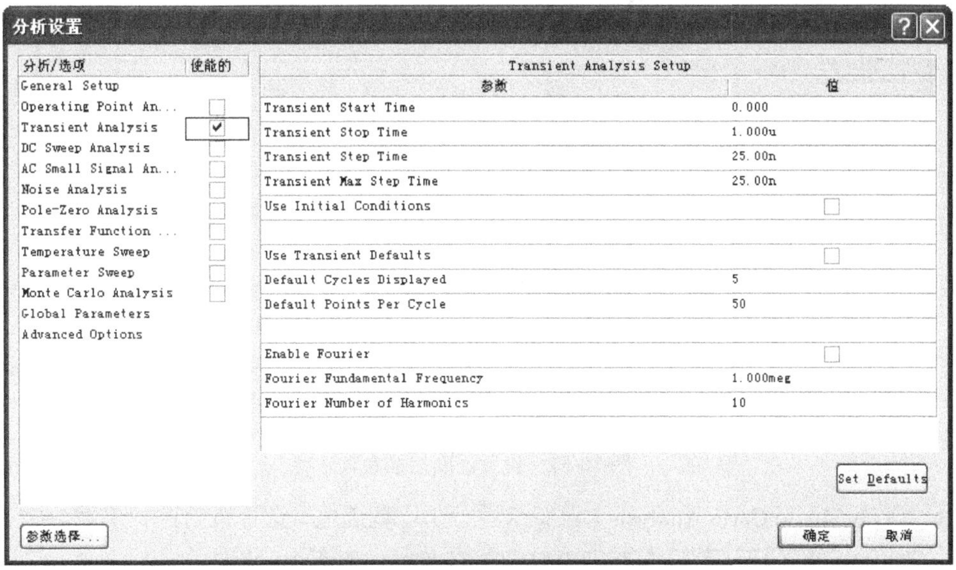

图 10-55　瞬态分析仿真参数设置

04 选中 AC Small Signal Analysis（交流小信号分析）复选框，分析一定的频率范围内计算电路和响应，在右边的设置区中设置 Sweep Type（扫描类型）为 Decade（十倍频扫描），Start Frequency（起始频率）为 5，Stop Frequency（终止频率）为 10，如图 10-56 所示。

图 10-56　设置交流小信号分析参数

05 选中 Temperature Sweep（温度扫描）复选框，选择进行温度扫描分析，在右边的设置区中将起始扫描温度设置为-10℃，停止扫描温度设置为 100℃，步长设置为 5℃，如图 10-57 所示。

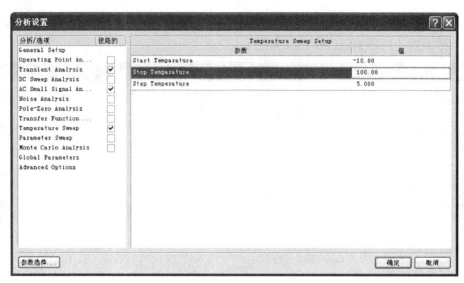

图 10-57　设置温度扫描参数

06 选中 Monte Carlo Analysis（蒙特卡罗分析）复选框，选择进行蒙特卡罗分析，在右边的设置区进行蒙特卡罗分析时的参数设置，如图 10-58 所示。

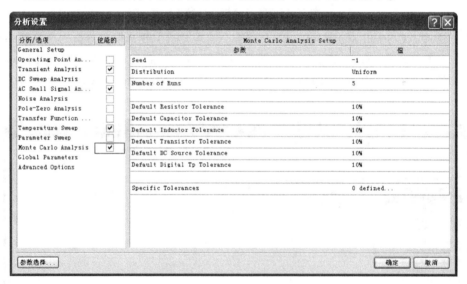

图 10-58　设置蒙特卡罗分析参数

（3）仿真分析结果

单击 确定 按钮运行仿真，如图 10-59 所示为仿真信号的分析过程。

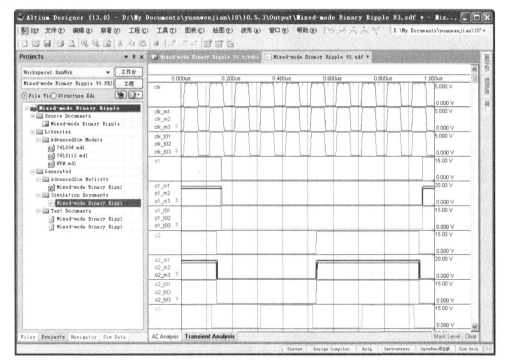

图 10-59　仿真信息显示

通过蒙特卡罗分析，可以知道元器件在无差精度内是可以承受的，这样就可以对电路板在生产时采用的元件进行评估，元件的误差越高，成本也就越低。经温度扫描分析可以得知在不同的温度条件下电路的不同状态，这样可以对电路的使用范围进行预估计。

（4）保存仿真结果

在图 10-60 所示的图中显示交流小信号、瞬态分析、瞬态分析中的蒙特卡罗分析及温度扫描分析所得到的波形。

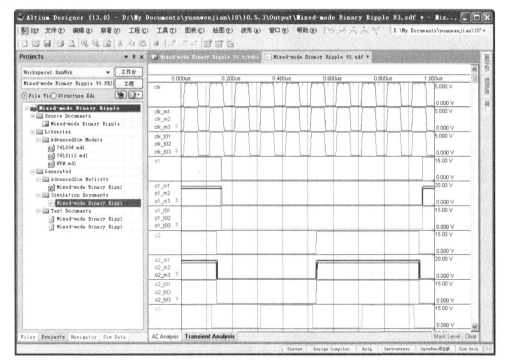

图 10-60　信号的分析结果

10.6 上机实验

实验 1．打开 Altium Designer 13 自带的例子——Examples\Circuit Sim\Simple RC Circuit .PRJPCB 文件，原理图如图 10-61 所示，完成电路板的信号完整性分析。

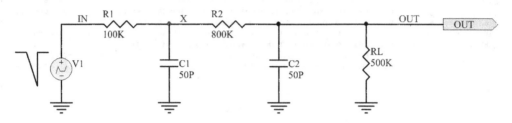

图 10-61　电路原理图

⚙ 操作提示

利用相关命令进行分析，结果如图 10-62 所示。

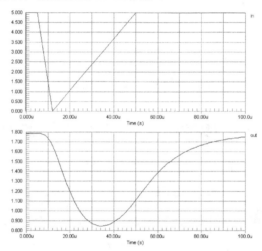

图 10-62　上机操作 1 结果

实验 2．使用瞬态分析，分析图 10-63 所示电源电路的仿真。

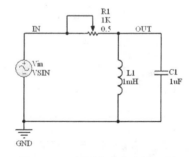

图 10-63　电源电路仿真原理图

操作提示

（1）图中所用的信号源为正弦信号源，它的频率为 60Hz。另外，在原理图中添加两个网络标号 IN 和 OUT。

（2）设置瞬态分析。

（3）输出结果如图 10-64 所示。

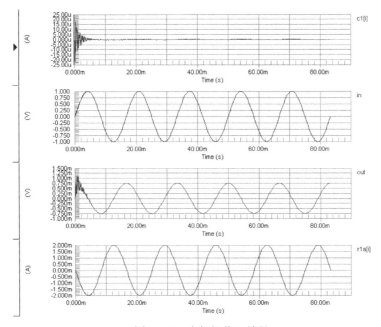

图 10-64　上机操作 1 结果

10.7　思考与练习

1．Altium Designer 13 为用户提供了哪几种信号源？

2．瞬态分析是一种什么样的仿真分析方法？这种分析方法能够得到电路的什么规律？

3．练习认识基本仿真元件。

4．对上机操作 1 中的电路图进行波形运算。

第 11 章

直流数字电压表电路综合实例

☞ **内容指南**

通过前面章节的讲解，对电路设计有了系统的了解，相信读者也创建了自己的理解体系。初步掌握了利用 Altium Designer 13 进行电路设计的方法和思路。本章通过对完整实例的讲解，帮助读者进一步巩固和完善前面所学知识，熟悉 Altium Designer 13 工程设计的一般流程。

☞ **知识重点**

- Altium Designer 13 原理图设计
- Altium Designer 13 电路板设计

11.1　原理图设计

本章采用的实例是直流数字电压表电路。直流数字电压表电路一般由 BCD 七段 CC14511、LED 显示器、驱动晶体管、转换器和位选开关等构成。下面分别介绍各电路模块的原理及其组成结构。

11.1.1　创建原理图

（1）建立工作环境

01 在 Altium Designer 13 主界面中，选择"文件"→New（新建）→Project（工程）→"PCB 工程"（印制电路板工程）菜单命令，然后单击菜单栏中的"文件"→"保存工程为"命令，将新建的工程文件保存为"直流数字电压表电路.PrjPCB"。

02 选择"文件"→New（新建）→"原理图"菜单命令，然后单击右键选择"保存为"菜单命令，将新建的原理图文件保存为"直流数字电压表电路.SchDoc"。

（2）设置图纸参数

选择"设计"→"文档选项"菜单命令，打开"文档选项"对话框，然后在其中设置原理图绘制时的工作环境，如图 11-1 所示。

图 11-1　设置原理图绘制环境

11.1.2　绘制七段数码管

（1）新建

01　选择"文件"→New（新建）→Library（库）→"原理图库"菜单命令，启动原理
图库文件编辑器，并创建一个新的原理图库文件。

02　选择"文件"→"保存为"菜单命令，将库文件命名为"七段数码管.SchLib"，如
图 11-2 所示。

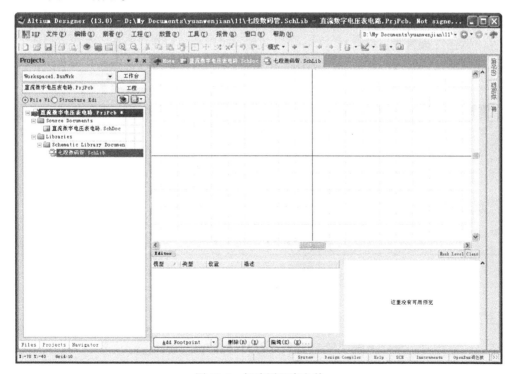

图 11-2　新建原理库文件

（2）管理元件库

01 选择"察看"→"工作区面板"→SCH→SCH Library（SCH 库）菜单命令，在左侧面板中打开 SCH Library 面板，在左侧面板中打开 SCH Library（SCH 库）。在新建的原理图元件库中包含了一个名为 Component 的元件。

02 选择"工具"→"重命名器件"菜单命令，打开 Rename Component（重命名元件）对话框，在该对话框中将元件重命名为 SHUMAGAUN，如图 11-3 所示。然后单击 确定 按钮退出对话框。

（3）绘制原理图符号

绘制二级管。

01 在原理图符号中用直线来代替发光二极管。选择"放置"→"线"菜单命令，或者单击工具栏上的 ⁄ 按钮，这时鼠标变成十字形状。在图纸上绘制一个如图 11-4 所示的"日"字形发光二极管。

图 11-3 库元件重命名

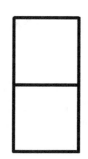

图 11-4 "日"字形发光二极管

02 双击二极管线，弹出 PolyLine（多段线）对话框，打开"顶点"选项卡，如图 11-5 所示。调整线两端坐标，分别向内缩短 1，用同样的方法，修改其余管线，最终结果如图 11-6 所示。

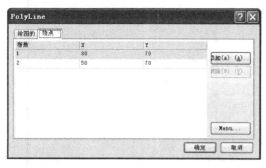

（a）修改前

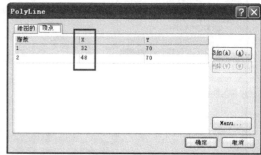

（b）修改后

图 11-5 PolyLine 对话框

03 选中修改后的二极管，单击鼠标右键选取命令"拷贝"、"粘贴"，依次向右放置三个二极管，删除多余部分，结果如图 11-7 所示。

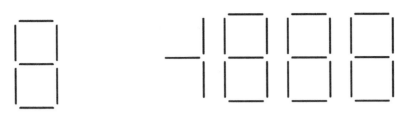

图 11-6　修改后的发光二极管	图 11-7　放置发光二极管

绘制数码管外形。

选择"放置"→"线"菜单命令，或者单击工具栏上的 ✏ 按钮，这时鼠标变成十字形状。在图纸上绘制一个如图 11-8 所示的矩形。

设置管脚。

01 选择"放置"→"管脚"菜单命令，或单击原理图符号绘制工具栏中的放置管脚按钮 ⼦ᵈ，绘制 14 个管脚，如图 11-9 所示。双击所放置的管脚，打开"管脚属性"对话框，如图 11-10 所示。在该对话框中，修改"显示名称"文本框中的名称，取消选中"标识"文本框后面的"可见的"复选框，表示隐藏管脚编号。

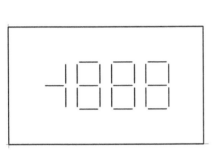

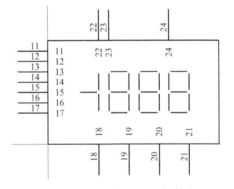

图 11-8　在图纸上绘制一个矩形	图 11-9　添加管脚

02 设置其余管脚，这样就完成了数码器元件外观绘制，如图 11-11 所示。下面开始为元件添加封装。

（4）编辑元件属性。

01 选择"工具"→"器件属性"菜单命令，或从"原理图库"面板的元件列表中选择元件，然后单击 编辑 按钮。打开 Libruary Component Properties（库器件属性）对话框。在 Default Designer（默认的标识符）栏输入预置的元件序号前缀"U?"，单击 ok 按钮，完成设置。

02 在库编辑窗口右下角单击 Add（添加）按钮，弹出"添加新模型"对话框，在"模型种类"下拉列表中选择 Footprint，如图 11-12 所示。

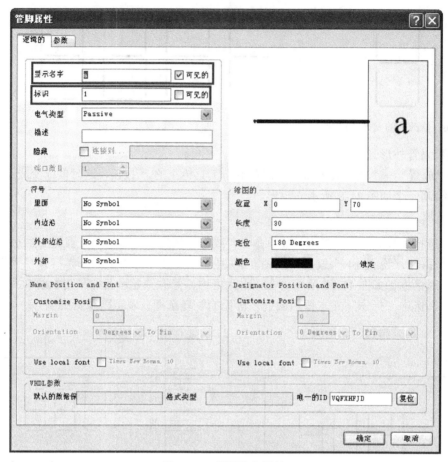

图 11-10　设置管脚属性

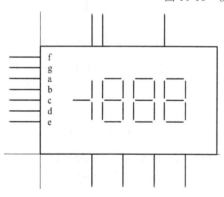

图 11-11　数码器绘制结果

图 11-12　添加封装

03　单击 确定 按钮，弹出"PCB 模型"对话框，如图 11-13 所示。在"名称"栏中输入 DIP20，显示要加载的模型，如图 11-13 所示（由于安装过程不同，如果输入名称后不显示模型，可利用前面章节所学查找模型）。

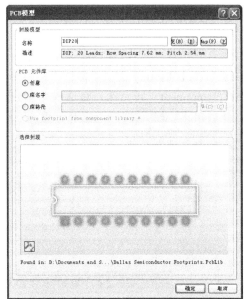

图 11-13 "PCB 模型"对话框

04 七段数码管芯片元件就创建完成了，如图 11-14 所示。

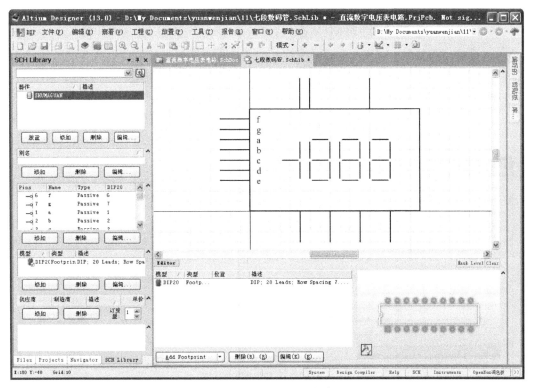

图 11-14 数码管芯片绘制完成

（5）保存原理图

选择"文件"→"保存"菜单命令，或单击"原理图标准"工具栏中的 按钮，完成数码管芯片原理图符号的绘制。

11.1.3 绘制芯片 CC14488

（1）新建元件

在左侧 SCH Library 面板"器件"栏中单击 添加 按钮，新建名为 Component1 的元件。打开 New Component（新元件）对话框，在该对话框中将元件重命名为 CC14488，如图 11-15 所示。然后单击 确定 按钮退出对话框。

（2）绘制原理图符号

01 选择"放置"→"矩形"菜单命令，或者单击工具栏上的 □（放置矩形）按钮，这时鼠标变成十字形状。在图纸上绘制一个矩形，如图 11-16 所示。

图 11-15　新元件命名

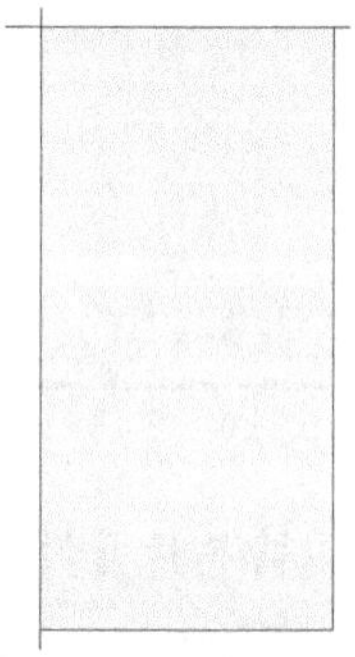

图 11-16　放置矩形

02 选择"放置"→"管脚"菜单命令，或单击原理图符号绘制工具栏中的放置管脚按钮 ⌐o，绘制 24 个管脚。双击所放置的管脚，打开"管脚属性"对话框，如图 11-17 所示。在该对话框中，修改"显示名字"文本框中名称，取消选中"标识"文本框后面的"可见的"复选框，表示隐藏管脚编号。用同样的方法修改其他管脚，最终绘制结果如图 11-18 所示。

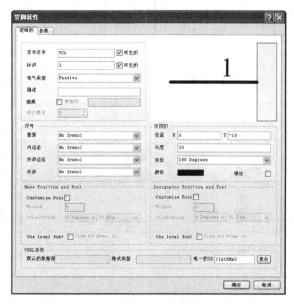

图 11-17　添加管脚

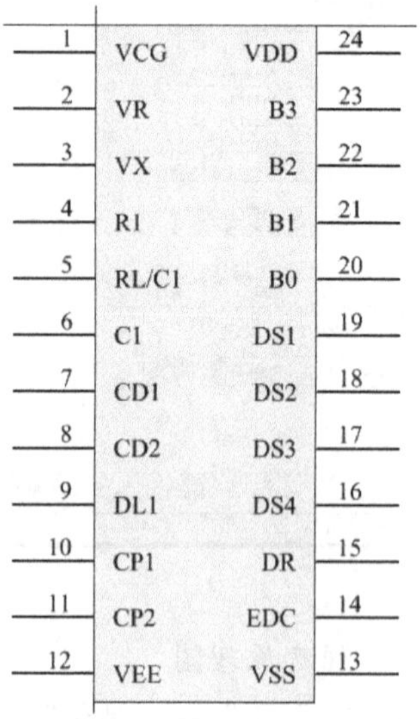

图 11-18　芯片绘制结果

（3）编辑元件属性

01 选择"工具"→"器件属性"菜单命令，或从"原理图库"面板的元件列表中选择元件，然后单击 编辑... 按钮。打开 Library Component Properties（库器件属性）对话框。在 Default Designer（默认的标识符）栏输入预置的元件序号前缀"U?"，单击 OK 按钮，完成设置。

02 在库编辑窗口右下角单击 Add（添加）按钮，弹出"添加新模型"对话框，在"模型种类"下拉列表中选择 Footprint，如图 11-19 所示。

图 11-19　添加封装

03 单击 确定 按钮，弹出"PCB 模型"对话框，单击 览(B) (B) 按钮，弹出"浏览库"对话框，单击 发现... 按钮，弹出"搜索库"对话框，在"名称"栏中输入 DIP24，单击 找...(S) 按钮，在"库"面板显示要加载的模型。完成搜索后，选中要加载的对象，单击"确定"按钮，弹出确认信息对话框，单击 是(Y) (Y) 按钮，加载封装所在元件库，同时在"PCB 模型"对话框中显示完成封装添加结果，如图 11-20 所示。

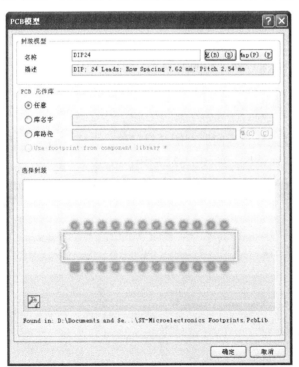

图 11-20　"PCB 模型"对话框

04 单击 确定 按钮，芯片 CC14488 元件就创建完成了，如图 11-21 所示。

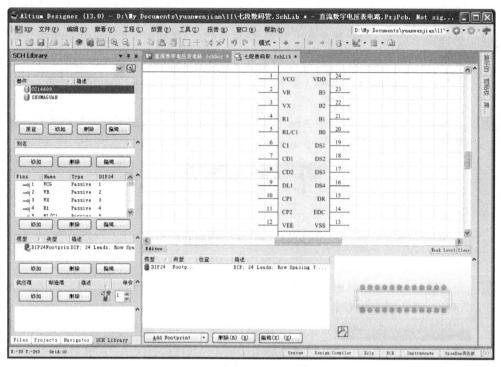

图 11-21　芯片 CC14488 绘制完成

（4）保存原理图

单击菜单栏中的"文件"→"保存"命令，或单击"原理图标准"工具栏中的 ■（保存）
按钮，完成芯片 CC14488 原理图符号的绘制。

11.1.4　搜索元件 MC1413

01 关闭原理图库文件，返回原理图编辑环境。选择"库"面板，单击 Search... 按钮，弹
　　出"搜索库"对话框，如图 11-22 所示。

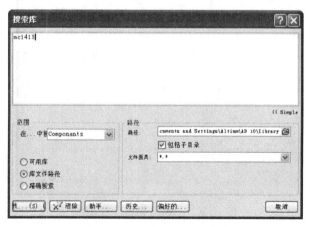

图 11-22　"搜索库"对话框

02 在对话框输入电路需要的元件 mc1413，单击 找...(s) 按钮，在"库"面板中显示搜索

过程，最终在搜索结果中选中结果，如图 11-23 所示。

03 单击 [Place MC1413D] 按钮，弹出确认对话框，单击 [是(Y) (Y)] 按钮，加载芯片所在元件库，然后将其放置在图纸上，如图 11-24 所示。

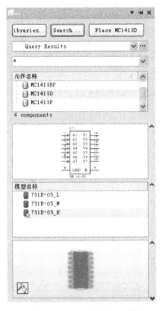

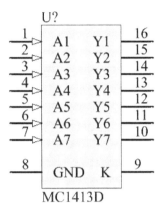

图 11-23　"库"面板　　　　　　　图 11-24　放置元件芯片

11.1.5　绘制原理图

（1）加载元件库

选择"设计"→"添加/移除库"菜单命令，打开"可用库"对话框，然后在其中加载需要的元件库。本例中需要加载的元件库为 Miscellaneous Devices.IntLib，Miscellaneous Connectors.IntLib，如图 11-25 所示。

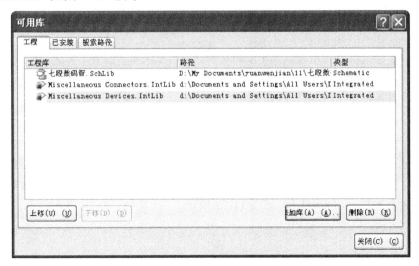

图 11-25　加载需要的元件库

（2）放置元件

该电路模板中用到的元件有 CC14488、CC45LI、MC1413CULN2003、NCL403 和一些阻容元件。将通用元件库 Miscellaneous Device.IntLib 中的 19 个电阻元件 Res2、两个电容元件 Cap、一个三极管元件 2N3904 放到原理图中。

由于系统自带的元件库中没有元件 CC45L1、MC1413CULN2003 和 NCL403，同时将 Miscellaneous Connectors.IntLib 元件库中的 Header 8X2A 及元件库 Miscellaneous Device.IntLib 中的伏特传感元件 Volt Reg 放到原理图中，进行编辑。

将新建的"七段数码管.SchLib"元件库中的 CC14488、SHUMAGUAN 放置到原理图中，如图 11-26 所示。

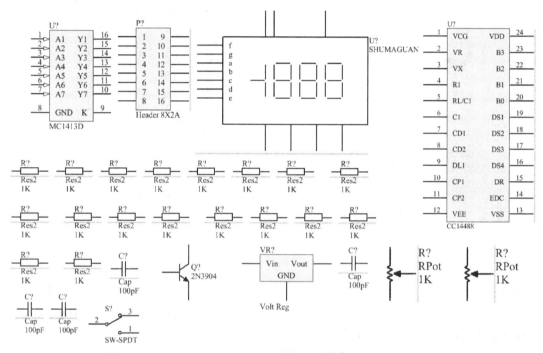

图 11-26　放置元件

 提　示　读者还可以练习在原理图库中编辑所需元件，步骤如前面章节讲述的七段数码器，直接在原理图中编辑，相对步骤较少，过程简单。但必须在外形类似的元件上修改，读者可自行练习比较。

（3）编辑元件 CC45L1

01　双击元件 Header 8X2A，弹出 Properties for Schematic Component in Sheet（元件属性）对话框，在 Designator（标识符）栏中输入"U?"，在 Comment（注释）栏中输入元件型号 CC45L1，如图 11-27 所示。

图 11-27　元件编辑对话框

02 单击左下角的 Edit Pins... 按钮，弹出"元件管脚编辑器"对话框，如图 11-28 所示。

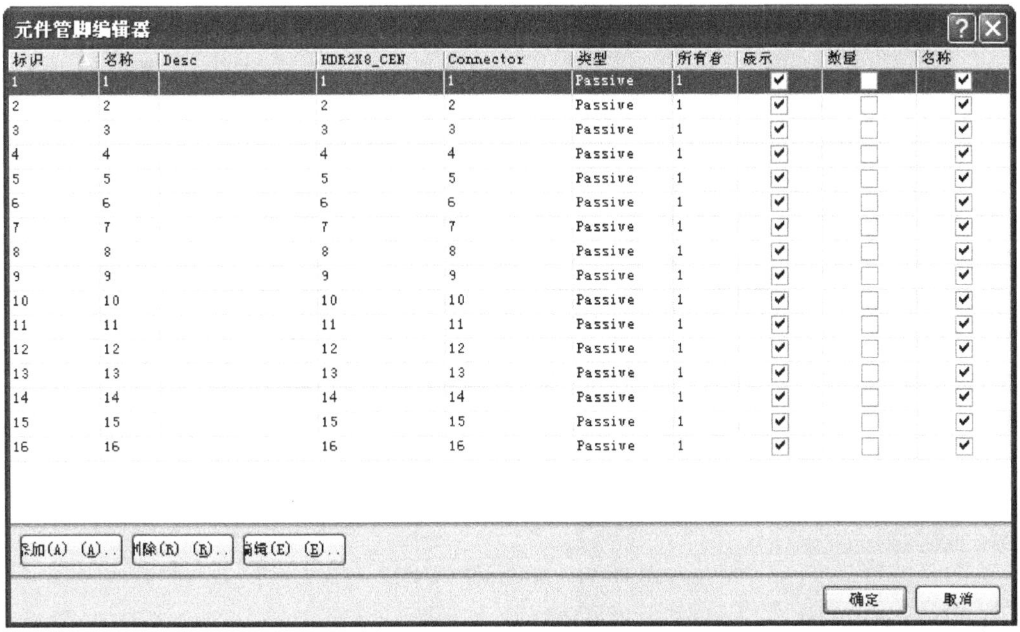

图 11-28　"元件管脚编辑器"对话框

03 选中要编辑的管脚，单击按钮或双击管脚，弹出"管脚属性"对话框，在"显示名字"栏中输入 B，选中"标识"栏后的"可见的"复选框，如图 11-29 所示。单击管脚，完成管脚 1 的编辑；用同样的方法修改其余管脚，修改结果如图 11-30 所示。

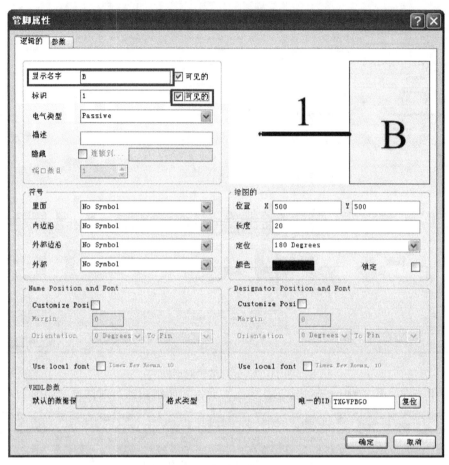

图 11-29　"管脚属性"对话框

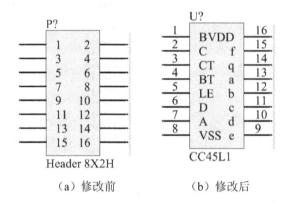

（a）修改前　　　　（b）修改后

图 11-30　编辑元件 CC45L1

（4）编辑其余元件

用同样的方法将 Volt Rcg 编辑为 NCL403，将 MC1413D 编辑为 MC1413CULN2003 元件，过程不再赘述，结果分别如图 11-31 和图 11-32 所示。按照电路要求进行布局，完成元件放置后的直流数字电压表原理图如图 11-33 所示。

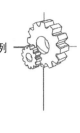

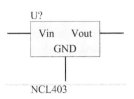

图 11-31 编辑好的 NCL403 元件

图 11-32 编辑好的 MC1413CULN2003 元件

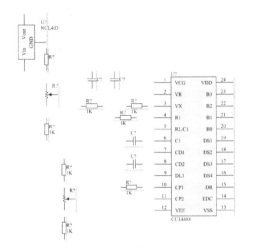

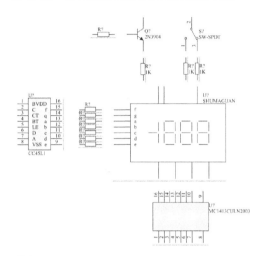

图 11-33 元件布局

（5）连接组合

01 单击"连线"工具栏中的 （放置线）按钮，放置导线，完成连线操作。完成连线后的层次原理图顶层电路图如图 11-34 所示。

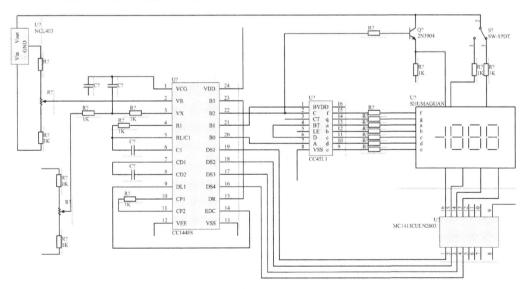

图 11-34 完成连线后的电路图

02 放置电源符号。单击"连线"工具栏中的 （VCC 电源符号）按钮，放置电源，结果如图 11-35 所示。

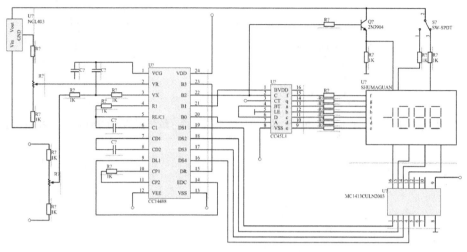

图 11-35　添加电源符号

03　单击"原理图标准"工具栏中的 ▣（保存）按钮，保存原理图文件。

11.1.6　原理图元件的自动标注

如果原理图中排列的元件不做标注，只要放置的同种类型的元件超过两个，就会出现错误，在元件右侧出现橘红色竖波浪线。利用逐个修改元件属性的方式或在放置过程中利用 Tab 键修改其标注值又太过于烦琐。因此最常用的是利用原理图元件的自动标注，但自动标注时按系统自定顺序标注，无法对指定元件标注指定编号。这种方法适用于元件种类、数量庞大的情况。

01　在原理图中，选择"工具"→"注解"菜单命令，系统将弹出如图 11-36 所示的"注释"对话框。

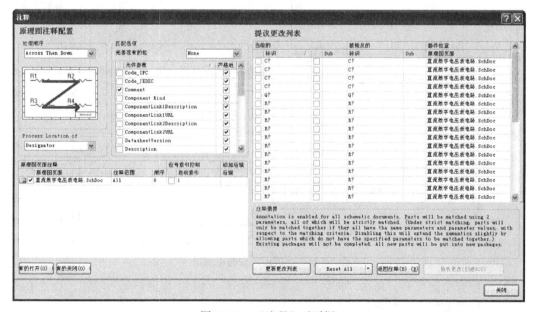

图 11-36　"注释"对话框

02 单击 [更新更改列表] 按钮，系统将弹出如图 11-37 所示的 Information（信息）对话框。

03 单击 [OK] 按钮，确认系统提示的修改信息。在"注释"对话框中，单击 [接收更改(创建ECO)] 按钮，接受系统对元件标注的修改，同时系统将弹出如图 11-38 所示的"工程更改顺序"对话框。单击 [执行更改] 按钮，系统将执行自动标注。元件标注修改栏将变为灰色，如图 11-39 所示。

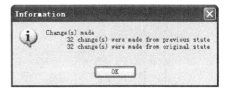

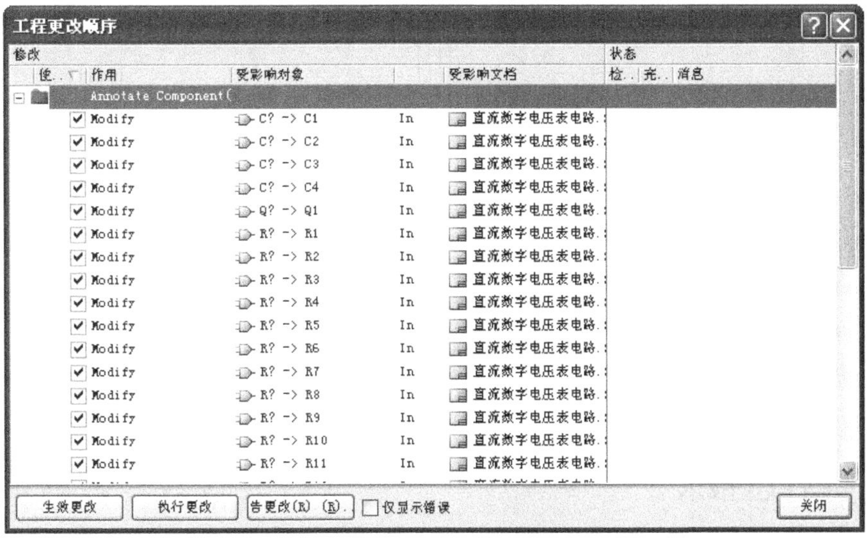

图 11-37　Information 对话框

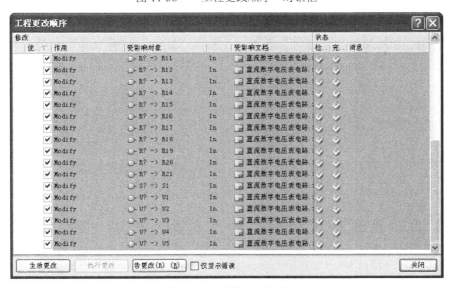

图 11-38　"工程更改顺序"对话框

图 11-39　元件标注修改栏

04 完成标注后，单击 [关闭] 按钮，完成元件的标注，关闭对话框。自动标注后的电路原理图如图 11-40 所示。

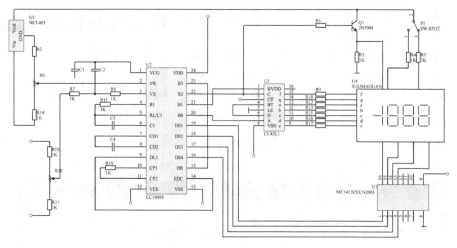

图 11-40　元件标注结果

11.2　元件清单

元件清单不只包括电路总的元件报表，也可以分门别类地生成每张电路原理图的元件清单报表。

11.2.1　元件总报表

01　选择"报告"→Bill of Material（元件清单）菜单命令，系统将弹出如图 11-41 所示的对话框来显示元件清单列表。

图 11-41　显示元件清单列表

02 单击"菜单"按钮，在弹出的"菜单"菜单中单击"报告"命令，系统将弹出报表预览对话框，如图 11-42 所示。

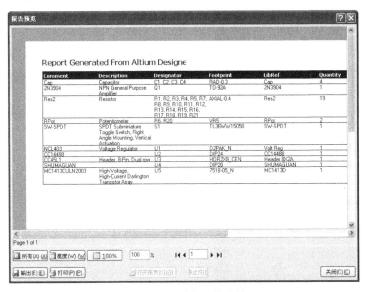

图 11-42　预览元件清单

03 单击"输出"按钮，系统将弹出保存元件清单对话框。选择保存文件位置，输入文件名，完成保存。

11.2.2　元件分类报表

选择"报告"→Component Cross Reference（分类生成电路元件清单报表）菜单命令，系统将弹出如图 11-43 所示的对话框来显示元件分类清单列表。在该对话框中，元件的相关信息都是按子原理图分组显示的。

图 11-43　显示元件分类清单列表

其后续操作与上节相同，这里不再赘述。读者可自行练习。

1. 简易元件报表

选择"报告"→Simple BOM（简单 BOM 表）菜单命令，则系统同时产生 "直流数字电压表电路.BOM"和"直流数字电压表电路.CSV" 两个文件，并加入到工程中，如图 11-44 所示。

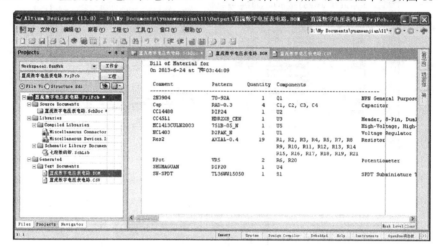

图 11-44　简易元件报表

2. 项目网络表

选择"设计"→"工程的网络表"→Protel（生成原理图网络表）菜单命令，系统自动生成了当前工程的网络表文件"直流数字电压表电路.NET"，并存放在当前工程下的 Generated \Netlist Files 文件夹中。双击打开该工程网络表文件"直流数字电压表电路.NET"，结果如图 11-45 所示。

图 11-45　创建工程的网络表文件

11.3　设计电路板

　　一个项目中，在设计印制电路板时系统就会将所有电路图的数据转移到一块电路板里。但电路图设计电路板，还要从新建印制电路板文件开始。

11.3.1　印制电路板设置

01 选择"文件"→"新建"→PCB（印刷电路板）菜单命令，新建 PCB 文件。同时进入印制电路板编辑环境，在编辑区中也出现了空白的印制电路板。

02 单击"PCB 标准"工具栏中的 ■（保存）按钮，指定所要保存的文件名为"直流数字电压表电路板.PcbDoc"，单击"保存"按钮，关闭该对话框。

03 绘制物理边界。指向编辑区下方工作层选项卡栏的 Mechanical 1（机械层 1）选项卡，单击切换到机械层。选择"放置"→"走线"菜单命令，进入画线状态，指向外框的第一个角，单击；移到第二个角，双击；再移到第三个角，双击；再移到第四个角，双击；移回第一个角（不一定要很准），单击，再单击右键退出该操作。

04 绘制电气边界。指向编辑区下方工作层选项卡栏的 KeepOut Layer（禁止布线层）选项卡，单击切换到禁止布线层。选择"放置"→"禁止布线"→"线径"菜单命令，鼠标显示为带十字光标，在第一个矩形内部绘制略小矩形，绘制方法同上，如图 11-46 所示。

图 11-46　绘制边界

05 选择"设计"→"Import Changes From 直流数字电压表电路板.PRJPCB"菜单命令，系统将弹出如图 11-47 所示的"工程更改顺序"对话框。

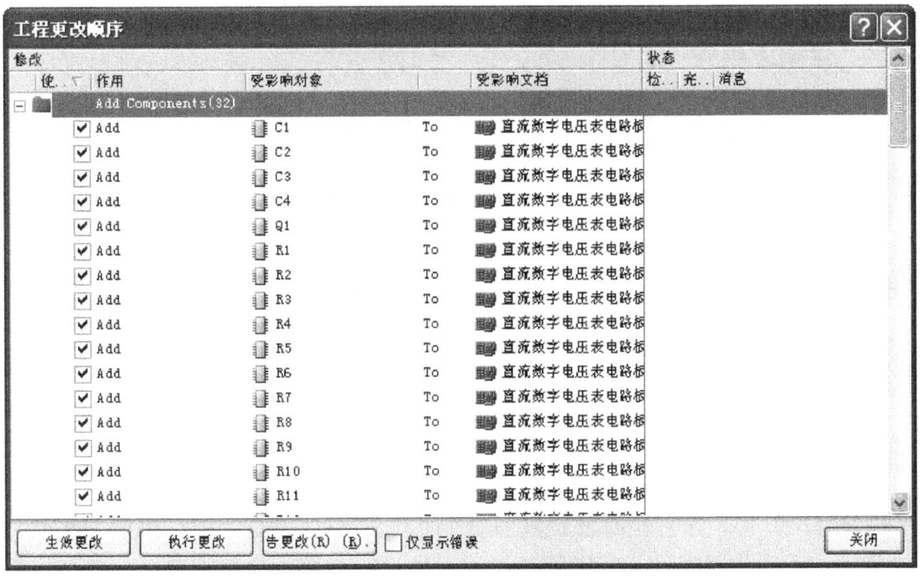

图 11-47　"工程更改顺序"对话框

06 单击 生效更改 按钮，验证一下更新方案是否有错误，程序将验证结果显示在对话框中，如图 11-48 所示。

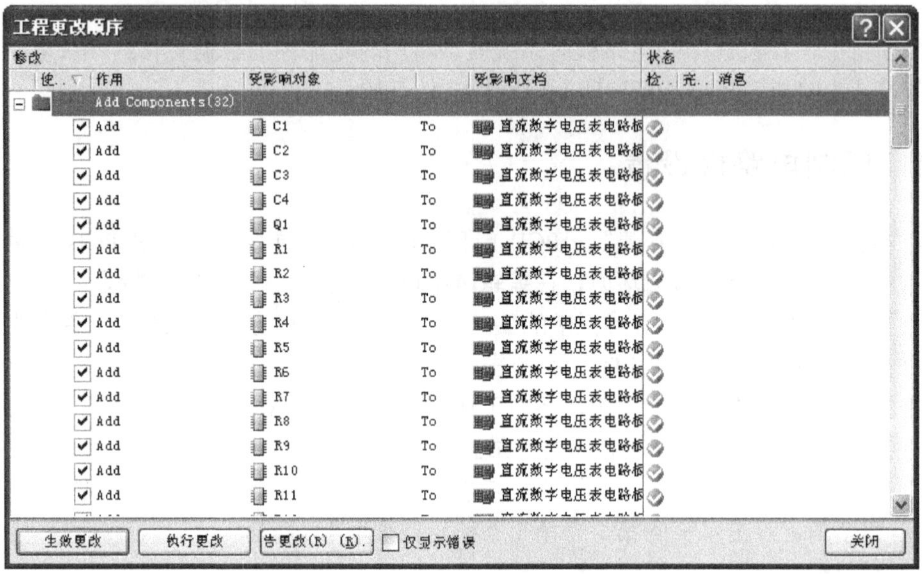

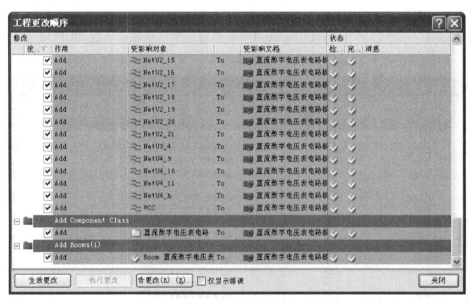

图 11-48　验证结果

07 在图 11-48 中，没有错误产生，单击 执行更改 按钮，执行更改操作，如图 11-49 所示。然后单击"关闭"按钮，关闭对话框。加载元件到电路板后的原理图如图 11-50 所示。

图 11-49　更改结果

08 在图 11-50 中，按住鼠标左键将其拖到板框之中。单击选中，再按 Del 键，将它们删除。手动放置零件，在电气边界对元件进行布局，除特殊要求，否则同类元件依次并排放置。

09 在绘制电路板边界时，按照元件数量估算绘制，在完成元件布局后，按照元件实际所占空间对边框进行修改。完成修改后选择"设计"→"板子形状"→"重新定义板形状"菜单命令，沿电路板物理边界外侧绘制矩形，裁剪电路板。至此，电路板设计初步完成，结果如图 11-51 所示。

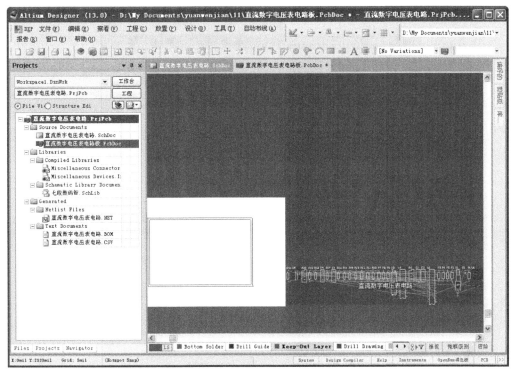

图 11-50　加载元件到电路板

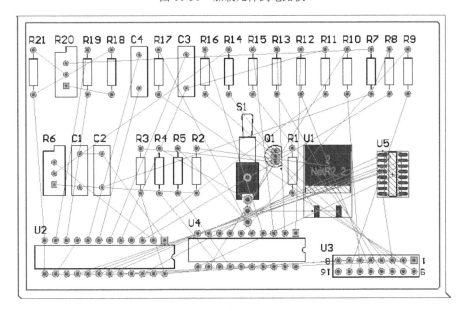

图 11-51　改变零件放置后的原理图

11.3.2 布线设置

本电路采用双面板布线，而程序默认即为双面板布线，所以不必设置布线板层。

01 选择"自动布线"→"全部"菜单命令，系统将弹出如图 11-52 所示的"Situs 布线策略（布线位置策略）"对话框。

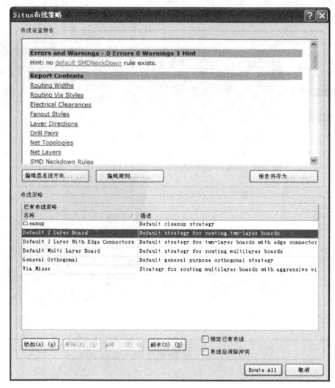

图 11-52 "Situs 布线策略"对话框

02 保持程序预置状态，单击 Route All（布线所有）按钮，进行全局性的自动布线。布线完成后如图 11-53 所示。

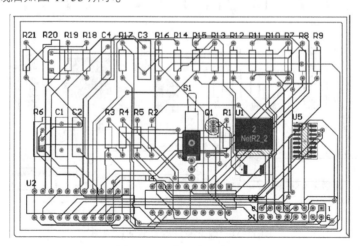

图 11-53 完成自动布线

03 只需要很短的时间就可以完成布线，关闭如图 11-54 所示的 Message（信息）面板。

Class	Document	Source	Message	Time	Date	No.
Situ...	直流数字电压...	Situs	Completed Fan out to Plane in 0 Seconds	下午 04:...	2013-6-24	4
Situ...	直流数字电压...	Situs	Starting Memory	下午 04:...	2013-6-24	5
Situ...	直流数字电压...	Situs	Completed Memory in 0 Seconds	下午 04:...	2013-6-24	6
Situ...	直流数字电压...	Situs	Starting Layer Patterns	下午 04:...	2013-6-24	7
Rout...	直流数字电压...	Situs	Calculating Board Density	下午 04:...	2013-6-24	8
Situ...	直流数字电压...	Situs	Completed Layer Patterns in 0 Seconds	下午 04:...	2013-6-24	9
Situ...	直流数字电压...	Situs	Starting Main	下午 04:...	2013-6-24	10
Rout...	直流数字电压...	Situs	64 of 68 connections routed (94.12%) in 15 Seconds	下午 04:...	2013-6-24	11
Situ...	直流数字电压...	Situs	Completed Main in 14 Seconds	下午 04:...	2013-6-24	12
Situ...	直流数字电压...	Situs	Starting Completion	下午 04:...	2013-6-24	13
Situ...	直流数字电压...	Situs	Completed Completion in 0 Seconds	下午 04:...	2013-6-24	14
Situ...	直流数字电压...	Situs	Starting Straighten	下午 04:...	2013-6-24	15
Rout...	直流数字电压...	Situs	68 of 68 connections routed (100.00%) in 16 Seconds	下午 04:...	2013-6-24	16
Situ...	直流数字电压...	Situs	Completed Straighten in 1 Second	下午 04:...	2013-6-24	17
Rout...	直流数字电压...	Situs	68 of 68 connections routed (100.00%) in 16 Seconds	下午 04:...	2013-6-24	18
Situ...	直流数字电压...	Situs	Routing finished with 0 contentions(s). Failed to complete 0 co...	下午 04:...	2013-6-24	19

图 11-54　Message（信息）面板

11.3.3　覆铜设置

01 选择"放置"→"多边形覆铜"菜单命令，或者单击"布线"工具条中的 按钮，还可以使用快捷键 P+G，即可执行放置覆铜命令，系统弹出"多边形覆铜"对话框。

02 选择 Hatched（tracks/Arcs）（填充（轨迹/圆弧）），45° 填充模式，如图 11-55 所示。

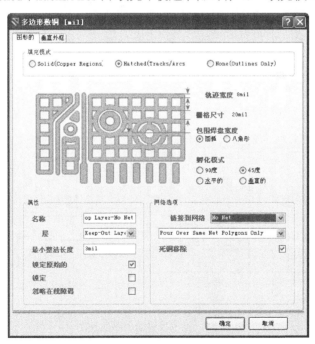

图 11-55　覆铜设置对话框

03 单击 确定 按钮，退出对话框，鼠标变成十字形状，准备开始覆铜操作。

04 用鼠标沿着 PCB 的电气边界线，画出一个闭合的矩形框。单击确定起点，移动至拐点处在此单击鼠标，直至取完矩形框的第四个顶点，单击鼠标右键退出，结果如图 11-56 所示。

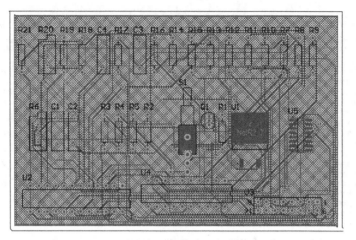

图 11-56　PCB 覆铜效果图

05 单击"PCB 标准"工具栏中的 🖫（保存）按钮，保存文件。

11.4　上机实验

实验 1. 绘制如图 11-57 所示的停电报警器电路原理图。

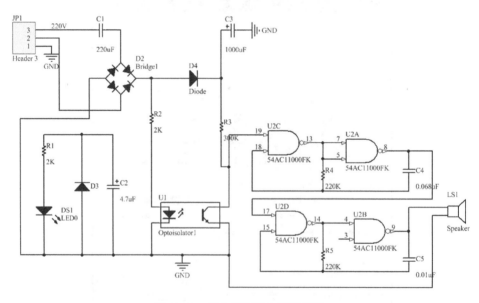

图 11-57　停电报警器电路原理图

　⚛ 操作提示

（1）创建工程文件。

（2）输入原理图。

（3）列出元件属性清单。

（4）编译工程并查错。

实验 2. 绘制如图 11-58 所示的 SCMBoard 的原理图。

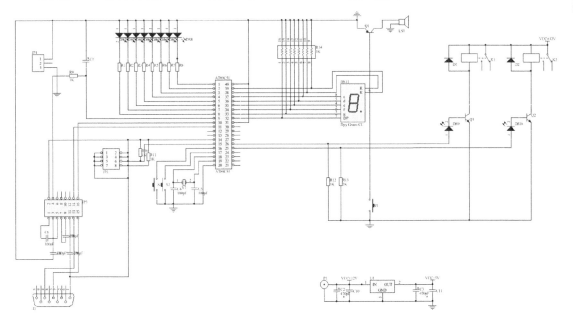

图 11-58 SCMBoard 的原理图

操作提示

（1）创建工程文件。

（2）制作元件。

（3）输入原理图。

（4）PCB 设计。